高职高专公共基础课规划教材

高等数学
基础教程

主　编　熊庆如
副主编　柳　叶　张芙敏

清华大学出版社
北京

内 容 简 介

本书基于“十三五”高等教育创新创业教育发展理念，遵从“必需、够用、好用”的原则编写而成，是一线教师多年教学改革的经验总结，也是数学教学理念与实际结合的阶段性成果. 全书内容包括函数及其初步知识、极限及函数的连续性、导数与微分、导数的应用、不定积分、定积分、常微分方程和无穷级数，共八章. 另外，本书还添加了 MATLAB 的相关内容. 同时，采用二维码的形式，融入了相关的辅助性知识点，具有简化、趣味和方便的特点.

本书可作为高等职业院校和高等专科院校“高等数学”课程的教学用书，也可作为成人高等院校、各类培训机构和爱好者的参考用书.

图书在版编目(CIP)数据

高等数学基础教程/熊庆如主编. —北京：清华大学出版社，2019(2021.11重印)

(高职高专公共基础课规划教材)

ISBN 978-7-302-53573-7

Ⅰ. ①高… Ⅱ. ①熊… Ⅲ. ①高等数学—高等职业教育—教材 Ⅳ. ①O13

中国版本图书馆 CIP 数据核字(2019)第 181904 号

责任编辑：张龙卿
封面设计：范春燕
责任校对：袁 芳
责任印制：丛怀宇

出版发行：清华大学出版社
网 址：http://www.tup.com.cn，http://www.wqbook.com
地 址：北京清华大学学研大厦 A 座 **邮 编**：100084
社 总 机：010-62770175 **邮 购**：010-62786544
投稿与读者服务：010-62776969，c-service@tup.tsinghua.edu.cn
质量反馈：010-62772015，zhiliang@tup.tsinghua.edu.cn
课件下载：http://www.tup.com.cn,010-62770175-4278
印 装 者：三河市少明印务有限公司
经 销：全国新华书店
开 本：185mm×260mm **印 张**：12.5 **字 数**：285 千字
版 次：2019 年 11 月第 1 版 **印 次**：2021 年 11月第 5 次印刷
定 价：45.00 元

产品编号：084801-01

前 言

FOREWORD

高等数学对于高等职业教育不同专业领域具有通用性和基础性，在高职院校课程体系中占有十分特殊的地位，在培养学生理性思维方面是其他任何学科难以替代的. 而这种理性思维的培养对于提高高职学生的学习能力和分析能力，启迪学生的创新意识，奠定继续学习的基础乃至全面提升综合素质是至关重要的. 教材是教学内容和教学方法的知识载体，教材建设在学校深化教育教学改革、全面推进素质教育、培养创新人才中具有举足轻重的影响. 虽然科学技术发展日新月异，新成果、新观点、新趋势不断呈现，但基础理论具有相对的稳定性，这决定了在高等数学教材建设中必须强调基础理论、基本知识、基本方法等内容的价值与作用. 因此，高职院校高等数学教材改革应当紧扣培养应用型人才的办学宗旨，以契合专业建设需要和学生实际情况为主线，以应用、必需、够用为原则，注重对学生进行数学思想和数学方法应用的培养. 适当降低理论要求，凸显数学的工具性，注意与初等数学内容的衔接，以引导学生增强自学意识和自学能力，培养良好的数学思维习惯，提高应用数学知识解决问题的能力. 以教材改革推动教法改革和学法改善，以改促教，以教促学，不断促进专业建设，提高人才培养质量.

随着信息技术的发展，传统的互联网＋教学进入智能手机终端的混合多元教学. 在编写过程中，本书力求编出特色和创新. 在形式上有教学说明、同步训练、练习答案、人物介绍等内容. 链接到手机终端的二维码可以让读者自助查找. 本书比较突出的特点主要有：

(1) 引进 MATLAB 基础知识，开阔学生视野.

(2) 融入数学文化，提升学生学习的兴趣.

(3) 增加"专升本"相关章节内容，兼顾学生升学需求.

本书除主编、副主编以外，刘翔、王克床也参加了部分内容的编写.

由于编者水平有限，书中难免有不足之处，欢迎广大师生提出宝贵意见！

编　者

2019 年 3 月

目录

CONTENTS

第 1 章

函数及其初步知识

1.1 集 合

教学说明

- 本章概述：本章属于中学与大学的衔接内容，通过对函数基础知识的概括、总结和归类，引出基本初等函数和初等函数的概念以及复合函数的概念，补充了 3 个三角函数和 4 个反三角函数，初步建立起高等数学微积分与初等数学之间的简单联系，考虑到相关专业和专升本的需求，本章补充了向量和复数的相关知识. 同时，为了配合教学改革的实际需求，本章也增设了 MATLAB 的初步知识.
- 本章主要内容：集合的概念与运算、函数的概念与性质、基本初等函数与初等函数的概念、复合函数的概念、向量的概念、复数的概念以及 MATLAB 的初步知识.
- 本章难点：初等函数的复合表述.
- 本章重点：基本初等函数.

1.1.1 集合的概念

把研究的对象统称为元素，把一些元素组成的总体叫作集合. 集合的三要素是确定性、互异性、无序性. 只要构成两个集合的元素是一样的，就称这两个集合相等. 集合的表示方法有列举法、描述法.

常见集合有：正整数集合，用 $\mathbf{N}^*$ 或 $\mathbf{N}^+$ 表示；整数集合，用 $\mathbf{Z}$ 表示；有理数集合，用 $\mathbf{Q}$ 表示；实数集合，用 $\mathbf{R}$ 表示.

例 1.1 试用列举法表示集合 $\{(x,y)\mid 0\leqslant x\leqslant 2, 0\leqslant y<2, x,y\in\mathbf{Z}\}$.

解：集合元素是点，要求列举满足条件的点.

答案：该集合列举法表示为 $\{(0,0),(0,1),(1,0),(1,1),(2,0),(2,1)\}$.

例 1.2 已知 $A=\{1,2\}$，$B=\{x\mid x\in A\}$，则集合 A 与 B 的关系为________.

解：由集合 $B=\{x\mid x\in A\}$ 知，$B=\{1,2\}$.

答案：$A=B$.

1.1.2 集合间的基本关系

一般地，对于两个集合 A、B，如果集合 A 中任意一个元素都是集合 B 中的元素，则称集合 A 是集合 B 的子集，记作：$A\subseteq B$. 如果集合 $A\subseteq B$，但存在元素 $x\in B$，且 $x\notin A$，则称

集合 A 是集合 B 的真子集，记作：$A\subsetneqq B$. 把不含任何元素的集合叫作空集，记作：$\varnothing$. 并规定：空集是任何集合的子集.

如果集合 A 中含有 n 个元素，则集合 A 有 2^n 个子集，2^n-1 个真子集.

例 1.3 已知集合 $A=\{x|x^2-x-2<0\}$，$B=\{x|-1<x<1\}$，则(　　).

A. $A\subsetneqq B$　　B. $B\subsetneqq A$　　C. $A=B$　　D. $A\cap B=\varnothing$

解：本题主要考查一元二次不等式解法与集合间的关系，是简单题.

答案：B.

例 1.4 若全集 $U=\{0,1,2,3\}$ 且 $C_UA=\{2\}$，则集合 A 的真子集共有(　　)个.

A. 3　　B. 5　　C. 7　　D. 8

解：$A=\{0,1,3\}$，真子集有 $2^3-1=7$.

答案：C.

1.1.3 集合间的基本运算

一般地，由所有属于集合 A 或集合 B 的元素组成的集合，称为集合 A 与 B 的并集，记作：$A\cup B$. 由属于集合 A 且属于集合 B 的所有元素组成的集合，称为 A 与 B 的交集，记作：$A\cap B$.

全集、补集：$C_UA=\{x|x\in U，且\ x\notin A\}$.

例 1.5 已知全集 $U=\{0,1,2,3,4\}$，集合 $A=\{1,2,3\}$，$B=\{2,4\}$，则 $(C_UA)\cup B$ 为(　　).

A. $\{1,2,4\}$　　B. $\{2,3,4\}$　　C. $\{0,2,4\}$　　D. $\{0,2,3,4\}$

解：$C_UA=\{0,4\}$，$(C_UA)\cup B=\{0,2,4\}$

答案：C.

例 1.6 设 $U=\mathbf{R}$，$A=\{x|x>0\}$，$B=\{x|x>1\}$，则 $A\cap(C_UB)=$________.

解：$C_UB=\{x|x\leqslant 1\}$，所以 $A\cap(C_UB)=\{x|0<x\leqslant 1\}$.

答案：$\{x|0<x\leqslant 1\}$.

1.2 函　数

1.2.1 函数的概念

设 A、B 是非空的数集，如果按照某种确定的对应关系 f，使对于集合 A 中的任意一个数 x，在集合 B 中都有唯一确定的数 $f(x)$ 与它对应，那么就称 f：$A\to B$ 为集合 A 到集合 B 的一个函数，记作：$y=f(x)$，$x\in A$. 一个函数的构成要素为：定义域、对应关系、值域. 如果两个函数的定义域相同，并且对应关系完全一致，则称这两个函数相等. 函数有以下三种表示方法：解析法、图像法、列表法.

知识提炼：函数概念的关注点.

例 1.7 求下列函数的定义域.

(1) $f(x)=\frac{3}{5x^2+2x}$.

(2) $f(x)=\sqrt{9-x^2}$.

(3) $f(x)=\lg(4x-3)$.

解：(1) 在分式$\frac{3}{5x^2+2x}$中，分母不能为零，所以 $5x^2+2x\neq0$，解得 $x\neq-\frac{2}{5}$，且 $x\neq0$，即定义域为$\left(-\infty,-\frac{2}{5}\right)\cup\left(-\frac{2}{5},0\right)\cup(0,+\infty)$.

(2) 在偶次根式中，被开方式必须大于等于零，所以有 $9-x^2\geqslant0$，解得 $-3\leqslant x\leqslant3$，即定义域为$[-3,3]$.

(3) 在对数式中，真数必须大于零，所以有 $4x-3>0$，解得 $x>\frac{3}{4}$，即定义域为$\left(\frac{3}{4},+\infty\right)$.

例 1.8　下列各组中的两个函数是同一函数的为(　　).

(1) $y_1=\frac{(x+3)(x-5)}{x+3}$，$y_2=x-5$.

(2) $y_1=\sqrt{x+1}\sqrt{x-1}$，$y_2=\sqrt{(x+1)(x-1)}$.

(3) $f(x)=x$，$g(x)=\sqrt{x^2}$.

(4) $f(x)=\sqrt[3]{x^4-x^3}$，$F(x)=x\sqrt[3]{x-1}$.

(5) $f_1(x)=(\sqrt{2x-5})^2$，$f_2(x)=2x-5$.

A. (1)、(2)　　B. (2)、(3)　　C. (4)　　D. (3)、(5)

解：(1) 定义域不同；(2) 定义域不同；(3) 对应法则不同；(4) 定义域相同，且对应法则相同；(5) 定义域不同.

答案：C.

同步训练：非函数关系举例.

1.2.2　函数的性质

1. 有界性

设函数 $f(x)$在某区间 I 上有定义，若存在正数 M，使得$|f(x)|\leqslant M$(或$-M\leqslant f(x)\leqslant M$)，则称 $f(x)$在 I 上有界. 既有上界又有下界方可称有界，否则都称为无界. 函数 $f(x)$在 I 上有界，如图 1.1 所示；函数 $f(x)$在 I 上无界，如图 1.2 所示.

2. 单调性

设函数 $f(x)$在某区间 I 上有定义，对于区间内的任意两点 x_1、x_2，当 $x_1<x_2$ 时，有 $f(x_1)<f(x_2)$，则称 $f(x)$在 I 上是增函数，区间 I 称为单调增区间；若 $f(x_1)>f(x_2)$，则称 $f(x)$在 I 上是减函数，区间 I 称为单调减区间. 单调增函数与单调减函数统称为单调函数.

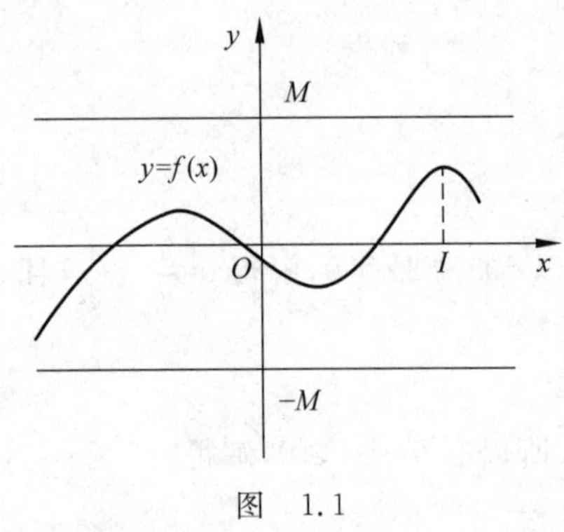

图 1.1

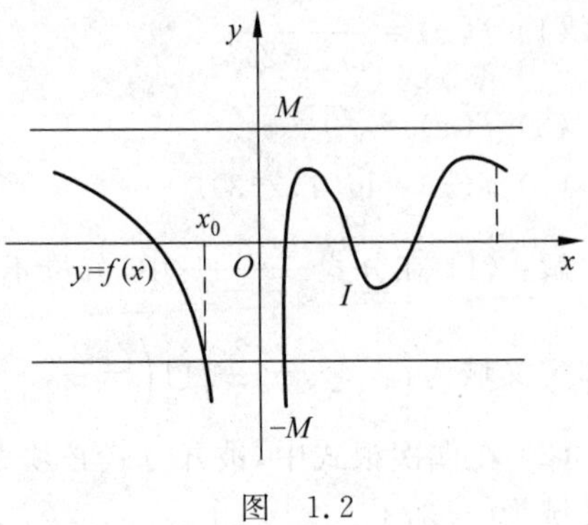

图 1.2

单调增加的函数的图像是沿 x 轴正向逐渐上升的(见图 1.3);单调减少的函数的图像是沿 x 轴正向逐渐下降的(见图 1.4).

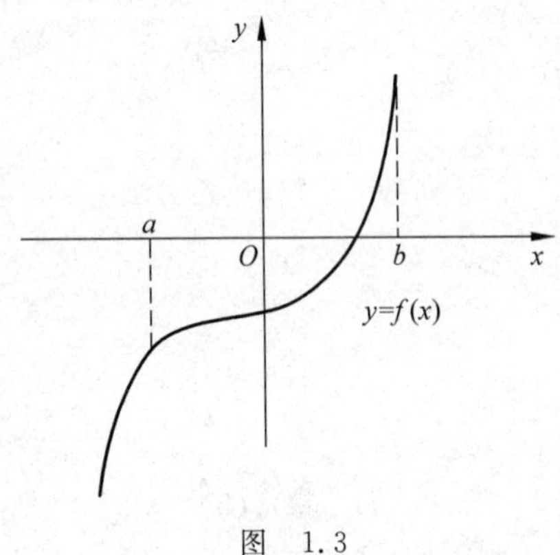

图 1.3

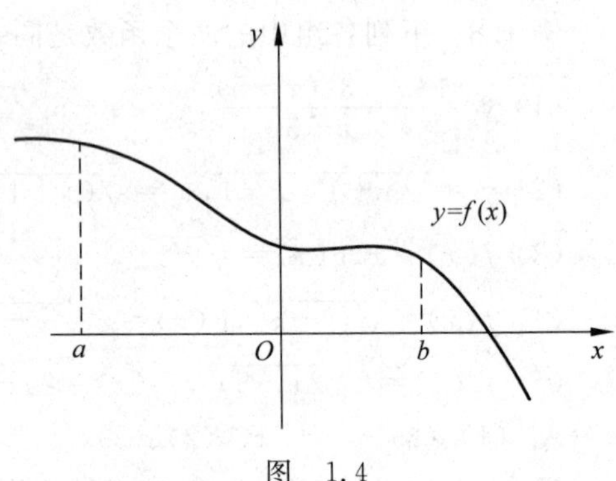

图 1.4

步骤:取值→作差→变形→定号→判断.

解:设 $x_1,x_2\in[a,b]$且 $x_1<x_2$,则 $f(x_1)-f(x_2)=\cdots$

例 1.9 验证函数 $y=3x-2$ 在区间$(-\infty,+\infty)$内是单调增加的.

解:在区间$(-\infty,+\infty)$内任取两点 $x_1<x_2$,于是 $f(x_1)-f(x_2)=(3x_1-2)-(3x_2-2)=3(x_1-x_2)<0$,即 $f(x_1)<f(x_2)$,所以 $y=3x-2$ 在区间$(-\infty,+\infty)$内是单调增加的.

例 1.10 下列函数 $f(x)$中,满足"对任意 x_1 和 $x_2\in(0,+\infty)$,当 $x_1<x_2$ 时,都有 $f(x_1)>f(x_2)$"的是______.

(1) $f(x)=\dfrac{1}{x}$ (2) $f(x)=(x-1)^2$ (3) $f(x)=e^x$ (4) $f(x)=\ln(x+1)$

解:(1) 因为对任意的 x_1 和 $x_2\in(0,+\infty)$,当 $x_1<x_2$ 时,都有 $f(x_1)>f(x_2)$,所以 $f(x)$在$(0,+\infty)$上为减函数.

(2)、(3)、(4)均不符合.

答案:(1).

知识提炼:根据函数的单调性对函数分类.

3. 奇偶性

设函数 $f(x)$在某区间 I 上有定义，I 为关于原点对称的区间，若对于任意的 $x\in I$，都有 $f(-x)=f(x)$，则称 $f(x)$为偶函数；若 $f(-x)=f(x)$，则称 $f(x)$为奇函数. 偶函数的图像是对称于 y 轴的（见图 1.5），奇函数的图像是对称于原点的（见图 1.6）.

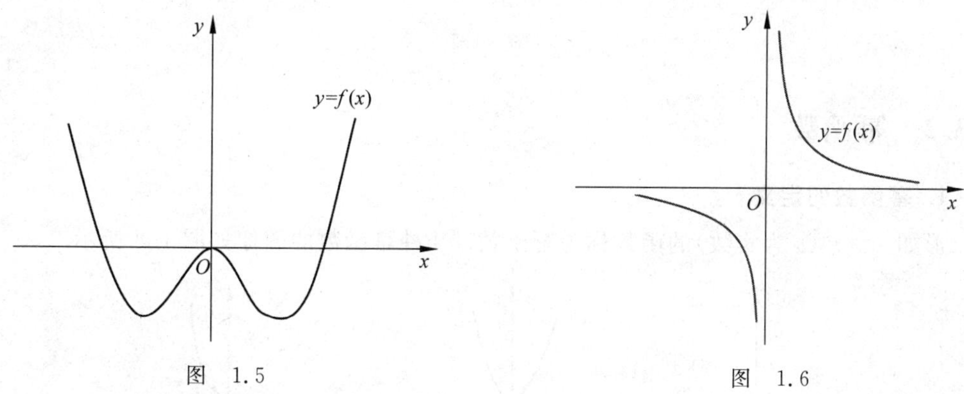

图　1.5　　　图　1.6

知识提炼：根据函数的奇偶性对函数分类.

例 1.11　判断下列函数的奇偶性.

(1) $f(x)=2x^2+\sin x$.

(2) $f(x)=\frac{1}{2}(a^{-x}-a^{x})(a>0,a\neq1)$.

解：(1) 因为 $f(-x)=2(-x)^2+\sin(-x)=2x^2-\sin x\neq f(x)$，同样可以得到 $f(-x)\neq -f(x)$，所以 $f(x)=2x^2+\sin x$ 既非奇函数，也非偶函数.

(2) 因为 $f(-x)=\frac{1}{2}[a^{-(-x)}-a^{-x}]=\frac{1}{2}(a^{x}-a^{-x})=-\frac{1}{2}(a^{-x}-a^{x})=-f(x)$，所以 $f(x)=\frac{1}{2}(a^{-x}-a^{x})$是奇函数.

4. 周期性

设函数 $f(x)$在某区间 I 上有定义，若存在不为零的数 T，使得对于任意的 $x\in I$，都有 $f(x+T)=f(x)$，则称 $f(x)$为周期函数. 通常所说的周期函数的周期是指它的最小正周期，但并非每一个函数都有最小正周期.

知识提炼：周期函数中，是否存在没有最小正周期的函数？

1.3　基本初等函数

1.3.1　常值函数

常值函数 $y=c$（c 是常数），$x\in\mathbf{R}$. 其图像是一条平行于 x 轴且截距为 c 的直线（见图 1.7）.

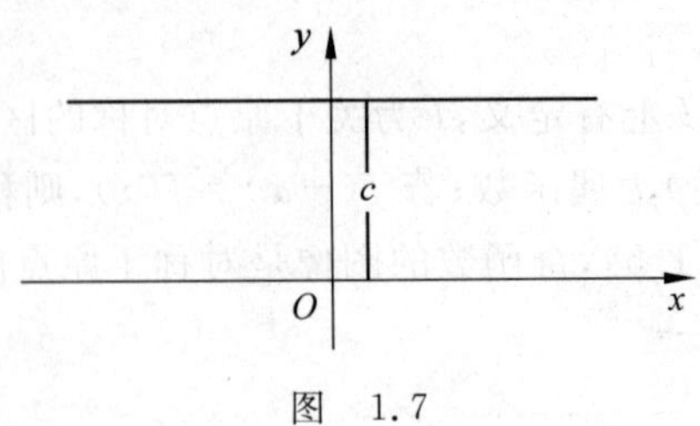

图 1.7

1.3.2 幂函数

1. 幂函数的定义

形如 $y=x^{\alpha}$（α 为实数）的函数称为幂函数. 几种幂函数的图像如图 1.8 所示.

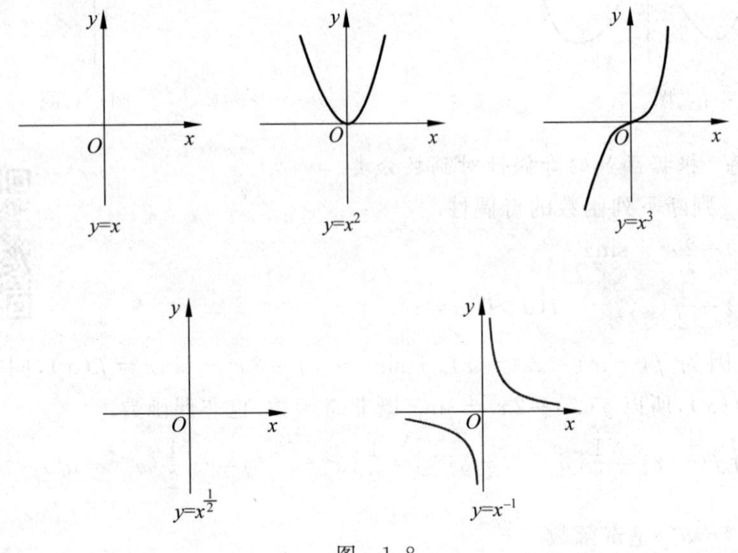

图 1.8

2. 幂函数的性质

这里，我们只讨论 $x\geqslant 0$ 的情形.

当 $\alpha>0$ 时，函数的图像通过原点（0,0）和点（1,1），在（0，$+\infty$）内单调增加且无界（见图 1.9）. 当 $\alpha<0$，图像不过原点，但仍通过点（1,1），在（0，$+\infty$）内单调减少、无界，曲线以 x 轴和 y 轴为渐进线（见图 1.10）.

例 1.12 如图 1.11 所示的图像中，表示 $y=x^{\frac{2}{3}}$ 的是________.

解：$y=x^{\frac{2}{3}}=\sqrt[3]{x^2}$ 是偶函数，所以排除②、③；当 $x>1$ 时，而 $\dfrac{x}{x^{\frac{2}{3}}}=x^{\frac{1}{3}}>1$，所以 $x>x^{\frac{2}{3}}$，故排除①.

答案：④.

例 1.13 函数 $y=x^3$（ ）.

A. 是奇函数，且在 **R** 上是单调增函数

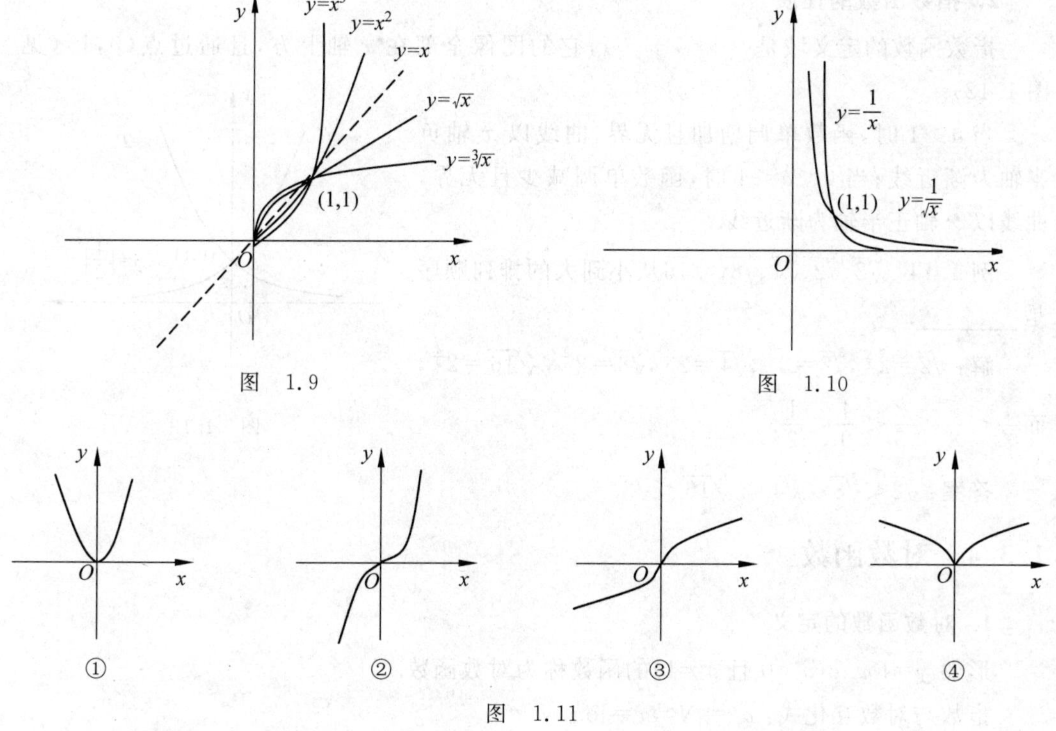

图　1.9

图　1.10

①　②　③　④

图　1.11

B. 是奇函数，且在 **R** 上是单调减函数

C. 是偶函数，且在 **R** 上是单调增函数

D. 是偶函数，且在 **R** 上是单调减函数

解：$f(-x)=(-x)^3=-x^3=-f(x)$为奇函数且为增函数.

答案：A.

1.3.3　指数函数

1. 指数函数的定义

形如 $y=a^x(a>0$ 且 $a\neq1)$的函数称为指数函数.

一般地，如果 $x^n=a$，那么 x 叫作 a 的 n 次方根，其中 $n>1,n\in\mathbf{N}^+$. 当 n 为奇数时，$\sqrt[n]{a^n}=a$；当 n 为偶数时，$\sqrt[n]{a^n}=|a|$.

我们规定：①$a^{\frac{n}{m}}=\sqrt[m]{a^n}(a>0;m,n\in\mathbf{N}^*;m>1)$；②$a^{-n}=\dfrac{1}{a^n}(n>0)$.

运算性质：

(1) $a^ra^s=a^{r+s}(a>0;r,s\in\mathbf{Q})$.

(2) $(a^r)^s=a^{rs}(a>0;r,s\in\mathbf{Q})$.

(3) $(ab)^r=a^rb^r(a>0,b>0,r\in\mathbf{Q})$.

2. 指数函数的性质

指数函数的定义域是$(-\infty,+\infty)$，它的图像全部在x轴上方，且通过点$(0,1)$（见图1.12）.

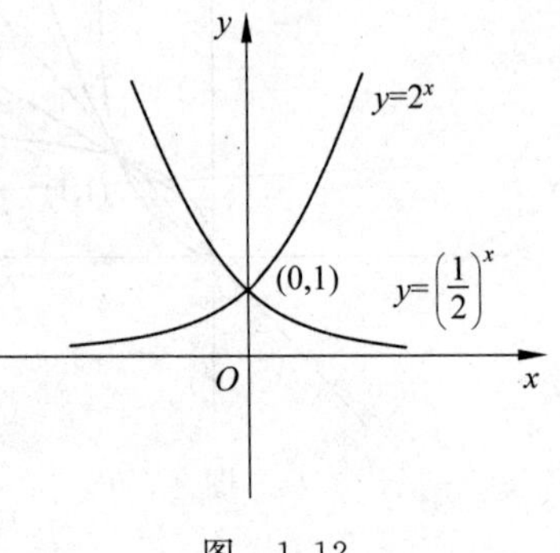

图 1.12

当$a>1$时，函数单调增加且无界，曲线以x轴负半轴为渐近线；当$0<a<1$时，函数单调减少且无界，曲线以x轴正半轴为渐近线.

例 1.14 $\sqrt{2}$、$\sqrt[3]{2}$、$\sqrt[5]{4}$、$\sqrt[8]{8}$、$\sqrt[9]{16}$从小到大的排列顺序是________.

解：$\sqrt{2}=2^{\frac{1}{2}}$，$\sqrt[3]{2}=2^{\frac{1}{3}}$，$\sqrt[5]{4}=2^{\frac{2}{5}}$，$\sqrt[8]{8}=2^{\frac{3}{8}}$，$\sqrt[9]{16}=2^{\frac{4}{9}}$，而$\frac{1}{3}<\frac{3}{8}<\frac{2}{5}<\frac{4}{9}<\frac{1}{2}$.

答案：$\sqrt[3]{2}<\sqrt[8]{8}<\sqrt[5]{4}<\sqrt[9]{16}<\sqrt{2}$.

1.3.4 对数函数

1. 对数函数的定义

形如$y=\log_a x$（$a>0$且$a\neq1$）的函数称为对数函数.

指数与对数互化式：$a^x=N\Leftrightarrow x=\log_a N$.

对数恒等式：$a^{\log_a N}=N$.

基本性质：$\log_a 1=0$，$\log_a a=1$.

运算性质：当$a>0$，$a\neq1$，$M>0$，$N>0$时，有

(1) $\log_a(MN)=\log_a M+\log_a N$.

(2) $\log_a\left(\frac{M}{N}\right)=\log_a M-\log_a N$.

(3) $\log_a M^n=n\log_a M$.

换底公式：$\log_a b=\frac{\log_c b}{\log_c a}$（$a>0$，$a\neq1$，$c>0$，$c\neq1$，$b>0$）.

重要公式：$\log_{a^n}b^m=\frac{m}{n}\log_a b$.

倒数关系：$\log_a b=\frac{1}{\log_b a}$（$a>0$，$a\neq1$，$b>0$，$b\neq1$）.

2. 对数函数的性质

对数函数的定义域是$(0,+\infty)$，图像全部在y轴右方，值域是$(-\infty,+\infty)$. 无论a取何值，曲线都通过点$(1,0)$（见图1.13）.

当$a>1$时，函数单调增加且无界，曲线以y轴负半轴为渐近线；当$0<a<1$时，函数单调减少且无界，曲线以y轴正半轴为渐近线.

对数函数$y=\log_a x$和指数函数$y=a^x$互为反函数，它们的图像关于$y=x$对称（见图1.14）.

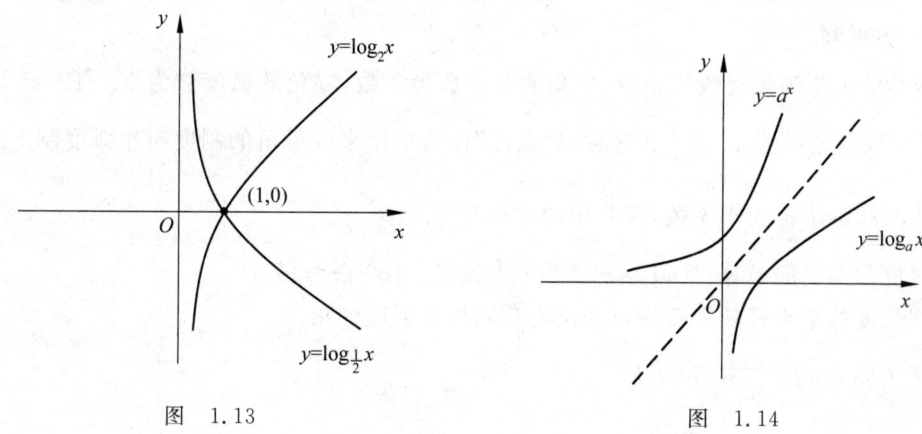

图　1.13　　　　　　图　1.14

以无理数 $e=2.7182818\cdots$ 为底的对数函数 $y=\log_e x$ 叫作自然对数函数，简记作 $y=\ln x$.

例 1.15　函数 $y=\sqrt{\log_{\frac{1}{2}}(3x-2)}$ 的定义域是(　　).

A. $[1,+\infty)$　　B. $\left(\dfrac{2}{3},+\infty\right)$　　C. $\left[\dfrac{2}{3},1\right]$　　D. $\left(\dfrac{2}{3},1\right]$

解：$\log_{\frac{1}{2}}(3x-2)\geqslant 0=\log_{\frac{1}{2}}1$，$0<3x-2\leqslant 1$，$\dfrac{2}{3}<x\leqslant 1$

答案：D.

1.3.5　三角函数

1. 任意角

角，即一条射线绕着端点从一个位置旋转到另一个位置所成的图形，其中顶点、始边、终边称为角的三要素. 角可以是任意大小的. 角按其旋转方向可分为正角、零角、负角. 在直角坐标系中：①角的顶点在原点，始边在 x 轴的非负半轴上，角的终边在第几象限，就说这个角是第几象限的角. ②若角的终边在坐标轴上，就说这个角不属于任何象限，它叫象限界角. 与角 α 终边相同的角的集合：$\{\beta|\beta=k\times 360^\circ+\alpha,k\in\mathbf{Z}\}$.

例 1.16　下列命题中正确的是________.

(1) 弧度角与实数之间建立了一一对应　　(2) 终边相同的角必相等

(3) 锐角必是第一象限的角　　(4) 小于 90° 的角是锐角

(5) 第二象限的角必大于第一象限的角

A. (1)　　B. (1)(2)(5)　　C. (3)(4)(5)　　D. (1)(3)

解：终边相同的角不一定相等，但相等的角的终边一定相同；终边相同的角有无数个，它们相差 360° 的整数倍.

正确理解角："$0^\circ\sim 90^\circ$ 的角"指的是 $0^\circ\leqslant\theta<90^\circ$；"第一象限的角""锐角""小于 90° 的角"这三种角的集合分别表示为：

$\{\theta|k\times 360^\circ<\theta<k\times 360^\circ+90^\circ,k\in\mathbf{Z}\}$，$\{\theta\mid 0^\circ<\theta<90^\circ\}$，$\{\theta\mid\theta<90^\circ\}$.

答案：(1).

2. 弧度制

规定：正角的弧度数为正数，负角的弧度数为负数，零角的弧度数为零. 任一已知角 α 的弧度数的绝对值 $|\alpha|=\frac{l}{r}$. 这种以"弧度"作为单位来度量角的制度叫作弧度制. 比值 $\frac{l}{r}$ 与所取圆的半径大小无关，仅与角的大小有关.

弧度与角度的换算：$180°=\pi$（弧度），1 弧度 $=180°/\pi\approx57°18'$.

把长度等于半径长的弧所对的圆心角叫作 1 弧度的角.

弧长公式：$l=\frac{n\pi R}{180}=|\alpha|R$.

扇形面积公式：$S=\frac{n\pi R^2}{360}=\frac{1}{2}lR$.

例 1.17 点 P 从 $(-1,0)$ 出发，沿单位圆 $x^2+y^2=1$ 顺时针方向运动 $\frac{\pi}{3}$ 弧长后到达 Q 点，则 Q 点的坐标为________.

解：由于点 P 从 $(-1,0)$ 出发，顺时针方向运动 $\frac{\pi}{3}$ 弧长到达 Q 点，因此 Q 点的坐标为 $\left(\cos\frac{2\pi}{3},\sin\frac{2\pi}{3}\right)$，即 Q 点的坐标为 $\left(-\frac{1}{2},\frac{\sqrt{3}}{2}\right)$.

答案：$\left(-\frac{1}{2},\frac{\sqrt{3}}{2}\right)$.

例 1.18 如果一扇形的圆心角为 120°，半径等于 10cm，则扇形的面积为________.

解：$S=\frac{1}{2}|\alpha|x^2=\frac{1}{2}\times\frac{2\pi}{3}\times100=\frac{100\pi}{3}(\text{cm}^2)$

答案：$\frac{100\pi}{3}\text{cm}^2$.

3. 任意角的三角函数

设 α 是一个任意角，点 $A(x,y)$ 为角 α 终边上任意一点，那么（设 $r=\sqrt{x^2+y^2}$）：

$$\sin\alpha=\frac{y}{r},\quad \cos\alpha=\frac{x}{r},\quad \tan\alpha=\frac{y}{x},\quad \cot\alpha=\frac{x}{y}$$

注意牢记特殊角 0°、30°、45°、60°、90°、180°、270°、360°的三角函数值.

例 1.19 已知角 α 的终边过点 $P(-5,12)$，则 $\cos\alpha=$________，$\tan\alpha=$________.

答案：$-\frac{5}{13}$，$-\frac{12}{5}$.

4. 同角三角函数的基本关系式

(1) 平方关系：$\sin^2\alpha+\cos^2\alpha=1$.

(2) 商数关系：$\tan\alpha=\frac{\sin\alpha}{\cos\alpha}$.

(3) 倒数关系：$\tan\alpha=\frac{1}{\cot\alpha}$.

例 1.20　若 $\cos\alpha=-\frac{3}{5}$，$\alpha\in\left(\frac{\pi}{2},\pi\right)$，则 $\tan\alpha=$________.

解：$\cos\alpha=-\frac{3}{5}$，$\alpha\in\left(\frac{\pi}{2},\pi\right)$，所以 $\sin\alpha=\frac{4}{5}$，$\tan\alpha=\frac{\sin\alpha}{\cos\alpha}=-\frac{4}{3}$.

答案：$-\frac{4}{3}$.

例 1.21　已知 $\sin\alpha=2\cos\alpha$，则 $\frac{5\sin\alpha-\cos\alpha}{2\sin\alpha+\cos\alpha}=$________.

解：因为 $\sin\alpha=2\cos\alpha$，所以 $\tan\alpha=2\tan x=2$，故 $\frac{5\sin\alpha-\cos\alpha}{2\sin\alpha+\cos\alpha}=\frac{5\tan\alpha-1}{2\tan\alpha+1}=\frac{9}{5}$.

答案：$\frac{9}{5}$.

提示：$\tan x$ 参考中学数学知识.

5. 三角函数的诱导公式

（概括为“奇变偶不变，符号看象限”，$k\in\mathbf{Z}$.）

诱导公式一：

$\sin(\alpha+2k\pi)=\sin\alpha$，

$\cos(\alpha+2k\pi)=\cos\alpha$（其中：$k\in\mathbf{Z}$），

$\tan(\alpha+2k\pi)=\tan\alpha$.

诱导公式二：

$\sin(\pi+\alpha)=-\sin\alpha$，

$\cos(\pi+\alpha)=-\cos\alpha$，

$\tan(\pi+\alpha)=\tan\alpha$.

诱导公式三：

$\sin(-\alpha)=-\sin\alpha$，

$\cos(-\alpha)=\cos\alpha$，

$\tan(-\alpha)=-\tan\alpha$.

诱导公式四：

$\sin(\pi-\alpha)=\sin\alpha$，

$\cos(\pi-\alpha)=-\cos\alpha$，

$\tan(\pi-\alpha)=-\tan\alpha$.

诱导公式五：

$\sin\left(\frac{\pi}{2}-\alpha\right)=\cos\alpha$，

$\cos\left(\frac{\pi}{2}-\alpha\right)=\sin\alpha$.

诱导公式六：

$\sin\left(\frac{\pi}{2}+\alpha\right)=\cos\alpha$，

$\cos\left(\frac{\pi}{2}+\alpha\right)=-\sin\alpha$.

例 1.22 化简 sin 600°的值,结果是( ).

A. 0.5 B. −0.5 C. $\frac{\sqrt{3}}{2}$ D. $-\frac{\sqrt{3}}{2}$

解:$\sin 600°=\sin 240°=\sin(180°+60°)=-\sin 60°=-\frac{\sqrt{3}}{2}$

答案:D.

例 1.23 若 $\sin\left(\frac{\pi}{6}+\alpha\right)=\frac{3}{5}$,则 $\cos\left(\frac{\pi}{3}-\alpha\right)=$________.

解:$\cos\left(\frac{\pi}{3}-\alpha\right)=\cos\left[\frac{\pi}{2}-\left(\frac{\pi}{6}+\alpha\right)\right]=\sin\left(\frac{\pi}{6}+\alpha\right)=\frac{3}{5}$

答案:$\frac{3}{5}$.

例 1.24 化简 $\frac{\sin(540°-x)}{\tan(900°-x)}\cdot\frac{1}{\tan(450°-x)\tan(810°-x)}\cdot\frac{\cos(360°-x)}{\sin(-x)}$.

解:原式 $=\frac{\sin(180°-x)}{\tan(-x)}\cdot\frac{1}{\tan(90°-x)\tan(90°-x)}\cdot\frac{\cos x}{\sin(-x)}$

$$=\frac{\sin x}{-\tan x}\cdot\tan x\cdot\tan x\left(-\frac{1}{\tan x}\right)=\sin x$$

6. 三角函数的图像和性质

正弦函数、余弦函数和正切函数的图像与性质归纳如表 1.1 所示.

表 1.1

项 目	正 弦 函 数	余 弦 函 数	正 切 函 数
表达式	$y=\sin x$	$y=\cos x$	$y=\tan x$
图像	y, 0, $\frac{\pi}{2}$, π, $\frac{3\pi}{2}$, 2π, x	y, 0, $\frac{\pi}{2}$, π, $\frac{3\pi}{2}$, 2π, x	y, $-\frac{\pi}{2}$, 0, $\frac{\pi}{2}$, x
定义域	**R**	**R**	$\left\{x\,\middle\vert\, x\neq\frac{\pi}{2}+k\pi,k\in\mathbf{Z}\right\}$
值域	$[-1,1]$	$[-1,1]$	**R**
最大值或最小值	$x=2k\pi+\frac{\pi}{2},k\in\mathbf{Z}$ 时,$y_{\max}=1$; $x=2k\pi-\frac{\pi}{2},k\in\mathbf{Z}$ 时,$y_{\min}=-1$	$x=2k\pi,k\in\mathbf{Z}$ 时,$y_{\max}=1$; $x=2k\pi+\pi,k\in\mathbf{Z}$ 时,$y_{\min}=-1$	无
周期性	$T=2\pi$	$T=2\pi$	$T=\pi$
奇偶性	奇	偶	奇

续表

项　目	正弦函数	余弦函数	正切函数
单调性 ($k\in\mathbf{Z}$)	在 $\left[2k\pi-\frac{\pi}{2},2k\pi+\frac{\pi}{2}\right]$ 上单调递增，在 $\left[2k\pi+\frac{\pi}{2},2k\pi+\frac{3\pi}{2}\right]$ 上单调递减	在 $[2k\pi-\pi,2k\pi]$ 上单调递增，在 $[2k\pi,2k\pi+\pi]$ 上单调递减	在 $\left(k\pi-\frac{\pi}{2},k\pi+\frac{\pi}{2}\right)$ 上单调递增
对称性 ($k\in\mathbf{Z}$)	对称轴方程：$x=k\pi+\frac{\pi}{2}$. 对称中心为 $(k\pi,0)$	对称轴方程：$x=k\pi$. 对称中心为 $\left(k\pi+\frac{\pi}{2},0\right)$	无对称轴. 对称中心为 $\left(\frac{k\pi}{2},0\right)$

余切函数、正割函数和余割函数的图像与转换公式归纳如表 1.2 所示.

表　1.2

项　目	余切函数	正割函数	余割函数
表达式	$y=\cot x$	$y=\sec x$	$y=\csc x$
图像	y; $-\pi$, $-\frac{\pi}{2}$, 0, $\frac{\pi}{2}$, π, $\frac{3\pi}{2}$, 2π, x	y; -4, -2, 0, 2, 4, 6, x; 4, 3, 2, 1, -1, -2, -3, -4	y; -2, 0, 2, 4, 6, 8, x; 4, 3, 2, 1, -1, -2, -3, -4
转换公式	$\cot x=\frac{1}{\tan x}$	$\sec x=\frac{1}{\cos x}$	$\csc x=\frac{1}{\sin x}$

它们的性质可根据图像和转换公式推得.

例 1.25　求函数 $y=\sin\left(\frac{\pi}{3}-2x\right)$ 的单调减区间.

解：因为 $2k\pi-\frac{\pi}{2}\leqslant\frac{\pi}{3}-2x\leqslant 2k\pi+\frac{\pi}{2}$，故原函数的单调减区间为 $\left[k\pi-\frac{\pi}{12},k\pi+\frac{5\pi}{12}\right]$ $(k\in Z)$.

7. 函数 $y=A\sin(\omega x+\varphi)$ 的图像

对于函数 $y=A\sin(\omega x+\varphi)+B\ (A>0,\omega>0)$，有振幅 A，周期 $T=\frac{2\pi}{\omega}$，初相为 φ，相位为 $\omega x+\varphi$，频率为 $f=\frac{1}{T}=\frac{\omega}{2\pi}$.

下面介绍函数 $y=\sin x$ 的图像与 $y=A\sin(\omega x+\varphi)+B$ 的图像之间的平移伸缩变换关系.

(1) 先平移后伸缩：

$y=\sin x$

$\xrightarrow{\text{(左加右减)平移}|\varphi|\text{个单位}} y=\sin(x+\varphi)$

$\xrightarrow{\text{横坐标不变,纵坐标变为原来的 }A\text{ 倍}} y=A\sin(x+\varphi)$

$\xrightarrow{\text{纵坐标不变,横坐标变为原来的 }\left|\frac{1}{\omega}\right|\text{ 倍}} y=A\sin(\omega x+\varphi)$

$\xrightarrow{\text{(上加下减)平移 }|B|\text{ 个单位}} y=A\sin(\omega x+\varphi)+B$

(2) 先伸缩后平移：

$y=\sin x$

$\xrightarrow{\text{横坐标不变,纵坐标变为原来的 }A\text{ 倍}} y=A\sin x$

$\xrightarrow{\text{纵坐标不变,横坐标变为原来的 }\left|\frac{1}{\omega}\right|\text{ 倍}} y=A\sin\omega x$

$\xrightarrow{\text{(左加右减)平移 }\left|\frac{\varphi}{\omega}\right|\text{ 个单位}} y=A\sin(\omega x+\varphi)$

$\xrightarrow{\text{(上加下减)平移 }|B|\text{ 个单位}} y=A\sin(\omega x+\varphi)+B$

例 1.26 函数 $y=3\cos\left(\frac{2}{5}x-\frac{\pi}{6}\right)$的最小正周期是(　　).

A. $\frac{2\pi}{5}$　　B. $\frac{5\pi}{2}$　　C. 2π　　D. 5π

解：$T=\frac{2\pi}{\frac{2}{5}}=5\pi$

答案：D.

例 1.27 要得到函数 $y=\sin x$ 的图像,只需将函数 $y=\cos\left(x-\frac{\pi}{3}\right)$的图像向右平移________个单位.

解：$y=\cos\left(x-\frac{\pi}{3}\right)=\sin\left[\frac{\pi}{2}+\left(x-\frac{\pi}{3}\right)\right]=\sin\left(-x+\frac{\pi}{6}\right),\frac{\varphi}{\omega}=\left|\frac{\frac{\pi}{6}}{-1}\right|=\frac{\pi}{6}$

答案：$\frac{\pi}{6}$.

例 1.28 已知函数 $y=f(x)$的图像上的每一点的纵坐标扩大到原来的 4 倍,横坐标扩大到原来的 2 倍,然后把所得的图像沿 x 轴向左平移$\frac{\pi}{2}$,这样得到的曲线和 $y=2\sin x$ 的图像相同,则已知函数 $y=f(x)$的解析式为________.

解：$y=2\sin x\xrightarrow{\text{右移}\frac{\pi}{2}\text{个单位}} y=2\sin\left(x-\frac{\pi}{2}\right)$

$\xrightarrow{\text{横坐标缩小到原来的}\frac{1}{2}} y=2\sin\left(2x-\frac{\pi}{2}\right)$

$\xrightarrow{\text{纵坐标缩小到原来的}\frac{1}{4}} y=\frac{1}{2}\sin\left(2x-\frac{\pi}{2}\right)$

答案：$y=\frac{1}{2}\sin\left(2x-\frac{\pi}{2}\right)$.

8. 三角恒等变换

(1) 两角和与差的正弦、余弦、正切公式

① $\sin(\alpha+\beta)=\sin\alpha\cos\beta+\cos\alpha\sin\beta$.

② $\sin(\alpha-\beta)=\sin\alpha\cos\beta-\cos\alpha\sin\beta$.

③ $\cos(\alpha+\beta)=\cos\alpha\cos\beta-\sin\alpha\sin\beta$.

④ $\cos(\alpha-\beta)=\cos\alpha\cos\beta+\sin\alpha\sin\beta$.

⑤ $\tan(\alpha+\beta)=\frac{\tan\alpha+\tan\beta}{1-\tan\alpha\tan\beta}$.

⑥ $\tan(\alpha-\beta)=\frac{\tan\alpha-\tan\beta}{1+\tan\alpha\tan\beta}$.

(2) 二倍角的正弦、余弦、正切公式

① $\sin2\alpha=2\sin\alpha\cos\alpha$.

② $\cos2\alpha=\cos^2\alpha-\sin^2\alpha=2\cos^2\alpha-1=1-2\sin^2\alpha$.

③ $\tan2\alpha=\frac{2\tan\alpha}{1-\tan^2\alpha}$.

例 1.29　已知 $\sin\alpha=\frac{3}{5}$，且 $\alpha\in\left(\frac{\pi}{2},\pi\right)$，那么$\frac{\sin2\alpha}{\cos^2\alpha}$的值等于________.

解：$\cos\alpha=-\sqrt{1-\sin^2\alpha}=-\frac{4}{5}$，$\frac{\sin2\alpha}{\cos^2\alpha}=\frac{2\sin\alpha\cos\alpha}{\cos^2\alpha}=\frac{2\sin\alpha}{\cos\alpha}=\frac{2\times\frac{3}{5}}{-\frac{4}{5}}=-\frac{3}{2}$

答案：$-\frac{3}{2}$.

(3) 简单的三角恒等变换辅助角公式

$y=a\sin x+b\cos x=\sqrt{a^2+b^2}\sin(x+\varphi)$［其中辅助角 φ 所在象限由点(a,b)的象限决定，$\tan\varphi=\frac{b}{a}$］.

例 1.30　已知函数 $f(x)=2\cos x(\sin x-\cos x)+1$，$x\in\mathbf{R}$. 求函数 $f(x)$的最小正周期.

解：$f(x)=2\cos x(\sin x-\cos x)+1=\sin2x-\cos2x=\sqrt{2}\sin\left(2x-\frac{\pi}{4}\right)$

因此，函数 $f(x)$的最小正周期为 π.

1.3.6　反三角函数

反三角函数是一种基本初等函数. 它是反正弦 $\arcsin x$、反余弦 $\arccos x$、反正切 $\arctan x$、反余切 $\mathrm{arccot}\,x$、反正割 $\mathrm{arcsec}\,x$、反余割 $\mathrm{arccsc}\,x$ 这些函数的统称，各自表示其反正弦、反余弦、反正切、反余切、反正割、反余割自变量为 x 的角. 欧拉提出反三角函数的概念，并且首先使用了“arc+函数名”的形式表示反三角函数. 比较常用的三个反三角函

数即反正弦 $\arcsin x$、反余弦 $\arccos x$、反正切 $\arctan x$ 的图像和性质如表 1.3 所示.

表 1.3

项　目	反正弦函数	反余弦函数	反正切函数
表达式	$y=\arcsin x$	$y=\arccos x$	$y=\arctan x$
含义	$y=\sin x$ 在 $\left[-\frac{\pi}{2},\frac{\pi}{2}\right]$ 上的反函数	$y=\cos x$ 在 $[0,\pi]$ 上的反函数	$y=\tan x$ 在 $\left[-\frac{\pi}{2},\frac{\pi}{2}\right]$ 上的反函数
图像	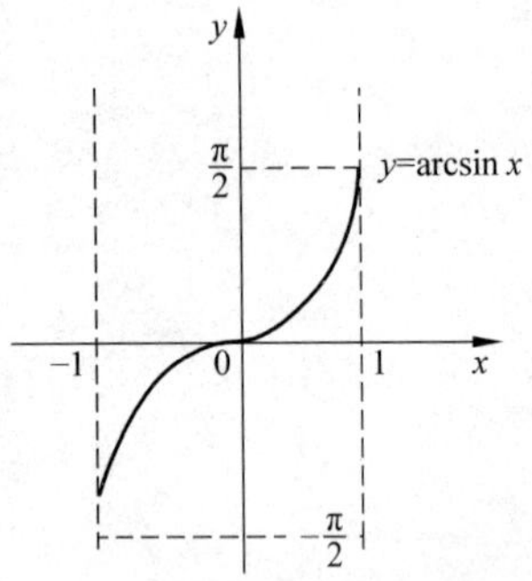 y; $\frac{\pi}{2}$; y=arcsin x; −1; 0; 1; x; $-\frac{\pi}{2}$	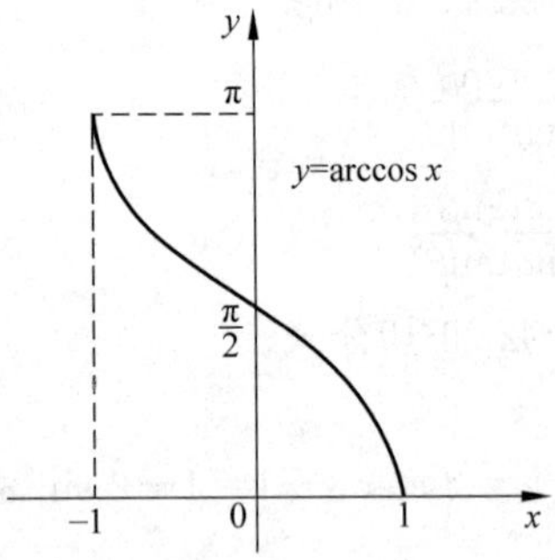 y; π; y=arccos x; $\frac{\pi}{2}$; −1; 0; 1; x	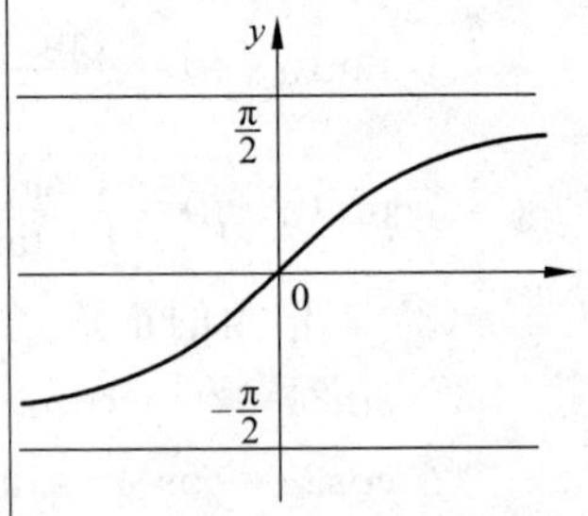 y; $\frac{\pi}{2}$; 0; $-\frac{\pi}{2}$
定义域	$[-1,1]$	$[-1,1]$	**R**
值域	$\left[-\frac{\pi}{2},\frac{\pi}{2}\right]$	$[0,\pi]$	$\left(-\frac{\pi}{2},\frac{\pi}{2}\right)$
单调性	在 $[-1,1]$ 上单调递增	在 $[-1,1]$ 上单调递减	在 **R** 上单调递增
奇偶性	奇函数	非奇非偶函数	奇函数

1.4 复合函数

1. 引例

球的体积是其半径的函数，即 $v=\frac{4}{3}\pi r^3$. 由于热胀冷缩，其半径 r 又随温度 t 的变化而变化，即 $r=r_0(1+0.01t)$，其中 r_0 为热膨胀系数，是常数. 下面求球的体积与温度之间的函数关系式.

分析：在体积表达式 $v=\frac{4}{3}\pi r^3$ 中，体积是半径的函数，在半径表达式 $r=r_0(1+0.01t)$ 中，半径又是温度的函数，此时半径 r 是体积与温度的中间变量，将中间变量半径 r 消除，于是，就得到球的体积与温度之间的函数关系式：

$$v=\frac{4}{3}\pi[r_0(1+0.01t)]^3$$

2. 定义

设函数 $y=f(u)$ 的定义域为 D_f，$u=g(x)$ 的值域为 R_g，若 $D_f\cap R_g\neq\varnothing$，则称函数 $y=f[g(x)]$ 为函数 $y=f(u)$ 与 $u=g(x)$ 的复合函数，其中，x 为自变量，y 为因变量，r 为中间变量.

注意：并不是任意的几个函数都可以复合成复合函数，能复合成复合函数的条件是 $D_f \cap R_g \neq \varnothing$.

同步训练：举例说明函数能够复合的条件.

例 1.31　分析下列函数的结构.

(1) $y=(5x+6)^8$；(2) $y=\sqrt{\cot x}$；(3) $y=\mathrm{e}^{\sin\sqrt{x^2+1}}$；(4) $y=\ln\cos\dfrac{1}{x}$.

解：(1) $y=u^8, u=5x+6$.

(2) $y=\sqrt{u}, u=\cot x$.

(3) $y=\mathrm{e}^u, u=\sin v, v=\sqrt{s}, s=x^2+1$.

(4) $y=\ln u, u=\cos v, v=\dfrac{1}{x}$.

注意：复合函数的拆分是由最后一个运算到最初的一个运算(像剥竹笋一样，从外层到里层)，直至遇到基本初等函数或简单函数为止.

1.5　初等函数

【定义 1.1】　由基本初等函数经过有限次四则运算及有限次复合步骤所构成，且用一个解析式表示的函数叫初等函数. 初等函数的基本特征是：在函数有定义的区间内，初等函数的图形是不间断的. 凡不是初等函数的函数，皆称为非初等函数.

例如，函数 $y=3\sin(x^2-1)$ 和 $y=\mathrm{e}^{2x}\ln x$ 都是初等函数. 初等函数是最常见的函数，是微积分研究的主要对象.

1.6　分段函数

利用解析法表示函数时，一般用一个解析表达式表示一个函数. 但有时需要用几个解析式表达一个函数，即对于不同取值范围的自变量，函数采用不同的解析表达式，这种函数叫分段函数.

例 1.32　某市电话局规定市话收费标准为：当月所打电话次数不超过 30 次时，只收月租费 25 元；超过 30 次的，每次加收 0.23 元. 求电话费和用户当月所打电话次数的关系.

电话费 y 和用户当月所打电话次数 x 的关系可用下面的形式表示：

$$y=\begin{cases}25, & x\leqslant 30\\ 25+0.23x, & x>30\end{cases}$$

像这样把定义域分成若干部分，函数关系由不同的式子分段表达的函数称为分段函数.

绝对值函数可以表示成

$$y=|x|=\begin{cases}x, & x\geqslant 0\\ -x, & x<0\end{cases}$$

例 1.33 设函数 $y=f(x)=\begin{cases}x^2+1, & x>0\\ 2, & x=0\\ 3x, & x<0\end{cases}$，试画出函数图像.

解：函数图像如图 1.15 所示.

例 1.34 设函数 $f(x)=\begin{cases}\sin x, & -4\leqslant x<1\\ 1, & 1\leqslant x<3\\ 5x-1, & x\geqslant 3\end{cases}$，求 $f(-\pi)$、$f(1)$、$f(3.5)$及函数的定义域.

解：因为$-\pi\in[-4,1)$，所以 $f(-\pi)=\sin(-\pi)=0$；因为 $1\in[1,3)$，所以 $f(1)=1$；因为 $3.5\in[3,+\infty)$，所以 $f(3.5)=5\times(3.5)-1=16.5$.

因此，函数 $f(x)$的定义域为$[-4,+\infty)$.

例 1.35 用分段函数表示函数 $y=3-|2-x|$，并画出图形.

解：根据绝对值定义可知，当 $x\leqslant 2$ 时，$|2-x|=2-x$；当 $x>2$ 时，$|2-x|=x-2$. 于是有 $y=\begin{cases}3-(2-x), & x\leqslant 2\\ 3-(x-2), & x>2\end{cases}$，即 $y=\begin{cases}1+x, & x\leqslant 2\\ 5-x, & x>2\end{cases}$，其图形如图 1.16 所示.

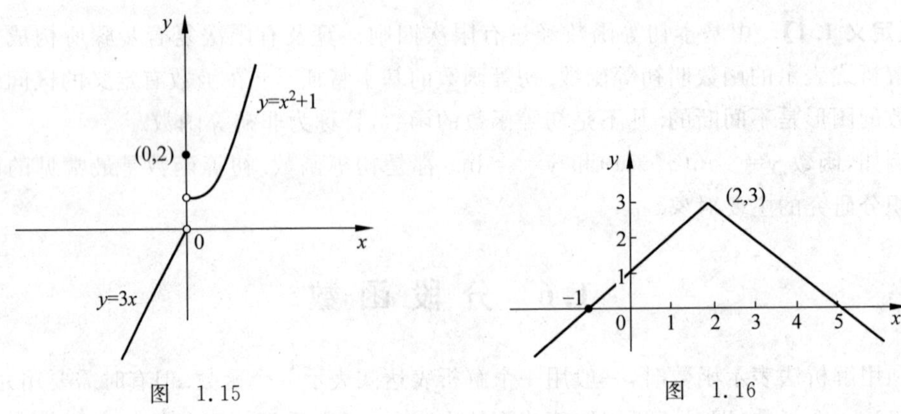

图 1.15

图 1.16

1.7 复 数

1.7.1 复数的概念

若虚数单位为 i，则复数的代数形式为 $z=a+b\mathrm{i}(a,b\in\mathbf{R})$.

1.7.2 复数的分类

复数的分类如下：

$$复数\begin{cases}实数(b=0)\\ 虚数(b\neq 0)\begin{cases}纯虚数(a=0,b\neq 0)\\ 非纯虚数(a\neq 0,b\neq 0)\end{cases}\end{cases}$$

1.7.3　相关公式

(1) $a+b\mathrm{i}=c+d\mathrm{i}\Leftrightarrow a=b$ 且 $c=d$.

(2) $a+b\mathrm{i}=0\Leftrightarrow a=b=0$.

(3) $|z|=|a+b\mathrm{i}|=\sqrt{a^2+b^2}$.

(4) $\bar{z}=a-b\mathrm{i}$.

z 和 $\bar{z}$ 指两复数实部相同,虚部互为相反数(互为共轭复数).

1.7.4　复数运算

(1) 复数加减法:$(a+b\mathrm{i})\pm(c+d\mathrm{i})=(a\pm c)+(b\pm d)\mathrm{i}$.

(2) 复数的乘法:$(a+b\mathrm{i})(c+d\mathrm{i})=(ac-bd)+(bc+ad)\mathrm{i}$.

(3) 复数的除法:$\dfrac{a+b\mathrm{i}}{c+d\mathrm{i}}=\dfrac{(a+b\mathrm{i})(c-d\mathrm{i})}{(c+d\mathrm{i})(c-d\mathrm{i})}=\dfrac{(ac+bd)+(bc-ad)\mathrm{i}}{c^2+d^2}=\dfrac{ac+bd}{c^2+d^2}+\dfrac{bc-ad}{c^2+d^2}\mathrm{i}$.

提示:类似于无理数除法的分母有理化→虚数除法的分母实数化.

1.7.5　复数的几何意义

用来表示复数的直角坐标系称为复平面,其中 x 轴叫作复平面的实轴,y 轴叫作复平面的虚轴.

$$复数\ z=a+b\mathrm{i}\xleftrightarrow{一一对应}复平面内的点\ Z(a,b)$$

$$复数\ z=a+b\mathrm{i}\xleftrightarrow{一一对应}平面向量\ \overrightarrow{OZ}$$

例 1.36　m 取何实数时,复数 $z=\dfrac{m^2-m-6}{m+3}+(m^2-2m-15)\mathrm{i}$ 是实数、虚数或是纯虚数?

分析:本题是判断复数在何种情况下为实数、虚数、纯虚数.由于所给复数 z 已写成标准形式,即 $z=a+b\mathrm{i}(a,b\in\mathbf{R})$,所以只需按题目要求,对实部和虚部分别进行处理,就极易解答此题.

解:(1) 当 $\begin{cases}m^2-2m-15=0\\ m+3\neq 0\end{cases}$ 时,即 $\begin{cases}m=5\text{ 或 }m=-3\\ m\neq -3\end{cases}$,所以 $m=5$ 时,z 是实数.

(2) 当 $\begin{cases}m^2-2m-15\neq 0\\ m+3\neq 0\end{cases}$ 时,即 $\begin{cases}m\neq 5\text{ 且 }m\neq -3\\ m\neq -3\end{cases}$,所以当 $m\neq 5$ 且 $m\neq -3$ 时,z 是虚数.

(3) 当$\begin{cases} m^2-m-6=0 \\ m+3\neq 0 \\ m^2-2m-15\neq 0 \end{cases}$时，即$\begin{cases} m=3 \text{ 或 } m=-2 \\ m\neq -3 \\ m\neq 5 \text{ 且 } m\neq -3 \end{cases}$，所以当 $m=3$ 或 $m=-2$ 时，z 是纯虚数.

提示：研究一个复数在什么情况下是实数、虚数或纯虚数时，首先要保证这个复数的实部、虚部是有意义的，这是一个前提条件，学生易忽略这一点. 如本题易忽略分母不能为 0 的条件，丢掉 $m+3\neq 0$，导致解答出错.

1.8 向　　量

1.8.1 向量的物理背景与概念

既有大小又有方向的量叫作向量. 四种常见的向量是力、位移、速度、加速度. 带有方向的线段叫作有向线段，有向线段包含起点、方向、长度三个要素. 向量$\overrightarrow{AB}$的大小，也就是向量$\overrightarrow{AB}$的长度(或称模)，记作$|\overrightarrow{AB}|$；长度为零的向量叫作零向量；长度等于 1 个单位的向量叫作单位向量. 方向相同或相反的非零向量叫作平行向量(或共线向量). 零向量与任意向量平行. 长度相等且方向相同的向量叫作相等向量. 与一个向量长度相等方向相反的向量叫作该向量的相反向量.

1. 向量加法、减法运算及其几何意义

(1) 三角形加法法则和平行四边形加法法则.(图 1.17 左图为三角形加法法则，右图为平行四边形加法法则.)

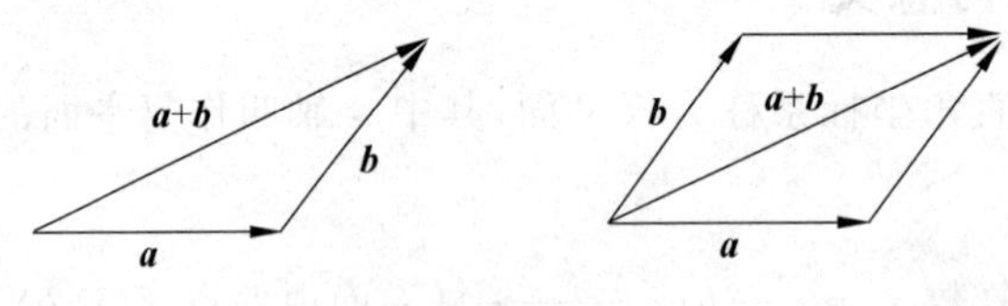

图　1.17

根据三角形相关知识可知，$|\boldsymbol{a}+\boldsymbol{b}|\leqslant|\boldsymbol{a}|+|\boldsymbol{b}|$.

(2) 三角形减法法则和平行四边形减法法则.(图 1.18 左图为三角形减法法则，右图为平行四边形减法法则.)

例 1.37　已知任意四边形 $ABCD$ 的边 AD 和 BC 的中点分别为 E、F.

求证：$\overrightarrow{AB}+\overrightarrow{DC}=2\overrightarrow{EF}$.

分析：构造一个三角形，利用向量的三角形法则证明.

证明：如图 1.19 所示，连接 EB 和 EC.

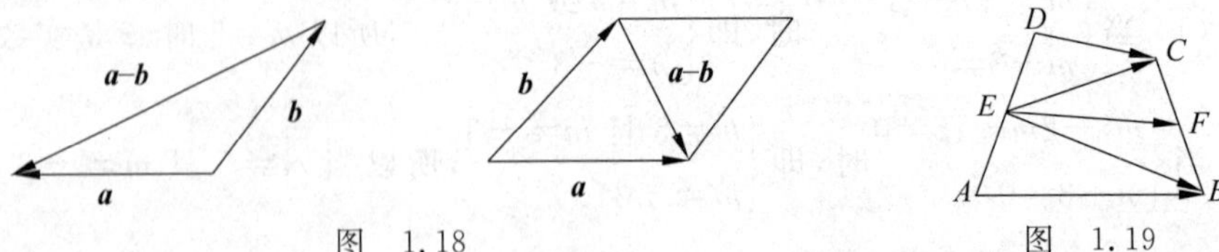

图　1.18　　　　图　1.19

由$\overrightarrow{EA}+\overrightarrow{AB}=\overrightarrow{EB}$和$\overrightarrow{EF}+\overrightarrow{FB}=\overrightarrow{EB}$可得，

$$\overrightarrow{EA}+\overrightarrow{AB}=\overrightarrow{EF}+\overrightarrow{FB} \tag{1}$$

由$\overrightarrow{ED}+\overrightarrow{DC}=\overrightarrow{EC}$和$\overrightarrow{EF}+\overrightarrow{FC}=\overrightarrow{EC}$可得，

$$\overrightarrow{ED}+\overrightarrow{DC}=\overrightarrow{EF}+\overrightarrow{FC} \tag{2}$$

(1)+(2)得，

$$\overrightarrow{EA}+\overrightarrow{ED}+\overrightarrow{AB}+\overrightarrow{DC}=2\overrightarrow{EF}+\overrightarrow{FB}+\overrightarrow{FC} \tag{3}$$

因为 E、F 分别为 AD 和 BC 的中点，所以

$$\overrightarrow{EA}+\overrightarrow{ED}=0,\quad \overrightarrow{FB}+\overrightarrow{FC}=0$$

代入(3)式得，

$$\overrightarrow{AB}+\overrightarrow{DC}=2\overrightarrow{EF}$$

提示：运用向量加减法解决几何问题时，需要发现或构造三角形或平行四边形.

2. 向量数乘运算及其几何意义

若实数 λ 与向量 $\boldsymbol{a}$ 的积是一个向量，这种运算叫作向量的数乘. 记作：$\lambda\boldsymbol{a}$. 它的长度和方向规定如下：

(1) $|\lambda\boldsymbol{a}|=|\lambda||\boldsymbol{a}|$.

(2) 当 $\lambda>0$ 时，$\lambda\boldsymbol{a}$的方向与 $\boldsymbol{a}$ 的方向相同；当 $\lambda<0$ 时，$\lambda\boldsymbol{a}$的方向与 $\boldsymbol{a}$ 的方向相反.

平面向量共线定理：向量 $\boldsymbol{a}(\boldsymbol{a}\neq 0)$与 $\boldsymbol{b}$ 共线，当且仅当有唯一一个实数 λ，使 $\boldsymbol{b}=\lambda\boldsymbol{a}$.

平面向量基本定理：如果 $\boldsymbol{e}_1$ 和 $\boldsymbol{e}_2$ 是同一平面内的两个不共线向量，那么对于这一平面内任一向量 $\boldsymbol{a}$，有且只有一对实数 λ_1 及 λ_2，使 $\boldsymbol{a}=\lambda_1\boldsymbol{e}_1+\lambda_2\boldsymbol{e}_2$.

1.8.2　平面向量数量积的物理背景及其含义

(1) $\boldsymbol{a}\cdot\boldsymbol{b}=|\boldsymbol{a}||\boldsymbol{b}|\cos\theta$.

(2) $\boldsymbol{a}$ 在 $\boldsymbol{b}$ 方向上的投影为：$|\boldsymbol{a}|\cos\theta$.

(3) $\boldsymbol{a}^2=|\boldsymbol{a}|^2$.

(4) $|\boldsymbol{a}|=\sqrt{\boldsymbol{a}^2}$.

(5) $\boldsymbol{a}\perp\boldsymbol{b}\Leftrightarrow\boldsymbol{a}\cdot\boldsymbol{b}=0$.

1.8.3　平面向量的坐标运算

1. 平面向量的正交分解及坐标表示

(1) $\boldsymbol{a}=x\boldsymbol{i}+y\boldsymbol{j}=(x,y)$.

(2) 设 $\boldsymbol{a}=(x_1,y_1)$，$\boldsymbol{b}=(x_2,y_2)$，则：

① $\boldsymbol{a}+\boldsymbol{b}=(x_1+x_2,y_1+y_2)$.

② $\boldsymbol{a}-\boldsymbol{b}=(x_1-x_2,y_1-y_2)$.

③ $\lambda\boldsymbol{a}=(\lambda x_1,\lambda y_1)$.

④ $\boldsymbol{a}\parallel\boldsymbol{b}\Leftrightarrow x_1y_2=x_2y_1$.

(3) 设 $A(x_1,y_1)$,$B(x_2,y_2)$,则$\overrightarrow{AB}=(x_2-x_1,y_2-y_1)$.

2. 平面向量数量积的坐标表示、模、夹角

(1) 设 $\boldsymbol{a}=(x_1,y_1)$,$\boldsymbol{b}=(x_2,y_2)$,则:

① $\boldsymbol{a}\cdot\boldsymbol{b}=x_1x_2+y_1y_2$.

② $|\boldsymbol{a}|=\sqrt{x_1^2+y_1^2}$.

③ $\boldsymbol{a}\perp\boldsymbol{b}\Leftrightarrow\boldsymbol{a}\cdot\boldsymbol{b}=0\Leftrightarrow x_1x_2+y_1y_2=0$.

④ $\boldsymbol{a}\parallel\boldsymbol{b}\Leftrightarrow\boldsymbol{a}=\lambda\boldsymbol{b}\Leftrightarrow x_1y_2-x_2y_1=0$.

(2) 设 $A(x_1,y_1)$,$B(x_2,y_2)$,则:

$$|\overrightarrow{AB}|=\sqrt{(x_2-x_1)^2+(y_2-y_1)^2}$$

3. 两向量的夹角公式

$$\cos\theta=\frac{\boldsymbol{a}\cdot\boldsymbol{b}}{|\boldsymbol{a}||\boldsymbol{b}|}=\frac{x_1x_2+y_1y_2}{\sqrt{x_1^2+y_1^2}\cdot\sqrt{x_2^2+y_2^2}}$$

例 1.38 已知平面上三个向量 $\boldsymbol{a}$、$\boldsymbol{b}$、$\boldsymbol{c}$ 的模均为 1,它们相互之间的夹角均为 120°.

求证: $(\boldsymbol{a}-\boldsymbol{b})\perp\boldsymbol{c}$.

分析: 通过证明$(\boldsymbol{a}-\boldsymbol{b})\cdot\boldsymbol{c}=0$ 来证明该题结果.

证明: 因为$|\boldsymbol{a}|=|\boldsymbol{b}|=|\boldsymbol{c}|=1$,且 $\boldsymbol{a}$、$\boldsymbol{b}$、$\boldsymbol{c}$ 之间的夹角均为 120°.

则$(\boldsymbol{a}-\boldsymbol{b})\cdot\boldsymbol{c}=\boldsymbol{a}\cdot\boldsymbol{c}-\boldsymbol{b}\cdot\boldsymbol{c}=|\boldsymbol{a}||\boldsymbol{c}|\cos120^\circ-|\boldsymbol{b}||\boldsymbol{c}|\cos120^\circ=0$.

所以$(\boldsymbol{a}-\boldsymbol{b})\cdot\boldsymbol{c}=0$.

例 1.39 平面内给定三个向量 $\boldsymbol{a}=(3,2)$,$\boldsymbol{b}=(-1,2)$,$\boldsymbol{c}=(4,1)$,回答下列问题.

(1) 求满足 $\boldsymbol{a}=m\boldsymbol{b}+n\boldsymbol{c}$ 的实数 m 及 n.

(2) 若$(\boldsymbol{a}+k\boldsymbol{c})\parallel(2\boldsymbol{b}-\boldsymbol{a})$,求实数 k.

解: (1) 由题意得$(3,2)=m(-1,2)+n(4,1)$.

所以$\begin{cases}-m+4n=3\\2m+n=2\end{cases}$,得$\begin{cases}m=\dfrac{5}{9}\\n=\dfrac{8}{9}\end{cases}$.

(2) $\boldsymbol{a}+k\boldsymbol{c}=(3+4k,2+k)$,$2\boldsymbol{b}-\boldsymbol{a}=(-5,2)$.

则 $2\times(3+4k)-(-5)(2+k)=0$,所以 $k=-\dfrac{16}{13}$.

1.9 MATLAB 初步知识及函数的计算与作图

1.9.1 常量与变量

MATLAB 语言本身具有一些预定义的变量,这些特殊的变量称为常量. 表 1.4 给出了 MATLAB 语言中经常使用的一些常量值.

表　1.4

常　量	表示数值	常　量	表示数值
pi	圆周率 π	eps	计算机的最小数
inf	正无穷大	realmax	最大可用正实数
NaN	表示不定值	realmin	最小可用正实数
i, j	虚数单位		

MATLAB 语言中的变量是由字母、数字、下画线组成，主要命名规则如下：

- 以字母开头.
- 区分大小写.

MATLAB 语句有两种最常见形式.

(1) >>变量＝表达式；

运行结果显示为“变量＝...”.

(2) >>表达式；

运行结果显示为“ans＝...”.

其中，ans 是指当前的计算结果，若计算时用户没有对表达式设定变量，系统就自动赋当前结果给 ans 变量. 例如：

```
>>a=1+2          >>1+2
  a=               ans=
  3                 3
```

1.9.2　算术运算符

MATLAB 的加、减、乘法运算符的输入和通常的计算机中符号的输入是一致的. 除法运算分左除(\)和右除(/)，2/3 是 2 除以 3，而 2\3 实际是 3 除以 2. 为了避免混淆，我们对一般除法运算采取前者，乘方运算符为计算机键盘上的“^”. 算术运算符输入方式如表 1.5 所示.

表　1.5

运　算	MATLAB 中算术运算符的输入方式	
	矩　阵	数　组
加	+	+
减	−	−
乘	*	.*
除	/	./
乘方	^	.^

MATLAB 的运算分矩阵运算和数组运算两种. 线性代数中把 m 行 n 列元素所排成

的一个矩形阵

$$\begin{bmatrix} a_{11} & \cdots & a_{1n} \\ \vdots & \vdots & \vdots \\ a_{m1} & \cdots & a_{mn} \end{bmatrix}$$

叫作矩阵，只有1行或1列的矩阵叫作向量或数组．MATLAB的基本数据单位是矩阵，因此，不加点的运算是矩阵运算，加点的运算是数组运算．

【问题】 既然MATLAB的算术运算符有加点和不加点两种方式，那实际操作时应如何进行区分呢？

【解答】 刻意区分可能会使问题复杂化，制造出不必要的混乱．注意符合人们的习惯思维是MATLAB的一大优点，因此，我们采用习惯思维，先按不加点的方式进行输入，如果输入没有错而命令运行不了，那么其运算就可能是数组运算，在相应的运算符前加"点"试试．

例如：

```
>>x=-5: 0.5: 5;
>>y=x^2;
??? Error using ==>mpower Inputs must be a scalar and a square matrix. To compute
elementwise POWER, use POWER (.^) instead.
```

最后一段英文是错误警告，警告命令输入有误，并提示用".^"替换"^"，即

```
>>y=x.^2;
```

1.9.3 逻辑运算符

逻辑运算是MATLAB中数组运算所特有的一种运算形式，也是几乎所有的高级语言普遍适用的一种运算．它们的具体符号、功能及用法如表1.6所示．

表 1.6

逻辑运算符	功　能	函数名	逻辑运算符	功　能	函数名
==	等于	eq	>=	大于等于	ge
~=	不等于	ne	&	逻辑与	and
<	小于	lt	|	逻辑或	or
>	大于	gt	~	逻辑非	not
<=	小于等于	le			

说明：在算术运算、比较运算和逻辑与、或、非运算中，它们的优先级关系先后为：比较运算、算术运算、逻辑与或非运算．

1.9.4 其他常用运算符

其他常用符号如表1.7所示．

表 1.7

符　号	MATLAB 输入	用　途
逗号	,	分隔变量、表达式、矩阵的列
分号	;	分隔命令行而不显示运行结果,分隔矩阵的行
单引号	''	定义字符串
冒号	:	x=a:b:c 表示 x 从 a 以步长 b 取值至 c
等号	=	变量赋值
百分号	%	命令注释
多个句点	…	续行
圆括号	()	区分运算次序
方括号	[]	构成矩阵或向量

例 1.40　在 MATLAB 中输入矩阵 $\mathbf{A}=\begin{bmatrix}1&2&3\\4&5&6\\7&8&9\end{bmatrix}$.

MATLAB 程序如下：

```
>>A=[1,2,3;4,5,6;7,8,9]
```

行与行之间用分号分隔,每行的(列)元素间用逗号分隔. 显示如下：

```
A =
    1    2    3
    4    5    6
    7    8    9
```

1.9.5　基本初等函数的输入

在 MATLAB 中,函数输入的总体原则是将变量整体用括号括起来. 如 $\cos 2x^3$ 的 MATLAB 输入为 cos[2 * (x^3)],x^3 本来不需要用括号括起来,但括起来后,运算次序更加清晰. 常见初等函数的具体输入方式如表 1.8 所示.

表 1.8

名　称	式　子	MATLAB 命令	MATLAB 命令说明
幂函数	x^a	x^a	x 可以不用括号
	$\sqrt{x}$	sqrt(x)或 x^(1/2)	1/2 必须用括号括起来
指数函数	a^x	a^x	x 可以不用括号
	e^x	exp(x)	不能用 e^x

续表

名　称	式　　子	MATLAB 命令	MATLAB 命令说明
对数函数	$\ln x$	log(x)	对数函数只有 e、2、10 三个底，其他的底需用换底公式：$\log_a b=\dfrac{\log_c b}{\log_c a}$
	$\log_2 x$	log2(x)	
	$\log_{10} x$	log10(x)	
三角函数	$\sin x$，$\cos x$ $\tan x$，$\cot x$ $\sec x$，$\csc x$	sin(x)，cos(x) tan(x)，cot(x) sec(x)，csc(x)	和通常不一样的是，需将变量用括号括起来
反三角函数	$\arcsin x$，$\arccos x$ $\arctan x$，$\mathrm{arccot}\, x$ $\mathrm{arcsec}\, x$，$\mathrm{arccsc}\, x$	asin(x)，acos(x) atan(x)，acot(x) asec(x)，acsc(x)	在三角函数输入前加 a

1.9.6 系统运算与操作函数的输入

在 MATLAB 中，由基本初等函数扩展的数学函数作为处理的对象. 此外，MATLAB 系统还设计了具有运算和操作性质方面的函数，它们常作为处理的工具. 这类函数常见的有以下几种。

(1) 绝对值函数：abs(x).

(2) 符号函数：sign(x).

(3) 求和函数：sum(x).

(4) 求积函数：prod(x).

(5) 求最大值：max(x).

(6) 求最小值：min(x).

1.9.7 函数值的计算

(1) 数值计算方式

```
>>x=…                  %输入 x 的数值(不能为字母)
>>y=…                  %输入 y 的表达式(表达式中除 x 外不能有其他字母)
```

提示：MATLAB 中%后的内容表示注释.

例 1.41 设 $y=3x^2-\dfrac{2}{3^x}+\dfrac{2^x}{3}-4e^{2x}$，用 MATLAB 计算 $y(1)$.

MATLAB 程序如下：

```
>>x=1;
>>y=3*(x^2)-2/(3^x)+(2^x)/3-4*exp(2*x)
y =
   -26.5562
```

例 1.42 设 $y=\begin{cases}x^2+1, & x<0\\ 2^x-1, & 0\leqslant x<10\\ 2x+3, & x>10\end{cases}$，用 MATLAB 计算 $y(5)$.

MATLAB 程序如下：

```
>>x=5 ;
>>if  x<0
  y=x^2+1
elseif  x>0& x<=10          %else 与 if 之间不能有空格,否则要用两个 end
  y=2^x-1
else
  y=2 * x+3
end
y =
    31
```

(2) 符号计算方式

```
>>syms x 其他字母              %定义 x 和其他字母为符号
>>y=f(x);                     %输入 y 的表达式
>>subs (y,x,a)                %计算 x=a 时 y 的值
```

注意：用符号计算时，对数函数只识别以 e 为底的对数. 如果要计算在多个点 $x=a_1,\cdots,x=a_n$ 处 y 的值，可用$[a_1,a_2,\cdots,a_n]$替换 a. 如果结果"ans＝"是以符号形式给出时，输入 double(ans)即可得到数值型结果.

例 1.43　设 $y=3\ln x^2-\log_2 x\cdot\log_{10}\left(\dfrac{3}{x}\right)+\dfrac{1}{2}\log_3(4x)$，用 MATLAB 计算 $y(1)$和 $y(2)$.

MATLAB 程序如下：

```
>>syms x
>>y=3 * log(x^2)-[log(x)/log(2)] * [log(3/x)/log(10)]+log(4 * x)/[2 * log(3)];
>>subs (y,x,[1,2] )
ans =
      0.6309    4.9292
```

例 1.44　设 $y=x^2-2ax$，用 MATLAB 计算 $y(a)$和 $y(b)$.

MATLAB 程序如下：

```
>>syms  x  a  b
>>y=x^2－2 * a * x;
>>subs (y,x,[a,b] )
  ans =
  [ -a^2, b^2 -2 * a * b]
```

这个例子告诉我们，用符号计算方法时，相关式子中的所有字母都要先定义为符号.

1.9.8　函数的作图

MATLAB 有很强的图形功能，可以方便地实现数据的视觉化. 下面着重介绍二维图

形的画法.

1. 一般函数 $y=f(x)$的作图(二维)

(1) 作图基本形式

二维图形的绘制是 MATLAB 语言图形处理的基础,MATLAB 最常用的画二维图形的命令是 plot,MATLAB 命令格式如下:

```
>>x=a : c : b                          %输出 x 的范围[a,b],步长为 c
>>y=f(x);                              %输出 y 的表达式,表达式中的运算符加点
>>plot(x,y)                            %画出函数的图像
```

例如:

```
>>x=linspace(0,2*pi,30);               %生成一组线性等距的数值
>>y=sin(x);
>>plot(x,y)
```

生成的图形见图 1.20,是[0,2π]上 30 个点连成的光滑的正弦曲线.

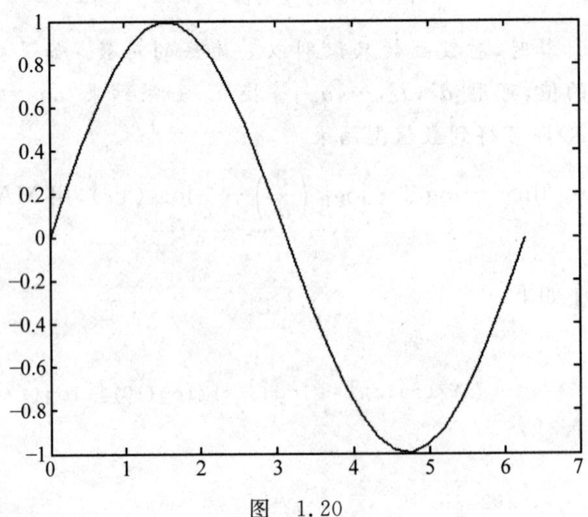

图 1.20

(2) 作多重线

在同一个平面上可以画许多条曲线,只需多给出几个数组,MATLAB 命令格式如下:

```
>>x=a : c : b
>>y1=f(x); y2= g(x);
>>plot(x,y1,x,y2)                      %在同一平面上画出两个函数的图像
```

例如:

```
>>x=0: pi/15: 2*pi;
>>y1=sin(x)
>>y2=cos(x);
>>plot(x,y1,x,y2)
```

则可以画出如图 1.21 所示的图像.

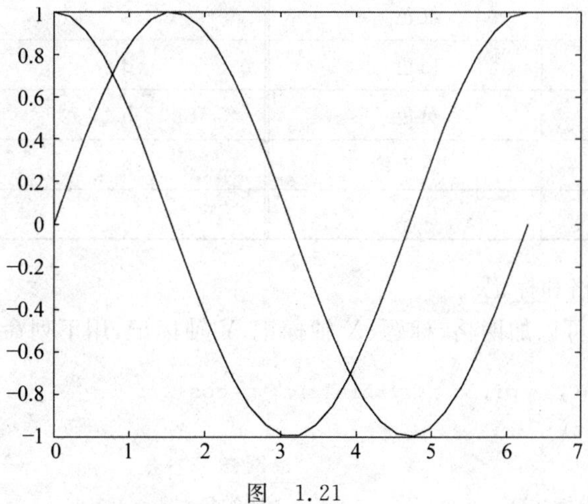

图　1.21

提示：

① 也可用 hold on 语句达到作多重图的效果,MATLAB 命令格式如下：

```
>>plot ('表达式 1,[a,b]')
>>hold  on
>>plot ('表达式 2,[a,b]')
```

② 如要在一个画布上作 k 个小图,可用 subplot(m,n,k)命令，MATLAB 命令格式如下：

```
>>subplot(m,n,k);
fplot('表达式 1,[a,b]')
```

即表达式 1 所表示的曲线画在 m 行 n 列第 k 个位置上(从左至右,再从上至下计数).

(3) 作图的线型和颜色

为了适应各种绘图需要,MATLAB 提供了用于控制线色、数据点和线型的 3 组基本参数. 它的使用格式如下：

```
plot(x,y,'color_point_linestyle')
```

具体参数如表 1.9 所示.

表　1.9

b	蓝色	m	紫红色
c	青色	.	点
g	绿色	+	十字号
k	黑色	o(字母)	圆圈
—	实线(默认)	*	星号
—.	点画线	x(字母)	叉号

续表

r	红色	s	正方形
w	白色	d	菱形
y	黄色	h	六角形
:	点连线	p	五角星
--	虚线	>	右三角

(4) 作图的网格和标记

在一个图形上可以加网格、标题、X 轴标记、Y 轴标记,用下列命令完成这些工作.

```
>>x=linspace(0,2*pi,30);  y=sin(x);  z=cos(x);
>>plot(x,y,x,z)
>>grid                                  %网格
>>xlabel('横坐标 X')                     %横坐标标签
>>ylabel('纵坐标 Y 或 Z')                %纵坐标标签
>>title('Sine 和 Cosine 图像')           %标题
```

提示:如果要使图形变得更加美观,也可做一些技巧性的处理.如想限制画布,需在输入 plot 语句前输入 >>axis([a,b,c,d]),这个命令是将图形限制在[a,b]×[c,d]上,其中 a、b、c、d 必须是数值.

它们产生如图 1.22 所示图像.

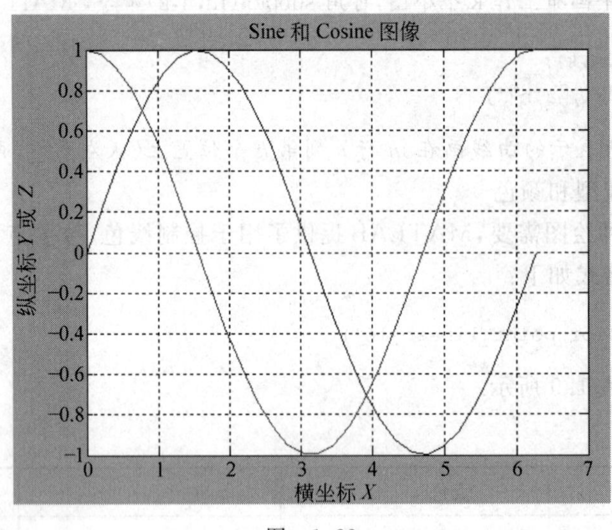

图 1.22

2. 特殊函数的作图

(1) 作参数方程 $\begin{cases} x=x(t) \\ y=y(t) \end{cases}$ 的图形,也可以用 plot 命令,其 MATLAB 命令格式如下:

```
>>t=a : c : b
```

```
>>x=f(t); y=g(t);
>>plot (x,y, 'S')                    %单引号里为线型和颜色参数,参数可选,默认为蓝色
```

例 1.45　作出函数$\begin{cases} x=2\cos t \\ y=3\sin t \end{cases}$的图像.

MATLAB 程序如下：

```
>>t=-2*pi: 0.1: 2*pi;
>>x=2.*cos(t);y=3.*sin(t);
>>plot(x,y,'r-.')
```

函数产生的图像见图 1.23.

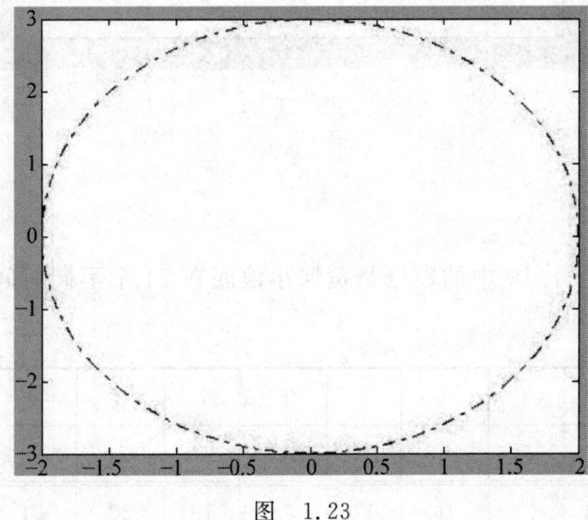

图　1.23

提示：由于 $y=f(x)$ 可看作参数方程$\begin{cases} x=t \\ y=f(t) \end{cases}$,因此,$y=f(x)$也可用此法作图.

(2) 作分段函数的图形,也可以用 plot 命令,其 MATLAB 命令格式如下：

```
>>x1=a1: c1: b1;x2=a2: c2: b2;...
>>y1=...;y2=...;
>>plot (x1,y1,'S1',x2,y2,'S2',...)
```

例 1.46　作出 $y=\begin{cases} -x, & x<0 \\ x^2, & x>0 \end{cases}$的图像.

MATLAB 程序如下：

```
>>x1=-2: 0.1: 0 ;x2=0: 0.1: 2 ;
>>y1=-x1 ;y2=x2.^2 ;
>>plot(x1,y1,x2,y2,'r-')
```

函数图像见图 1.24.

(3) 作一些数据点的散点图.

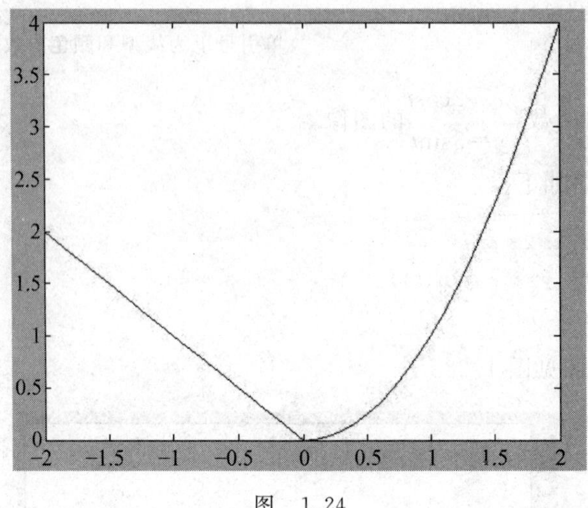

图 1.24

```
>>x=[...];y=[...]
>>plot(x,y,'*')
```

例 1.47 已知表 1.10 中的数据是黄河小浪底在 24 个不同时间的调沙量(吨).

表 1.10

时点	1	2	3	4	5	6	7	8	9	10	11	12
调沙量/吨	57.6	114	157.5	187	207	235.2	250	265.2	286.2	302.4	312.8	307.4
时点	13	14	15	16	17	18	19	20	21	22	23	24
调沙量/吨	306.8	300	271.4	231	160	111	91	54	45.5	30	8	4.5

根据试验数据建立数学模型,用拟合的方法得出任意时刻排沙量的变化关系.

```
>>x=[1 2 3 4 5 6 7 8 9 10 11 12 13 14 15 16 17 18 19 20 21 22 23 24];
>>y=[57.6 114 157.5 187 207 235.2 250 265.2 286.2 302.4 312.8 307.4 306.8 300 271.4
231 160 111 91 54 45.5 30 8 4.5];
>>plot (x,y,'*')
```

散点图见图 1.25.

如果想将此曲线拟合并在同一平面中作图,则需加如下程序.

```
>>polyfit(x,y,3)                    %拟合数据
ans =
    0.0798   -5.0661   75.6607   -31.5583
>>hold on
>>plot('0.0798*x^3-5.0661*x^2+75.6607*x-31.5583',[0,25],'r')
```

则得到的散点图和拟合图像如图 1.26 所示.

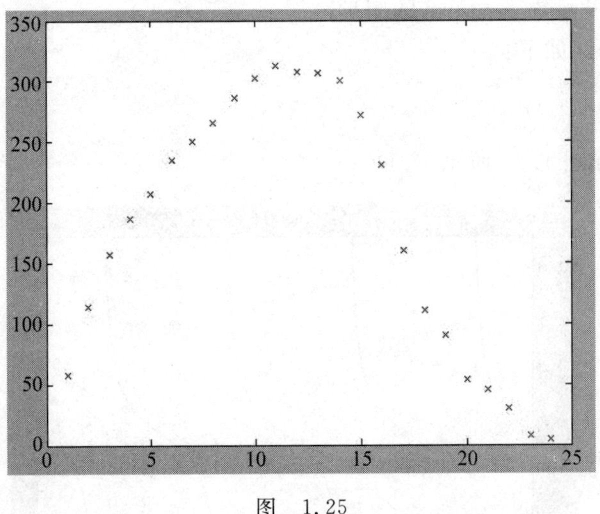

图　1.25

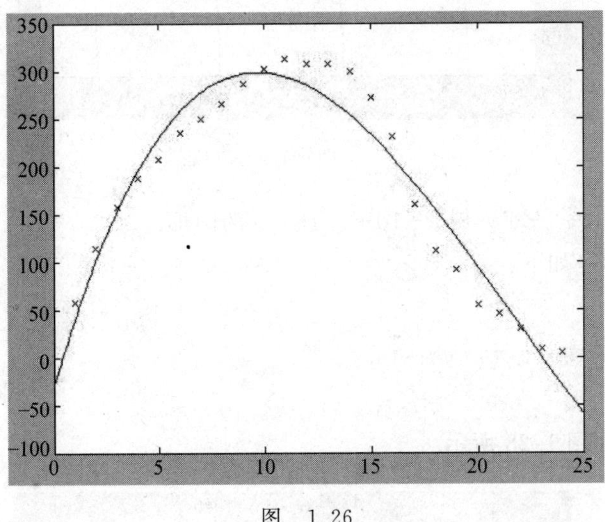

图　1.26

3. 其他绘图命令

(1) 简易绘图函数 ezplot

MATLAB 命令格式如下：

```
>>ezplot('f(x)')                          %默认横坐标范围[-2*pi,2*pi]
```

或

```
>>syms x y                                %定义符号变量
>>y=f(x);
>>ezplot(y)                               %默认横坐标范围[-2*pi,2*pi]
```

当然，ezplot(f,[xmin,xmax])可以使用输入参数来代替默认横坐标范围[-2 * pi, 2 * pi].

例 1.48 画出函数 $y=\tan x$ 的图形.

MATLAB 程序如下：

```
>>ezplot('tan(x)')
```

函数的图形如图 1.27 所示.

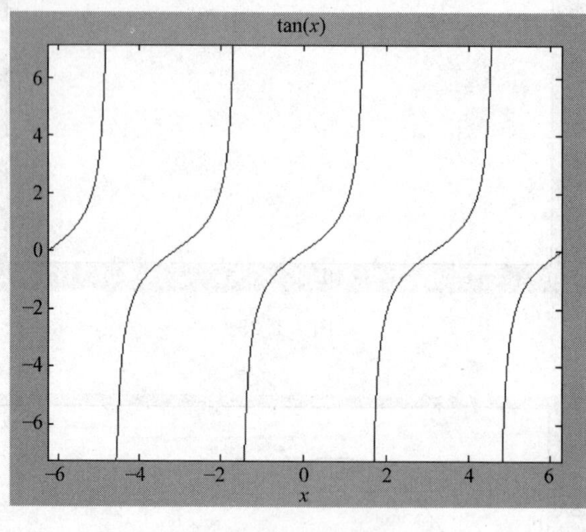

图 1.27

例 1.49 作出 $x^4+y^4-8x^2-10y^2+16=0$ 的图形.

MATLAB 程序如下：

```
>>syms x y
>>F=x^4+y^4-8*x^2-10*y^2+16;
>>ezplot(F)
```

函数的图形如图 1.28 所示.

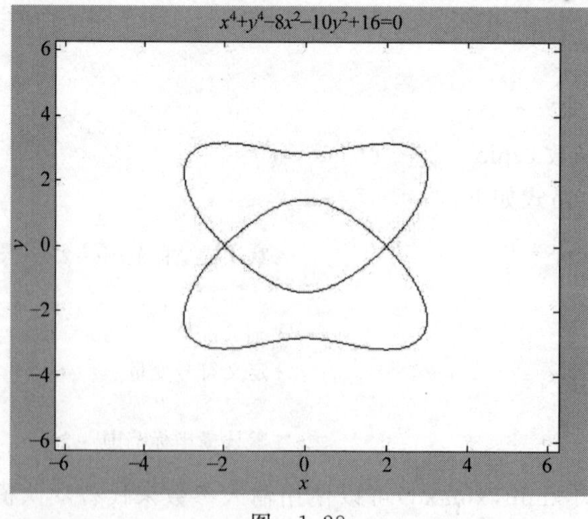

图 1.28

(2) 绘制函数图函数 fplot

fplot 与 plot 命令相似，其中 fplot(fun, lims) 绘制由字符串 fun 指定函数名的函数在 x 轴区间为 lims=[xmin, xmax] 的函数图. 若 lims=[xmin, xmax, ymin, ymax]，则 y 轴也被限制. fun 必须为 M 文件的函数名或对变量 x 的可执行字符串，此字符串被送入函数 eval 后再执行. 函数 fun(x) 必须要返回针对向量 x 的每一元素结果的向量.

例 1.50　画 $f(x)=\begin{cases} x+1, & x<1 \\ 1+\dfrac{1}{x}, & x\geqslant 1 \end{cases}$ 的图形.

解：(1) 首先用 M 文件 fun1.m 定义函数 $f(x)$ 如下：

```
function y=fun1(x);
if x<1
        y=x+1;
else
        y=1+1./x;
end
```

(2) 在 MATLAB 命令窗口输入以下代码.

```
fplot('fun1',[-3,3])
```

就可画出函数 $f(x)$ 的图形.

这里也可以使用匿名函数，编写程序如下：

```
fun1=@(x) (x+1)*(x<1)+(1+1/x)*(x>=1);
fplot(fun1,[-3,3])
```

人物介绍：数学家拉普拉斯

拉普拉斯(Pierre-Simon Laplace, 1749—1827 年)是法国分析学家、概率论学家和物理学家，法国科学院院士.

拉普拉斯主要专注于天体方面的研究，他提出了著名的拉普拉斯方程. 他证明行星轨道的偏心率和倾角总保持很小及恒定，能自动调整，即摄动效应是守恒和周期性的，既不会积累也不会消解.拉普拉斯注意到木星的三个主要卫星的平均运动 Z_1、Z_2、Z_3 服从下列关系式:$Z_1-3\times Z_2+2\times Z_3=0$.同样,土星的四个卫星的平均运动 Y_1、Y_2、Y_3、Y_4 也具有类似的关系:$5\times Y_1-10\times Y_2+Y_3+4\times Y_4=0$.后人称这些卫星之间存在可公度性,由此演变出时间之窗的概念.

他在数学(特别是概率论)方面也有很大贡献.

他发表的天文学、数学和物理学的论文有 270 多篇,专著合计有 4000 多页.其中数学方面具有代表性的专著是《概率分析理论》.

习　题

一、选择题

1. 若集合 $A=\{x|0\leqslant x\leqslant 2\}$,$B=\{x|x^2>1\}$,全集 $U=\mathbf{R}$,则 $A\cap(C_UB)=($　　$)$.

A. $\{x|0\leqslant x\leqslant 1\}$　　B. $\{x|x>0$ 或 $x<-1\}$

C. $\{x|1<x\leqslant 2\}$　　D. $\{x|0<x\leqslant 2\}$

2. 已知集合 $A=\{x|x^2-2x-3<0\}$,$B=\{y|1\leqslant y\leqslant 4\}$,则下列结论正确的是(　　).

A. $A\cap B=\varnothing$　　B. $(C_UA)\cup B=(-1,+\infty)$

C. $A\cap B=(1,4]$　　D. $(C_UA)\cap B=[3,4]$

3. 下列函数中,单调增区间是$(-\infty,0]$的是(　　).

A. $y=-\dfrac{1}{x}$　　B. $y=-(x-1)$　　C. $y=x^2-2$　　D. $y=-|x|$

4. 若偶函数 $f(x)$在$(-\infty,-1]$上是增函数,则下列关系式中成立的是(　　).

A. $f\left(-\dfrac{3}{2}\right)<f(-1)<f(2)$　　B. $f(-1)<f\left(-\dfrac{3}{2}\right)<f(2)$

C. $f(2)<f(-1)<f\left(-\dfrac{3}{2}\right)$　　D. $f(2)<f\left(-\dfrac{3}{2}\right)<f(-1)$

5. 若 $y=x^2$,$y=\left(\dfrac{1}{2}\right)^x$,$y=4x^2$,$y=x^5+1$,$y=(x-1)^2$,$y=x$,$y=a^x(a>1)$,上述函数是幂函数的个数是(　　).

A. 0　　B. 1　　C. 2　　D. 3

6. 下列与 $y=x$ 有相同图像的一个函数是(　　).

A. $y=\sqrt{x^2}$　　B. $y=\dfrac{x^2}{x}$

C. $y=a^{\log_a x}(a>0$ 且 $a\neq 1)$　　D. $y=\log_a a^x$

7. 将函数 $y=\sin\left(x-\dfrac{\pi}{3}\right)$的图像上所有点的横坐标伸长到原来的 2 倍(纵坐标不变),再将所得的图像向左平移$\dfrac{\pi}{3}$个单位,得到的图像对应的解析式是(　　).

A. $y=\sin\dfrac{1}{2}x$　　B. $y=\sin\left(\dfrac{1}{2}x-\dfrac{\pi}{2}\right)$

C. $y=\sin\left(\frac{1}{2}x-\frac{\pi}{6}\right)$　　　　D. $y=\sin\left(2x-\frac{\pi}{6}\right)$

二、填空题

1. 已知集合 $A=\{y|y=x^2-2x-1,x\in\mathbf{R}\}$，集合 $B=\{x|-2\leqslant x<8\}$，则集合 A 与 B 的关系是________.

2. 若集合 $A=\{x|x\leqslant 6,x\in\mathbf{N}\}$，$B=\{x|x$ 是非质数$\}$，$C=A\cap B$，则 C 的非空子集的个数为________.

3. 已知函数 $f(x)=\begin{cases}3^x, & x\leqslant 0\\ -x, & x>0\end{cases}$，若 $f(x)=2$，则 $x=$________.

4. 已知 α 为第三象限角，则 $\frac{\alpha}{2}$ 所在的象限是________.

5. 已知扇形的周长为 6cm，面积是 2cm^2，则扇形的圆心角的弧度数是________.

6. 若 $\sin\alpha<0$ 且 $\tan\alpha>0$，则 α 是第________象限的角.

7. 若 $\sin\theta=-\frac{4}{5}$，$\tan\theta>0$，则 $\cos\theta=$________.

8. $\cos\frac{10\pi}{3}=$________.

9. 已知 $\sin\left(a+\frac{\pi}{12}\right)=\frac{1}{3}$，则 $\cos\left(a+\frac{7\pi}{12}\right)$ 的值等于________.

10. 已知 $f(a)=\dfrac{\sin(\pi-a)\cos(2\pi-a)\tan\left(-a+\frac{3\pi}{2}\right)}{\cos(-\pi-a)}$，则 $f\left(-\frac{31\pi}{3}\right)$ 的值为________.

11. 已知简谐运动 $f(x)=2\sin\left(\frac{\pi}{3}x+\varphi\right)\left(|\varphi|<\frac{\pi}{2}\right)$ 的图像经过点 $(0,1)$，则该简谐运动的最小正周期 $T=$________.

12. 为了得到函数 $y=\sin\left(2x-\frac{\pi}{6}\right)$ 的图像，可以将函数 $y=\cos 2x$ 的图像向右平移________个单位长度.

13. 函数 $y=\sin x+\sqrt{3}\cos x$ 在区间 $\left[0,\frac{\pi}{2}\right]$ 上的最小值为________.

14. 如果复数 $(m^2+\mathrm{i})(1+m\mathrm{i})$ 是实数，则实数 $m=$________.

15. 已知复数 z 满足 $(\sqrt{3}+3\mathrm{i})z=3\mathrm{i}$，则 $z=$________.

16. 在四面体 O—ABC 中，$\overrightarrow{OA}=\boldsymbol{a}$. $\overrightarrow{OB}=\boldsymbol{b}$，$\overrightarrow{OC}=\boldsymbol{c}$，$D$ 为 BC 的中点，E 为 AD 的中点，则 $\overrightarrow{OE}=$________.

17. 如图 1.29 所示，设点 P、Q 是线段 AB 的三等分点，若 $\overrightarrow{OA}=\boldsymbol{a}$，$\overrightarrow{OB}=\boldsymbol{b}$，则 $\overrightarrow{OP}=$________，$\overrightarrow{OQ}=$________(用 $\boldsymbol{a}$、$\boldsymbol{b}$ 表示).

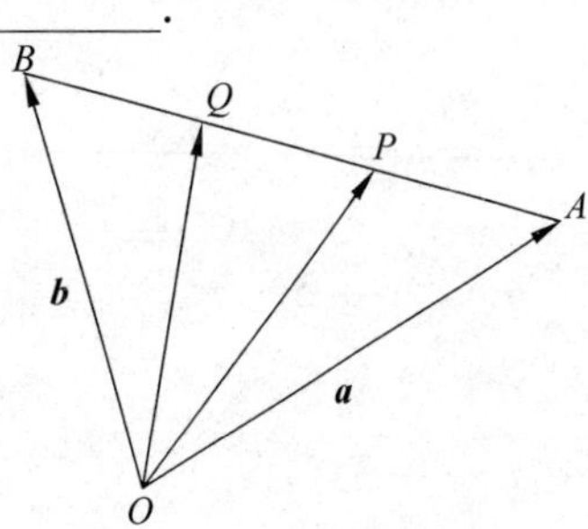

图　1.29

三、解答题

1. 求函数 $y=\dfrac{\sqrt{-x^2-3x+4}}{x}$ 的定义域.

2. 求函数 $y=\dfrac{1}{\sqrt{3x-2}}+\lg(2x-1)$ 的定义域.

3. 判断下列函数的奇偶性.

(1) $f(x)=3x^4-5x^2+7$　(2) $y=\dfrac{a^x+1}{a^x-1}$

4. 已知函数 $f(x)=\begin{cases}1+\dfrac{1}{x}, & x>1\\ x^2+1, & -1\leqslant x\leqslant 1\\ 2x+3, & x>1\end{cases}$，求 $f\left(1-\dfrac{1}{\sqrt{2}-1}\right)$ 及 $f(f(f(-2)))$ 的值.

5. 下列函数可以看成由哪些简单函数复合而成?

(1) $y=\sqrt{3x-1}$　　(2) $y=(1+\lg x)^5$

(3) $y=\sqrt{\lg\sqrt{x}}$　　(4) $y=\lg(\arccos x^3)$

(5) $y=\mathrm{e}^{\sqrt{x+1}}$　　(6) $y=\sin^3(2x^2+3)$

6. 如果 $y=u^2$，$u=\log_3 x$，如何将 y 表示成 x 的函数?

7. 如果 $y=\sqrt{u}$，$u=2+v^2$，$v=\cos x$，如何将 y 表示成 x 的函数?

8. 已知 $\tan x=2$，求 $\dfrac{\cos x+\sin x}{\cos x-\sin x}$ 的值.

9. 求函数 $y=\sin\left(2x-\dfrac{3}{4}\pi\right)$ 的单调增区间.

10. 求证：$\sin^2 2x+2\cos^2 x\cos 2x=2\cos^2 x$.

11. 已知 $|\boldsymbol{a}|=4$，$|\boldsymbol{b}|=5$，$|\boldsymbol{a}+\boldsymbol{b}|=\sqrt{21}$，求 $\boldsymbol{a}\cdot\boldsymbol{b}$ 及 $(2\boldsymbol{a}-\boldsymbol{b})\cdot(\boldsymbol{a}+3\boldsymbol{b})$.

12. 已知向量 $\boldsymbol{a}=\left(\cos\dfrac{3x}{2},\sin\dfrac{3x}{2}\right)$，$\boldsymbol{b}=\left(\cos\dfrac{x}{2},-\sin\dfrac{x}{2}\right)$，且 $x\in\left[0,\dfrac{\pi}{2}\right]$，求 $\boldsymbol{a}\cdot\boldsymbol{b}$ 及 $|\boldsymbol{a}+\boldsymbol{b}|$.

习题答案

第 2 章

极限及函数的连续性

教学说明

- 本章概述：本章通过实例引出极限的概念并介绍几种简单极限的计算方法，导出两个重要极限，然后利用极限研究函数的连续性.
- 本章主要内容：内容包括利用图像计算极限、用代数法计算极限、极限不存在的情形、极限的性质、有理分式$\frac{0}{0}$和$\frac{\infty}{\infty}$型极限的计算及应用、无穷小量和无穷大量、两个重要极限和极限的MATLAB计算. 如何利用无穷小量的等价关系求极限作为进阶内容.
- 本章难点：极限的计算.
- 本章重点：极限的概念和函数的连续性.

2.1 数列的极限

1. 数列

无穷多个按一定规则排列的一串数称作数列，简记作$\{x_n\}$. 格式如下：

$$x_1,x_2,x_3,\cdots,x_n,\cdots$$

例如：

(1) $1,\frac{1}{2},\frac{1}{3},\frac{1}{4},\cdots,\frac{1}{n},\cdots$

(2) $\frac{1}{2},\frac{2}{3},\frac{3}{4},\cdots,\frac{n}{n+1},\cdots$

(3) $\frac{1}{2},-\frac{1}{2^2},\frac{1}{2^3},-\frac{1}{2^4},\cdots,\frac{(-1)^{n+1}}{2^n},\cdots$

(4) $1,-1,1,-1,\cdots,(-1)^{n+1},\cdots$

(5) $-1,+2,-3,4,\cdots,(-1)^n n,\cdots$

(6) $0,1,0,\frac{1}{2},0,\frac{1}{3},0,\frac{1}{4},\cdots,\frac{(-1)^n+1}{n},\cdots$

(7) $3,3\frac{1}{2},3\frac{2}{3},3\frac{3}{4},\cdots,4-\frac{1}{n},\cdots$

2. 数列的极限

【定义 2.1】 对于数列$\{x_n\}$，如果当n无限变大时，x_n趋于一个常数A，则称当n趋于无穷大时，数列$\{x_n\}$以A为极限，记作

$$\lim_{n\to\infty} x_n = A \quad 或 \quad n\to\infty,\quad x_n\to A$$

也称数列$\{x_n\}$收敛于A；如果数列$\{x_n\}$没有极限，就称数列$\{x_n\}$是发散的.

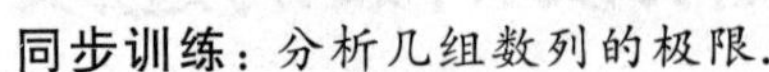

同步训练：分析几组数列的极限.

2.2 函数的极限

1. $x\to\infty$时函数的极限

【定义 2.2】 如果当x的绝对值无限增大时，函数$f(x)$趋于一个常数A，则称当$x\to\infty$时函数$f(x)$以A为极限.记作

$$\lim_{x\to\infty} f(x) = A \quad 或 \quad x\to\infty,\quad f(x)\to A$$

【定义 2.2′】 如果当$x>0$且无限增大时，函数$f(x)$趋于一个常数A，则称当$x\to+\infty$时函数$f(x)$以A为极限.记作

$$\lim_{x\to+\infty} f(x) = A \quad 或 \quad x\to+\infty,\quad f(x)\to A$$

【定义 2.2″】 如果当$x<0$且x的绝对值无限增大时，函数$f(x)$趋于一个常数A，则称函数$f(x)$当$x\to-\infty$时以A为极限.记作：

$$\lim_{x\to-\infty} f(x) = A \quad 或 \quad x\to-\infty,\quad f(x)\to A$$

知识提炼：数列极限与函数极限之间的区别与联系.

例 2.1 求$\lim\limits_{x\to\infty}\left(1+\dfrac{1}{x^2}\right)$.

解：函数的图像如图 2.1 所示.当$x\to+\infty$时，$\dfrac{1}{x^2}$无限变小，函数值趋于 1；$x\to-\infty$时，函数值同样趋于 1，所以有$\lim\limits_{x\to\infty}\left(1+\dfrac{1}{x^2}\right)=1$.

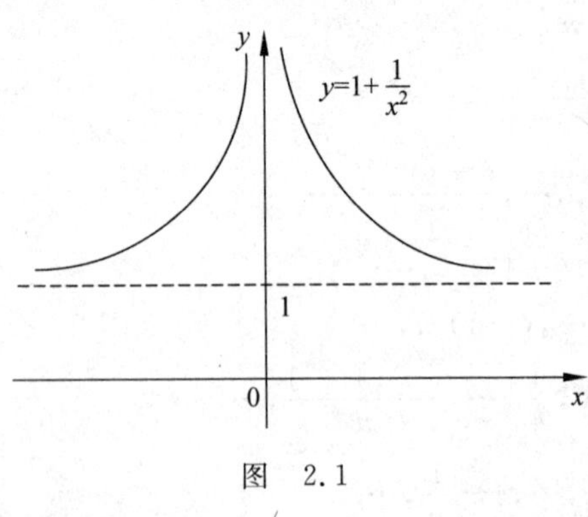

图 2.1

例 2.2 求$\lim\limits_{x\to-\infty} 3^x$.

解：当$x\to-\infty$时，$3^x\to 0$，即$\lim\limits_{x\to-\infty} 3^x=0$.

2. $x\to x_0$ 时函数的极限

例如，$f(x)=\dfrac{2(x^2-4)}{x-2}$中，当 $x\to 2$ 时 $f(x)$的变化情况见表 2.1.

表　2.1

x	1.5	1.8	1.9	1.95	1.99	1.999	…	2.001	2.01	2.05	2.1	2.2	2.5
y	7	7.6	7.8	7.9	7.98	7.998	…	8.002	8.02	8.1	8.2	8.4	9

【定义 2.3】　设函数 $y=f(x)$在点 x_0 的某个邻域(点 x_0 本身可以除外)内有定义，如果当 x 趋于 x_0(但 $x\neq x_0$)时，函数 $f(x)$趋于一个常数 A，则称当 x 趋于 x_0 时，$f(x)$以 A 为极限. 记作$\lim\limits_{x\to x_0}f(x)=A$ 或 $f(x)\to A(x\to x_0)$，也称当 $x\to x_0$ 时，$f(x)$的极限存在. 否则称当 $x\to x_0$ 时，$f(x)$的极限不存在.

知识提炼：从图像观察自变量与函数值的变化情况.

例 2.3　根据极限定义说明：

(1) $\lim\limits_{x\to x_0}x=x_0$.

(2) $\lim\limits_{x\to x_0}c=c$.

解：(1) 当自变量 x 趋于 x_0 时，作为函数的 x 也趋于 x_0，于是依照定义有$\lim\limits_{x\to x_0}x=x_0$.

(2) 无论自变量取何值，函数都取相同的值 c，那么它当然趋于常数 c，所以

$$\lim_{x\to x_0}c=c$$

3. 左极限与右极限

【定义 2.4】　设函数 $y=f(x)$在点 x_0 右侧的某个邻域(点 x_0 本身可以除外)内有定义，如果当 $x>x_0$ 且趋于 x_0 时，函数 $f(x)$趋于一个常数 A，则称当 x 趋于 x_0 时，$f(x)$的右极限是 A. 记作

$$\lim_{x\to x_0^+}f(x)=A \quad 或 \quad x\to x_0^+,\quad f(x)\to A$$

设函数 $y=f(x)$在点 x_0 左侧的某个邻域(点 x_0 本身可以除外)内有定义，如果当 $x<x_0$ 且趋于 x_0 时，函数 $f(x)$趋于一个常数 A，则称当 x 趋于 x_0 时，$f(x)$的左极限是 A. 记作

$$\lim_{x\to x_0^-}f(x)=A \quad 或 \quad x\to x_0^-,\quad f(x)\to A$$

【定理 2.1】　当 $x\to x_0$ 时，$f(x)$以 A 为极限的充分必要条件是 $f(x)$在点 x_0 处左、右极限存在且都等于 A. 即

$$\lim_{x\to x_0}f(x)=A\Leftrightarrow \lim_{x\to x_0^-}f(x)=\lim_{x\to x_0^+}f(x)=A$$

例 2.4　设 $f(x)=\begin{cases}x+2, & x\geqslant 1\\ 3x, & x<1\end{cases}$，试判断$\lim\limits_{x\to 1}f(x)$是否存在.

解：先分别求 $f(x)$当 $x\to 1$ 时的左、右极限：

$$\lim_{x\to 1^-}f(x)=\lim_{x\to 1^-}3x=3$$

$$\lim_{x\to 1^+} f(x) = \lim_{x\to 1^+}(x+2) = 3$$

左、右极限各自存在且相等，所以$\lim\limits_{x\to 1} f(x)$存在，且$\lim\limits_{x\to 1} f(x)=3$.

例 2.5 判断$\lim\limits_{x\to 0}\frac{1}{x}$是否存在.

解：当 $x\to 0^+$ 时，$\frac{1}{x}\to +\infty$，$e^{\frac{1}{x}}\to\infty$，即 $\lim\limits_{x\to 0^+}\frac{1}{x}=\infty$；当 $x\to 0^-$ 时，$\frac{1}{x}\to -\infty$，故 $e^{\frac{1}{x}}\to 0$，即 $\lim\limits_{x\to 0^-}\frac{1}{x}=0$. 左极限存在，而右极限不存在，由充分必要条件可知$\lim\limits_{x\to 0}\frac{1}{x}$不存在.

教学说明：有关极限概念的表述问题.

2.3 无穷小量与无穷大量

2.3.1 无穷小量

【定义 2.5】 若函数 $y=f(x)$在自变量 x 的某个变化过程中以零为极限，则称在该变化过程中，$f(x)$为无穷小量，简称无穷小.

知识提炼：如何正确把握无穷小量的概念？

例如，当 $x\to 0$ 时，$\sin x$、$\sqrt[3]{x}$、x^3 是无穷小量；当 $x\to 1$ 时，$(x-1)^2$ 是无穷小量；当 $x\to\infty$时，$\frac{1}{x+2}$、$\frac{1}{x^2}$是无穷小量.

我们经常用希腊字母 α、β、γ 来表示无穷小量.

【定理 2.2】 函数 $f(x)$以 A 为极限的充分必要条件是：$f(x)$可以表示为 A 与一个无穷小量 α 之和，即 $\lim f(x)=A \Leftrightarrow f(x)=A+\alpha$，其中 $\lim\alpha=0$.

2.3.2 无穷大量

【定义 2.6】 若在自变量 x 的某个变化过程中，函数 $y=\frac{1}{f(x)}$是无穷小量，即 $\lim\frac{1}{f(x)}=0$，则称在该变化过程中，$f(x)$是无穷大量，简称无穷大，记作

$$\lim f(x) = \infty$$

例如，当 $x\to 0$ 时，$\frac{1}{x^3}$是无穷大量；当 $x\to 0^+$ 时，$\cot x$、$\frac{1}{\sqrt{x}}$是无穷大量；当 $x\to\infty$时，$x+2$、x^2 是无穷大量.

当 $x\to 0$ 时，x^3 是无穷小量，而$\frac{1}{x^3}$是无穷大量；当 $x\to\infty$时，$x+2$ 是无穷大量，而$\frac{1}{x+2}$是无穷小量. 这说明非零无穷小量和无穷大量存在倒数关系.

2.3.3　无穷小量的性质

【性质 2.1】　有限个无穷小量的代数和仍然是无穷小量.

【性质 2.2】　有界变量乘以无穷小量仍是无穷小量.

【性质 2.3】　常数乘以无穷小量仍是无穷小量.

【性质 2.4】　无穷小量乘以无穷小量仍是无穷小量.

例 2.6　求$\lim\limits_{x\to 0}x\sin\dfrac{1}{x}$.

解：因为$\left|\sin\dfrac{1}{x}\right|\leqslant 1$，所以 $\sin\dfrac{1}{x}$是有界变量.

当 $x\to 0$ 时，x 是无穷小量.

根据性质 2.2，乘积 $x\sin\dfrac{1}{x}$是无穷小量，即$\lim\limits_{x\to 0}x\sin\dfrac{1}{x}=0$.

2.3.4　无穷小量的阶

我们记$\alpha=\dfrac{1}{x}$，$\beta=\dfrac{2}{x}$，$\gamma=\dfrac{1}{x^2}$，它们都是 $x\to\infty$时的无穷小量. 但$\lim\limits_{x\to\infty}\dfrac{\gamma}{\alpha}=\lim\limits_{x\to\infty}\dfrac{\frac{1}{x^2}}{\frac{1}{x}}=\lim\limits_{x\to\infty}\dfrac{1}{x}=0$，$\lim\limits_{x\to\infty}\dfrac{\alpha}{\beta}=\lim\limits_{x\to\infty}\dfrac{\frac{1}{x}}{\frac{2}{x}}=\dfrac{1}{2}$，$\lim\limits_{x\to\infty}\dfrac{\beta}{\gamma}=\lim\limits_{x\to\infty}\dfrac{\frac{2}{x}}{\frac{1}{x^2}}=\lim\limits_{x\to\infty}2x=\infty$. $\dfrac{1}{x}$、$\dfrac{2}{x}$、$\dfrac{1}{x^2}$趋于零的情况见表 2.2.

表　2.2

x	1	10	100	1000	10000	…	$\to+\infty$
$1/x$	1	0.1	0.01	0.001	0.0001	…	$\to 0$
$2/x$	2	0.2	0.02	0.002	0.0002	…	$\to 0$
$1/x^2$	1	0.01	0.0001	0.000001	0.00000001	…	$\to 0$

【定义 2.7】　设 α、β 是同一变化过程中的两个无穷小量.

(1) 若 $\lim\dfrac{\alpha}{\beta}=0$，则称 α 是比 β 高阶的无穷小量. 也称 β 是比 α 低阶的无穷小量.

(2) 若 $\lim\dfrac{\alpha}{\beta}=c$（$c$ 是不等于零的常数），则称 α 与 β 是同阶无穷小量. 若 $c=1$，则称 α 与 β 是等价无穷小量，记作 $\alpha\sim\beta$.

知识提炼：无穷小量等价代换.

同步训练：用等价无穷小量代换计算极限.

2.4 极限的性质与运算法则

2.4.1 极限的性质

【性质 2.5】(唯一性) 若极限 $\lim f(x)$存在,则极限值唯一.

【性质 2.6】(有界性) 若极限 $\lim\limits_{x\to x_0} f(x)$存在,则函数 $f(x)$在 x_0 某个空心邻域内有界.

【性质 2.7】(保号性) 若$\lim\limits_{x\to x_0} f(x)=A$,且 $A>0$(或 $A<0$),则在 x_0 的某空心邻域内恒有 $f(x)>0$[或 $f(x)<0$].

若$\lim\limits_{x\to x_0} f(x)=A$,且在 x_0 的某空心邻域内恒有 $f(x)\geqslant 0$[或 $f(x)\leqslant 0$],则 $A\geqslant 0$(或 $A\leqslant 0$).

2.4.2 极限的四则运算法则

【定理 2.3】 若 $\lim u(x)=A,\lim v(x)=B$,则

(1) $\lim[u(x)\pm v(x)]=\lim u(x)\pm\lim v(x)=A\pm B$.

(2) $\lim[u(x)\cdot v(x)]=\lim u(x)\cdot\lim v(x)=A\cdot B$.

(3) 当 $\lim v(x)=B\neq 0$ 时,$\lim\dfrac{u(x)}{v(x)}=\dfrac{\lim u(x)}{\lim v(x)}=\dfrac{A}{B}$.

证明:我们只证(1).

因为 $\lim u(x)=A,\lim v(x)=B$,由定理 2.2 得到 $u(x)=A+\alpha,v(x)=B+\beta$,其中 α、β 是同一极限过程的无穷小量,于是 $u(x)\pm v(x)=(A+\alpha)\pm(B+\beta)=(A\pm B)+(\alpha\pm\beta)$.根据无穷小量的性质,$\alpha\pm\beta$ 仍是无穷小量,再由定理 2.2 的充分性可得

$$\lim[u(x)\pm v(x)]=\lim u(x)\pm\lim v(x)=A\pm B$$

由上述运算法则可以推广到有限多个函数的代数和及乘法的情况.

【推论 2.1】 设 $\lim u(x)$存在,c 为常数,n 为正整数,则有

(1) $\lim[c\cdot u(x)]=c\cdot\lim u(x)$.

(2) $\lim[u(x)]^n=[\lim u(x)]^n$.

注意:在使用这些法则时,必须注意两点.

(1) 法则要求每个参与运算的函数的极限存在.

(2) 商的极限的运算法则有个重要前提,即分母的极限不能为零.

例 2.7 求 $\lim\limits_{x\to -1}(x^2-2x+5)$.

解:
$$\begin{aligned}&\lim_{x\to -1}(x^2-2x+5)\\&=\lim_{x\to -1}(x^2)-\lim_{x\to -1}(2x)+\lim_{x\to -1}5\\&=\lim_{x\to -1}(x^2)-2\lim_{x\to -1}(x)+\lim_{x\to -1}5\\&=(-1)^2-2\times(-1)+5=8\end{aligned}$$

例 2.8 求$\lim\limits_{x\to x_0}(a_0x^n+a_1x^{n-1}+\cdots+a_{n-1}x+a_n)$.

解：
$$\begin{aligned}&\lim_{x\to x_0}(a_0x^n+a_1x^{n-1}+\cdots+a_{n-1}x+a_n)\\&=\lim_{x\to x_0}a_0x^n+\lim_{x\to x_0}a_1x^{n-1}+\cdots+\lim_{x\to x_0}a_{n-1}x+\lim_{x\to x_0}a_n\\&=a_0x_0^n+a_1x_0^{n-1}+\cdots+a_{n-1}x_0+a_n\end{aligned}$$

可见多项式 $p(x)$当 $x\to x_0$ 时的极限值就是多项式 $p(x)$在 x_0 处的函数值，即

$$\lim_{x\to x_0}p(x)=p(x_0) \tag{2.1}$$

例 2.9 求$\lim\limits_{x\to 0}\dfrac{2x^2-3x+1}{x+2}$.

解：先求分母极限.

因为

$$\lim_{x\to x_0}(x+2)=0+2=2\neq 0$$

所以

$$\lim_{x\to 0}\frac{2x^2-3x+1}{x+2}=\frac{\lim\limits_{x\to 0}(2x^2-3x+1)}{\lim\limits_{x\to 0}(x+2)}=\frac{2\times 0^2-3\times 0+1}{0+2}=\frac{1}{2}$$

一般地，当$\lim\limits_{x\to x_0}q(x)\neq 0$ 时，有

$$\lim_{x\to x_0}\frac{p(x)}{q(x)}=\frac{p(x_0)}{q(x_0)} \tag{2.2}$$

例 2.10 求$\lim\limits_{x\to 1}\dfrac{4x-3}{x^2-3x+2}$.

解：先求分母的极限.

$$\lim_{x\to 1}(x^2-3x+2)=1^2-3\times 1+2=0$$

先考虑原来函数倒数的极限.

$$\lim_{x\to 1}\frac{x^2-3x+2}{4x-3}=\frac{\lim\limits_{x\to 1}(x^2-3x+2)}{\lim\limits_{x\to 1}(4x-3)}=\frac{0}{4-3}=0$$

即$\dfrac{x^2-3x+2}{4x-3}$是 $x\to 1$ 时的无穷小. 由无穷小量与无穷大量的倒数关系得到

$$\lim_{x\to 1}\frac{4x-3}{x^2-3x+2}=\infty$$

例 2.11 求$\lim\limits_{x\to 3}\dfrac{x^2-4x+3}{x^2-9}$.

解：先求分母极限.

$$\lim_{x\to 3}(x^2-9)=3^2-9=0$$

再求分子极限.

$$\lim_{x\to 3}(x^2-4x+3)=3^2-4\times 3+3=0$$

消去公因子，再求极限.

$$\lim_{x\to 3}\frac{x^2-4x+3}{x^2-9}=\lim_{x\to 3}\frac{(x-3)(x-1)}{(x+3)(x-3)}=\lim_{x\to 3}\frac{x-1}{x+3}=\frac{1}{3}$$

注意：因为$\lim\limits_{x\to 3}(x^2-9)=0$，所以不能写成$\lim\limits_{x\to 3}\dfrac{x^2-4x+3}{x^2-9}=\dfrac{\lim\limits_{x\to 3}(x^2-4x+3)}{\lim\limits_{x\to 3}(x^2-9)}$.

例 2.12 求$\lim\limits_{x\to\infty}\dfrac{2x^2-x+3}{x^2+2x+2}$.

解：$\lim\limits_{x\to\infty}\dfrac{2x^2-x+3}{x^2+2x+2}=\lim\limits_{x\to\infty}\dfrac{2-\dfrac{1}{x}+\dfrac{3}{x^2}}{1+\dfrac{2}{x}+\dfrac{2}{x^2}}=\dfrac{\lim\limits_{x\to\infty}\left(2-\dfrac{1}{x}+\dfrac{3}{x^2}\right)}{\lim\limits_{x\to\infty}\left(1+\dfrac{2}{x}+\dfrac{2}{x^2}\right)}=2$

例 2.13 求$\lim\limits_{x\to\infty}\dfrac{x^3-x+5}{3x^2+2}$.

解：因为

$$\lim_{x\to\infty}\frac{3x^2+2}{x^3-x+5}=\lim_{x\to\infty}\frac{\dfrac{3}{x}+\dfrac{2}{x^3}}{1-\dfrac{1}{x^2}+\dfrac{5}{x^3}}=0$$

所以

$$\lim_{x\to\infty}\frac{x^3-x+5}{3x^2+2}=\infty$$

一般地，当$x\to\infty$时，有理分式($a_0\neq 0, b_0\neq 0$)的极限有以下结果.

$$\lim_{x\to\infty}\frac{a_0x^n+a_1x^{n-1}+\cdots+a_n}{b_0x^m+b_1x^{m-1}+\cdots+b_m}=\begin{cases}0, & n<m\\ \dfrac{a_0}{b_0}, & n=m\\ \infty, & n>m\end{cases}\tag{2.3}$$

例 2.14 求下列极限：

(1) $\lim\limits_{x\to\infty}\dfrac{4x^2+5x-3}{2x^3+8}$　(2) $\lim\limits_{x\to\infty}\dfrac{3x^4-2x^2-7}{5x^2+3}$　(3) $\lim\limits_{x\to\infty}\dfrac{(x-3)(2x^2+1)}{2-7x^3}$

解：(1) 因为$m<n$，所以

$$\lim_{x\to\infty}\frac{4x^2+5x-3}{2x^3+8}=0$$

(2) 因为$n>m$，所以

$$\lim_{x\to\infty}\frac{3x^4-2x^2-7}{5x^2+3}=\infty$$

(3) 因为$n=m$，所以极限值应为分子、分母最高次项系数之比. 即

$$\lim_{x\to\infty}\frac{(x-3)(2x^2+1)}{2-7x^3}=-\frac{2}{7}$$

2.5 极限存在的准则及两个重要极限

2.5.1 极限存在的准则

【准则Ⅰ】 如果函数$f(x)$、$g(x)$、$h(x)$在同一变化过程中满足$g(x)\leqslant f(x)\leqslant h(x)$，且$\lim g(x)=\lim h(x)=A$，那么$\lim f(x)$存在且等于$A$.

【准则Ⅱ】 如果数列$\{x_n\}$单调有界，则$\lim\limits_{n\to\infty}x_n$一定存在.

2.5.2　两个重要极限

1. 第一个重要极限

$$\lim_{x\to 0}\frac{\sin x}{x}=1 \tag{2.4}$$

证明：因为$\frac{\sin(-x)}{-x}=\frac{-\sin x}{-x}=\frac{\sin x}{x}$，所以只讨论$x$由正值趋于零的情形.

如图 2.2 所示，$\triangle AOB$ 面积$<$扇形 AOB 面积$<\triangle AOD$ 面积.即

$$\frac{1}{2}\sin x<\frac{1}{2}x<\frac{1}{2}\tan x \tag{2.5}$$

$$\sin x<x,\quad 当\ 0<x<\frac{\pi}{2}\ 时 \tag{2.6}$$

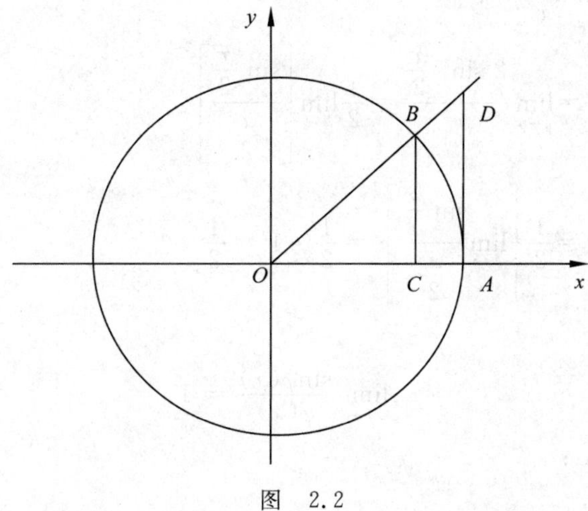

图　2.2

式(2.5)中各式都除以$\frac{1}{2}\sin x$，得$1<\frac{x}{\sin x}<\frac{1}{\cos x}$，即

$$\cos x<\frac{\sin x}{x}<1 \tag{2.7}$$

另一方面，$\cos x=1-2\sin^2\frac{x}{2}>1-\frac{1}{2}x^2$，于是有$1-\frac{1}{2}x^2<\cos x<\frac{\sin x}{x}<1$.因为$\lim\limits_{x\to 0}\left(1-\frac{1}{2}x^2\right)=1$，由准则Ⅰ可得$\lim\limits_{x\to 0}\frac{\sin x}{x}=1$.

例 2.15　求$\lim\limits_{x\to 0}\frac{\tan x}{x}$.

解：$\lim\limits_{x\to 0}\frac{\tan x}{x}=\lim\limits_{x\to 0}\frac{\sin x}{x}\cdot\frac{1}{\cos x}=\lim\limits_{x\to 0}\frac{\sin x}{x}\cdot\lim\limits_{x\to 0}\frac{1}{\cos x}=1$

例 2.16　求$\lim\limits_{x\to 0}\frac{\sin kx}{x}(k\neq 0)$.

解：令$t=kx$，则当$x\to 0$时，$kx\to 0$.于是

$$\lim_{x\to 0}\frac{\sin kx}{x}=\lim_{x\to 0}\frac{\sin kx}{kx}\cdot k=k\cdot\lim_{x\to 0}\frac{\sin t}{t}=k\cdot 1=k$$

例 2.17 求$\lim\limits_{x\to 0}\dfrac{\sin ax}{\sin bx}(a\neq 0,b\neq 0)$.

解：$\lim\limits_{x\to 0}\dfrac{\sin ax}{\sin bx}=\lim\limits_{x\to 0}\dfrac{\dfrac{\sin ax}{x}}{\dfrac{\sin bx}{x}}=\dfrac{\lim\limits_{x\to 0}\dfrac{\sin ax}{x}}{\lim\limits_{x\to 0}\dfrac{\sin bx}{x}}=\dfrac{a}{b}$

例 2.18 求$\lim\limits_{x\to 0}\left(\dfrac{\tan 3x-\sin 7x}{\tan 2x}\right)$.

解：$\lim\limits_{x\to 0}\left(\dfrac{\tan 3x-\sin 7x}{\tan 2x}\right)=\lim\limits_{x\to 0}\left(\dfrac{\tan 3x}{\tan 2x}-\dfrac{\sin 7x}{\tan 2x}\right)$

$$=\lim_{x\to 0}\frac{\tan 3x}{\tan 2x}-\lim_{x\to 0}\frac{\sin 7x}{\tan 2x}=\frac{3}{2}-\frac{7}{2}=-2$$

例 2.19 求$\lim\limits_{x\to 0}\dfrac{1-\cos x}{x^2}$.

解：$\lim\limits_{x\to 0}\dfrac{1-\cos x}{x^2}=\lim\limits_{x\to 0}\dfrac{2\sin^2\dfrac{x}{2}}{x^2}=\dfrac{1}{2}\lim\limits_{x\to 0}\left[\dfrac{\sin\dfrac{x}{2}}{\dfrac{x}{2}}\right]^2$

$$=\frac{1}{2}\left[\lim_{x\to 0}\frac{\sin\dfrac{x}{2}}{\dfrac{x}{2}}\right]^2=\frac{1}{2}\cdot 1^2=\frac{1}{2}$$

推广公式：

$$\lim_{\varphi(x)\to 0}\frac{\sin\varphi(x)}{\varphi(x)}=1 \tag{2.8}$$

该极限的特征是：

(1) $\dfrac{0}{0}$型未定式.

(2) 无穷小的正弦与自身比，即$\dfrac{\sin x}{x}$，分母、分子 x 中的变量形式相同，且都是无穷小.

提示：用公式(2.8)的思路如下.

(1) 当函数式为$\dfrac{\sin\varphi(x)}{f(x)}$且为$\dfrac{0}{0}$型时，若 $f(x)\neq\varphi(x)$，设法将 $f(x)$ 变形，使之出现 $\varphi(x)$.

(2) 当函数式为三角函数且为$\dfrac{0}{0}$型时，可通过提取公因式子，或乘上一个因子，或三角恒等变形，使其出现该形式的极限.

(3) 当函数式含 $\arcsin x$ 和 $\arctan x$ 且为$\dfrac{0}{0}$型时，可用变换 $t=\arcsin x$ 及 $t=\arctan x$ 试算.

2. 第二个重要极限

$$\lim_{x\to\infty}\left(1+\frac{1}{x}\right)^x=\mathrm{e} \tag{2.9}$$

$x\to\infty$ 时，$\left(1+\frac{1}{x}\right)^x$ 之值的变化情况见表 2.3.

表　2.3

式子 \ 序号	1	2	3	4	5	6	10	100	1000	10000…
$\left(1+\frac{1}{x}\right)^x$	2	2.25	2.37	2.441	2.488	2.522	2.594	2.705	2.717	2.718…

如果令 $\frac{1}{x}=a$，当 $x\to\infty$ 时，$a\to 0$，公式还可以写成

$$\lim_{a\to 0}(1+a)^{\frac{1}{a}}=\mathrm{e} \tag{2.10}$$

知识提炼：第二个重要极限的特征.

例 2.20　求 $\lim\limits_{x\to\infty}\left(1+\frac{3}{x}\right)^x$.

解：令 $\frac{3}{x}=a$，当 $x\to\infty$ 时，$a\to 0$，于是

$$\lim_{a\to 0}\left(1+\frac{3}{x}\right)^x=\lim_{a\to 0}(1+a)^{\frac{3}{a}}=\lim_{a\to 0}\left[(1+a)^{\frac{1}{a}}\right]^3=\left[\lim_{a\to 0}(1+a)^{\frac{1}{a}}\right]^3=\mathrm{e}^3$$

例 2.21　求 $\lim\limits_{x\to\infty}\left(1-\frac{1}{x}\right)^{2x+5}$.

解：令 $-\frac{1}{x}=a$，则 $x=-\frac{1}{a}$，当 $x\to\infty$ 时，$a\to 0$，于是，

$$\begin{aligned}\lim_{x\to\infty}\left(1-\frac{1}{x}\right)^{2x+5}&=\lim_{a\to 0}(1+a)^{-\frac{2}{a}+5}=\lim_{a\to 0}(1+a)^{-\frac{2}{a}}\cdot\lim_{a\to 0}(1+a)^5\\&=\frac{1}{\lim\limits_{a\to 0}\left[(1+a)^{\frac{1}{a}}\right]^2}\cdot\left[\lim_{a\to 0}(1+a)\right]^5\\&=\frac{1}{\left[\lim\limits_{a\to 0}(1+a)^{\frac{1}{a}}\right]^2}\cdot 1^5=\mathrm{e}^{-2}\end{aligned}$$

一般地，可以有下面的结论.

$$\lim_{x\to\infty}\left(1+\frac{a}{x}\right)^{bx+c}=\mathrm{e}^{ab} \tag{2.11}$$

例 2.22　求 $\lim\limits_{x\to\infty}\left(1+\frac{1}{2x}\right)^{4x-3}$.

解：因为 $a=\frac{1}{2}$，$b=4$，所以 $\lim\limits_{x\to\infty}\left(1+\frac{1}{2x}\right)^{4x-3}=\mathrm{e}^{\frac{1}{2}\times 4}=\mathrm{e}^2$.

例 2.23　求 $\lim\limits_{x\to\infty}\left(\frac{2x+3}{2x+1}\right)^{x+1}$.

解：因为 $\frac{2x+3}{2x+1}=1+\frac{2}{2x+1}$，令 $u=2x+1$，则 $x=\frac{u-1}{2}$，当 $x\to\infty$ 时，$u\to\infty$，于是有

$$\lim_{x\to\infty}\left(\frac{2x+3}{2x+1}\right)^{x+1}=\lim_{x\to\infty}\left(1+\frac{2}{2x+1}\right)^{x+1}=\lim_{u\to\infty}\left(1+\frac{2}{u}\right)^{\frac{u-1}{2}+1}$$

$$=\lim_{x\to\infty}\left(1+\frac{2}{u}\right)^{\frac{u}{2}+\frac{1}{2}}$$

因为 $a=2,b=\frac{1}{2}$，所以 $\lim\limits_{x\to\infty}\left(\frac{2x+3}{2x+1}\right)^{x+1}=e^{2\times\frac{1}{2}}=e$.

复利计息，就是将第一期的利息与本金之和作为第二期的本金，然后反复计息. 设本金为 p，年利率为 r，一年后的本利和为 s_1，则

$$s_1=p+pr=p(1+r)$$

第二年年末的本利和为 $s_2=s_1+s_1r=s_1(1+r)=p(1+r)^2$，第 n 年年末的本利和为

$$s_n=p(1+r)^n \tag{2.12}$$

这就是以年为期的复利公式.

若把一年均分为 t 期计息，这时每期利率可以认为是 $\frac{r}{t}$，于是推得 n 年的本利和为

$$s_n=p\left(1+\frac{r}{t}\right)^m,\quad m=nt \tag{2.13}$$

$t\to\infty$，得到连续复利的计算公式为

$$s_n=\lim_{t\to\infty}p\left(1+\frac{r}{t}\right)^m=p\lim_{t\to\infty}\left(1+\frac{r}{t}\right)^{nt}=pe^{rn} \tag{2.14}$$

推广公式：

$$\lim_{\varphi(x)\to\infty}\left[1+\frac{1}{\varphi(x)}\right]^{\varphi(x)}=e,\ \lim_{\varphi(x)\to 0}[1+\varphi(x)]^{\frac{1}{\varphi(x)}}=e \tag{2.15}$$

该公式的特征是：

(1) 1^{∞} 型未定式.

(2) $(1+\text{无穷小})^{\text{无穷大}}$，即 $(1+x)^{\frac{1}{x}}$，底与指数中 x 的变量形式相同，且都是无穷小.

提示： 用公式(2.15)的思路如下.

(1) 当函数式为 $[1+\varphi(x)]^{f(x)}$ 且为 1^{∞} 型时，若 $f(x)\neq\frac{1}{\varphi(x)}$，设法将 $f(x)$ 变形，使之出现 $\frac{1}{\varphi(x)}$.

(2) 对幂指函数 $f(x)^{g(x)}$ 的极限，若呈 1^{∞} 型时，可设法将 $f(x)$ 写成 $[1+\varphi(x)]$ 形式，将 $g(x)$ 写成 $\frac{1}{\varphi(x)}a$ 或 $\frac{1}{\varphi(x)}\cdot\psi(x)$ 形式，其中 $\varphi(x)\to 0$，$\psi(x)$ 有极限.

用两个重要极限公式求极限时，最初可通过变量换元，将函数式化为公式；待熟练后，可直接用推广变形后的公式.

2.6 函数的连续性

2.6.1 连续函数的概念

【定义 2.8】 设变量 u 从它的初值 u_0 变到终值 u_1，则终值与初值之差 u_1-u_0 就叫作变量 u 的增量，又叫作 u 的改变量，记作 Δu，即 $\Delta u=u_1-u_0$.

增量可以是正的，可以是负的，也可以是零.

如果函数 $y=f(x)$ 在 x_0 的某个邻域内有定义，当自变量 x 在点 x_0 处有一改变量 Δx 时，函数 y 的相应改变量则为 $\Delta y=f(x_0+\Delta x)-f(x_0)$.

如图 2.3 所示，当自变量的改变量 Δx 趋于零时，如果函数在 x_0 连续，则相应函数的改变量 Δy 也趋于零，否则相应函数的改变量 Δy 不一定趋于零，这是很直观的.

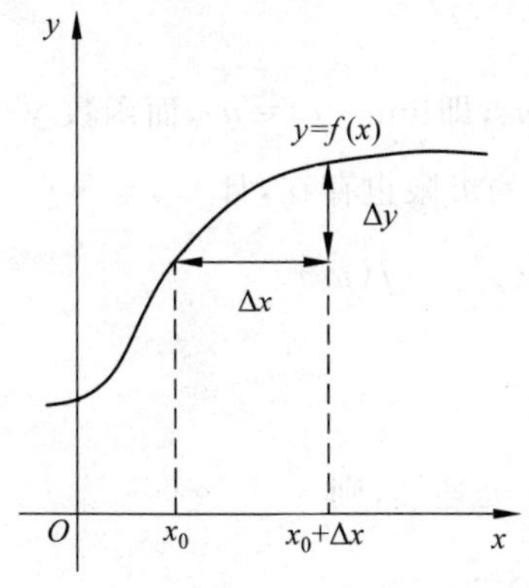

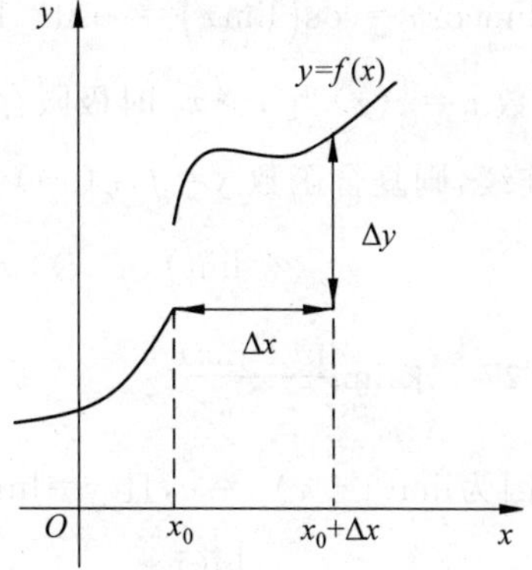

图 2.3

于是，给出连续的定义.

【定义 2.9】 设函数 $y=f(x)$ 在点 x_0 的某个邻域内有定义，如果当自变量的改变量 Δx 趋于零时，相应函数的改变量 Δy 也趋于零，即

$$\lim_{\Delta x\to 0}\Delta y = 0 \tag{2.16}$$

则称函数 $y=f(x)$ 在点 x 处连续.

例 2.24 用定义证明 $y=5x^2-3$ 在给定点 x_0 处连续.

证明：$\Delta y = f(x_0+\Delta x)-f(x_0)$

$$\begin{aligned}&=[5\,(x_0+\Delta x)^2-3]-(5x_0^2-3)\\&=10x_0\Delta x+5\,(\Delta x)^2\end{aligned}$$

$\lim\limits_{\Delta x\to 0}\Delta y=\lim\limits_{\Delta x\to 0}[10x_0\Delta x+5\,(\Delta x)^2]=0$，所以 $y=5x^2-3$ 在给定点 x_0 处连续.

例 2.25 用定义证明 $y=\sin x$ 在点 x_0 处连续.

证明：$\Delta y=\sin(x_0+\Delta x)-\sin x_0=2\sin\dfrac{\Delta x}{2}\cos\dfrac{2x_0+\Delta x}{2}$.

因为 $\left|\cos\dfrac{2x_0+\Delta x}{2}\right|\leqslant 1$，所以 $|\Delta y|\leqslant 2\left|\sin\dfrac{\Delta x}{2}\right|\leqslant 2\left|\dfrac{\Delta x}{2}\right|$，于是当 $\Delta x\to 0$ 时，$\Delta y\to 0$. 由 x_0 的任意性可知，$y=\sin x$ 在 $(-\infty,+\infty)$ 上连续. 类似地，可以证明 $y=\cos x$ 在 $(-\infty,+\infty)$ 上连续.

【定义 2.10】 设函数 $y=f(x)$ 在点 x_0 的某个邻域内有定义，如果当 $x\to x_0$ 时，函数 $f(x)$ 的极限存在，且等于 $f(x)$ 在点 x_0 处的函数值 $f(x_0)$，即

$$\lim_{x\to x_0}f(x) = f(x_0) \tag{2.17}$$

则称函数 $f(x)$ 在点 x 处连续.

当函数 $y=f(x)$在点 x_0 处连续时，有

$$\lim_{x\to x_0} f(x) = f(x_0) = f\left(\lim_{x\to x_0} x\right) \tag{2.18}$$

这个等式的成立表明在函数连续的前提下，极限符号与函数符号可以互相交换.

例 2.26 求$\lim\limits_{x\to 0}\cos x$.

解：$\lim\limits_{x\to 0}\cos x=\cos\left(\lim\limits_{x\to 0} x\right)=\cos 0=1$

若函数 $u=\varphi(x)$当 $x\to x_0$ 时极限存在且等于 u_0，即$\lim\limits_{x\to 0}\varphi(x)=u_0$，而函数 $y=f(u)$在点 u_0 处连续，则复合函数 $y=f(\varphi(x))$当 $x\to x_0$ 时的极限也存在，且

$$\lim_{x\to x_0} f(\varphi(x)) = f\left(\lim_{x\to x_0}\varphi(x)\right) = f(u_0) \tag{2.19}$$

例 2.27 求$\lim\limits_{x\to 0}\dfrac{\ln(1+x)}{x}$.

解：因为$\lim\limits_{x\to 0}(1+x)^{\frac{1}{x}}=\mathrm{e}$，且 $y=\ln u$ 在点 $u=\mathrm{e}$ 处连续，则

$$\begin{aligned}\lim_{x\to 0}\frac{\ln(1+x)}{x} &= \lim_{x\to 0}\ln(1+x)^{\frac{1}{x}} \\ &= \ln\left[\lim_{x\to 0}(1+x)^{\frac{1}{x}}\right] = \ln\mathrm{e} = 1\end{aligned}$$

【定义 2.11】 如果函数 $y=f(x)$在区间(a,b)内任何一点处都连续，则称 $f(x)$在区间(a,b)内连续.

若函数 $y=f(x)$在区间(a,b)内连续，且 $\lim\limits_{x\to a^+} f(x)=f(a)$，$\lim\limits_{x\to b^-} f(x)=f(b)$，则称 $f(x)$在闭区间$[a,b]$上连续.

2.6.2 初等函数的连续性

【定理 2.4】 若函数 $f(x)$与 $g(x)$在点 x_0 处连续，则这两个函数的和 $f(x)+g(x)$、差 $f(x)-g(x)$、积 $f(x)\cdot g(x)$、商$\dfrac{f(x)}{g(x)}$[当 $g(x_0)\neq 0$ 时]在点 x_0 处连续.

证明：因为 $f(x)$与 $g(x)$在点 x_0 处连续，所以

$$\lim_{x\to x_0} f(x) = f(x_0),\quad \lim_{x\to x_0} g(x) = g(x_0)$$

根据极限的运算法则，有

$$\begin{aligned}\lim_{x\to x_0}[f(x)+g(x)] &= \lim_{x\to x_0} f(x) + \lim_{x\to x_0} g(x) \\ &= f(x_0)+g(x_0)\end{aligned}$$

根据定义 2.11，$f(x)+g(x)$在 x_0 点处连续.

【定理 2.5】 设函数 $u=\varphi(x)$在点 x_0 处连续，$y=f(u)$在点 u_0 处连续，且 $u_0=\varphi(x_0)$，则复合函数 $y=f[\varphi(x)]$在点 x_0 处连续.

可以证明：

- 基本初等函数在其定义域内都是连续函数.

- 初等函数在其定义区间内都是连续的.

这样,我们求初等函数在其定义区间内某点的极限只需求初等函数在该点的函数值即可.

例 2.28　求下列极限.

(1) $\lim\limits_{x\to 2}\sqrt{5-x^2}$.

(2) $\lim\limits_{x\to 4}\dfrac{e^x+\cos(4-x)}{\sqrt{x}-3}$.

解:(1) 因为 $\sqrt{5-x^2}$ 是初等函数,其定义域为 $[-\sqrt{5},\sqrt{5}]$,而 $2\in[-\sqrt{5},\sqrt{5}]$,所以

$$\lim_{x\to 2}\sqrt{5-x^2}=\sqrt{5-2^2}=1$$

(2) 因为 $\lim\limits_{x\to 4}\dfrac{e^x+\cos(4-x)}{\sqrt{x}-3}$ 是初等函数,定义域为 $[0,9)\cup(9,+\infty)$,而 $4\in[0,9)$,所以

$$\lim_{x\to 4}\frac{e^x+\cos(4-x)}{\sqrt{x}-3}=\frac{e^4+\cos 0}{2-3}=-(e^4+1)$$

2.6.3　函数的间断点

【定义 2.12】　如果函数 $y=f(x)$ 在点 x_0 处不连续,则称为 x_0 为 $f(x)$ 的一个间断点.如果 $f(x)$ 在点 x_0 处有下列三种情况之一,则点 x_0 是 $f(x)$ 的一个间断点.

(1) $f(x)$ 在点 x_0 处没有定义.

(2) $\lim\limits_{x\to x_0}f(x)$ 不存在.

(3) 虽然 $\lim\limits_{x\to x_0}f(x)$ 存在,但 $\lim\limits_{x\to x_0}f(x)\neq f(x_0)$.

知识提炼:间断(即不连续)的分类.

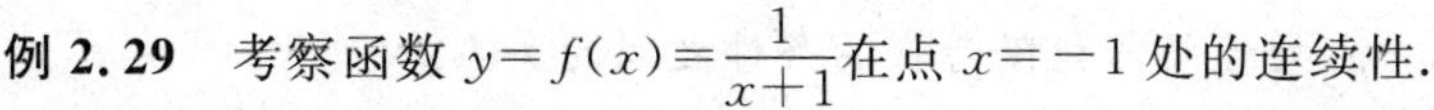

例 2.29　考察函数 $y=f(x)=\dfrac{1}{x+1}$ 在点 $x=-1$ 处的连续性.

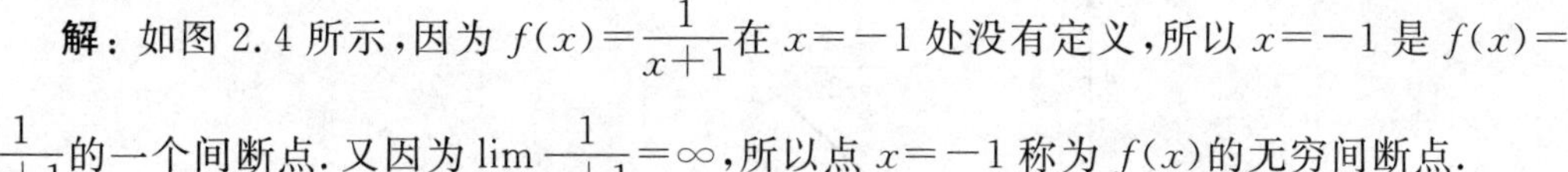

解:如图 2.4 所示,因为 $f(x)=\dfrac{1}{x+1}$ 在 $x=-1$ 处没有定义,所以 $x=-1$ 是 $f(x)=\dfrac{1}{x+1}$ 的一个间断点.又因为 $\lim\limits_{x\to -1}\dfrac{1}{x+1}=\infty$,所以点 $x=-1$ 称为 $f(x)$ 的无穷间断点.

例 2.30　考察函数 $y=f(x)=\begin{cases}x-1, & x<0\\ 0, & x=0\\ x+1, & x>0\end{cases}$ 在点 $x=0$ 处的连续性.

解:如图 2.5 所示.

$$\lim_{x\to 0^-}f(x)=\lim_{x\to 0^-}(x-1)=-1$$

$$\lim_{x\to 0^+}f(x)=\lim_{x\to 0^+}(x+1)=1$$

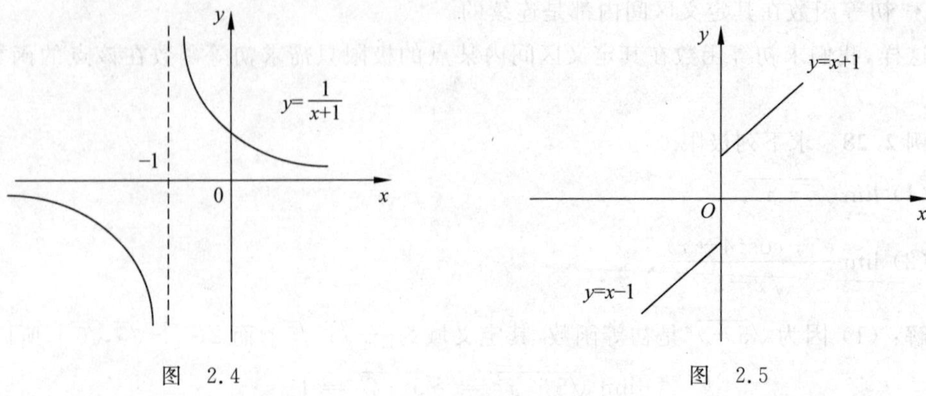

图 2.4　　图 2.5

即 $f(x)$ 在 $x=0$ 处左、右极限不相等，根据相关定理可知，$f(x)$ 在 $x=0$ 处极限不存在. 所以 $x=0$ 是 $f(x)$ 的一个跳跃间断点.

例 2.31　考察函数 $y=f(x)=\begin{cases}\dfrac{x^2-4}{x+2}, & x\neq -2\\ 4, & x=-2\end{cases}$ 在点 $x=-2$ 处的连续性.

解：如图 2.6 所示. $\lim\limits_{x\to -2}f(x)=\lim\limits_{x\to -2}\dfrac{x^2-4}{x+2}=\lim\limits_{x\to -2}(x-2)=-4$，但是 $\lim\limits_{x\to -2}f(x)\neq f(-2)$，所以 $x=-2$ 是 $f(x)$ 的一个间断点，称为可去间断点.

例 2.32　已知函数 $f(x)=\begin{cases}x^2+1, & x<0\\ 2x+b, & x\geqslant 0\end{cases}$ 在点 $x=0$ 处连续，求 b 的值.

解：

$$\lim_{x\to 0^-}f(x)=\lim_{x\to 0^-}(x^2+1)=1$$

$$\lim_{x\to 0^+}f(x)=\lim_{x\to 0^+}(2x+b)=b$$

因为 $f(x)$ 在 $x=0$ 处连续，则 $\lim\limits_{x\to 0}f(x)$ 存在，等价于 $\lim\limits_{x\to 0^-}f(x)=\lim\limits_{x\to 0^+}f(x)$，即 $b=1$.

知识提炼：函数在一点处连续与极限存在的条件之间的关系.

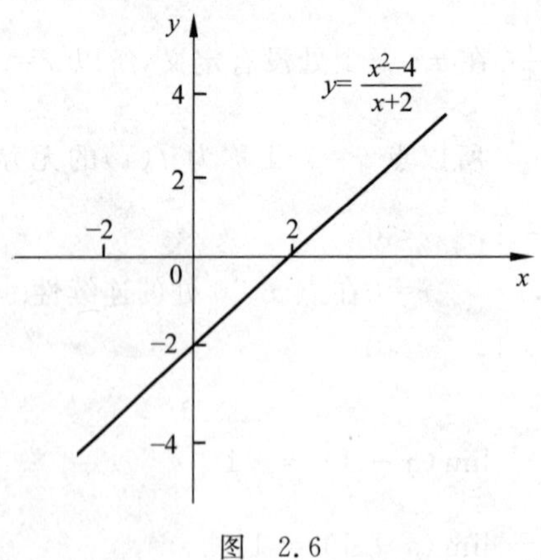

图 2.6

2.6.4　闭区间上连续函数的性质

【定理 2.6】　若函数 $f(x)$在闭区间$[a,b]$上连续，则它在这个区间上一定有最大值和最小值，如图 2.7 所示.

【定理 2.7】　若函数 $f(x)$在闭区间$[a,b]$上连续，m 和 M 分别为 $f(x)$在$[a,b]$上的最小值与最大值，则对介于 m 和 M 之间的任一实数 C，至少存在一点 $\xi\in(a,b)$，使得 $f(\xi)=C$，如图 2.8 所示.

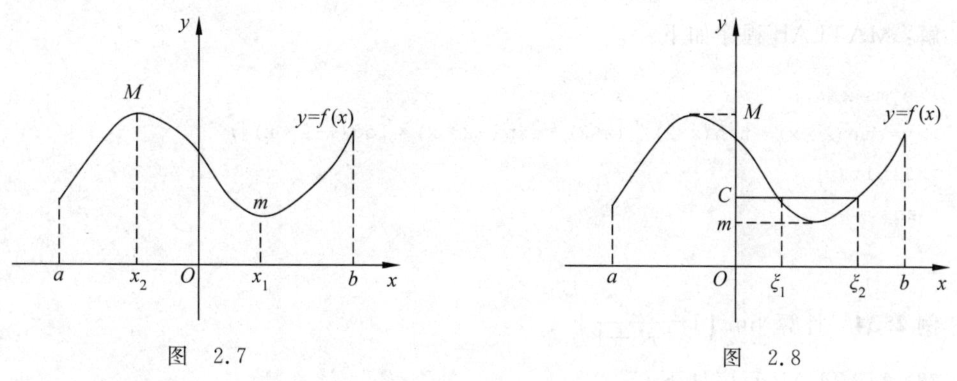

图　2.7　　　　图　2.8

【推论 2.2】(零点定理)　若函数 $f(x)$在$[a,b]$上连续，且 $f(b)$与 $f(a)$异号，则至少存在一点 $\xi\in(a,b)$，使得 $f(\xi)=0$，如图 2.9 所示.

同步训练：利用零点定理进行证明.

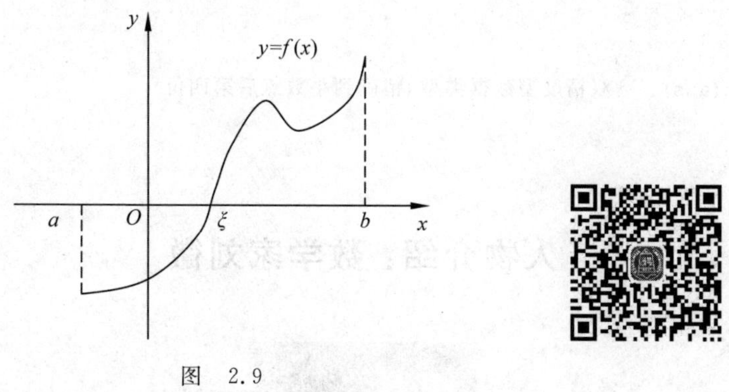

图　2.9

2.7　利用 MATLAB 计算函数的极限

在 MATLAB 符号工具中求极限的指令是 limit，其 MATLAB 命令格式如下：

```
>>syms x;
>>y=f(x);                  %输入 y 的表达式
>>limit(y,x,a);            %表示求函数 f 当 x→a 时的极限
```

说明：

- limit(f,a)：表示求 f 中的自变量(系统默认的自变量为 x)趋于 a 时的极限.
- limit(f)：表示求 f 中的自变量趋于 0 时的极限.
- limit(f,x,a,'left')：表示求 f 当 $x\to a$ 时的左极限.
- limit(f,x,a, 'right')：表示求 f 当 $x\to a$ 时的右极限.
- limit(f,x,inf)：表示求 f 当 $x\to\infty$ 时的极限.

例 2.33 计算 $\lim\limits_{x\to 0}\dfrac{\sin 2x\tan x^2}{x^2 \mathrm{e}^{-2x}\ln(1-2x)}$.

解：MATLAB 程序如下：

```
>>syms x
>>y=sin(2*x)*tan(x^2)/[(x^2)*exp(-2*x)*log(1-2*x)];
>>limit(y)
  ans =
        -1
```

例 2.34 计算 $\lim\limits_{x\to -\infty}\left(1+\dfrac{x}{x^2+1}\right)^{2x}$.

解：MATLAB 程序如下：

```
>>syms x
>>y=[1+x/(x^2+1)]^(2*x);
>>limit (y,x,-inf)
ans =
exp(2)
>>double (ans)    %双精度型数据类型(精确到小数点后第四位)
ans =
      7.3891
```

人物介绍：数学家刘徽

刘徽(约 225—约 295 年)，汉族，山东滨州市邹平人. 他是魏晋时期伟大的数学家，中国古典数学理论的奠基人之一，是中国数学史上一个非常伟大的数学家. 刘徽思想敏捷，

方法灵活,既提倡推理又主张直观.他是中国最早明确主张用逻辑推理的方式来论证数学命题的人.刘徽的一生是为数学刻苦探求的一生.他虽然地位低下,但人格高尚.他不是沽名钓誉的庸人,而是学而不厌的伟人,他给我们中华民族留下了宝贵的财富.

刘徽在数学上的贡献极多,在割圆术中提出的"割之弥细,所失弥少,割之又割以至于不可割,则与圆合体而无所失矣",这可视为中国古代极限观念的佳作,其代表作主要是《九章算术》和《海岛算经》.

习　题

1. 利用极限的基本性质求下列函数的极限.

(1) $\lim\limits_{x\to -2}(3x^2-5x+2)$　(2) $\lim\limits_{x\to\sqrt{3}}\dfrac{x^2-3}{x^4+x^2+1}$

(3) $\lim\limits_{x\to 0}\left(1-\dfrac{2}{x-3}\right)$　(4) $\lim\limits_{x\to 2}\dfrac{x^2-3}{x-2}$

(5) $\lim\limits_{x\to 1}\dfrac{x^2-1}{2x^2-x-1}$　(6) $\lim\limits_{x\to 0}\dfrac{4x^3-2x^2+x}{3x^2+2x}$

(7) $\lim\limits_{x\to\infty}\dfrac{2x+3}{6x-1}$　(8) $\lim\limits_{x\to\infty}\dfrac{1000x}{1+x^3}$

(9) $\lim\limits_{x\to\infty}\dfrac{(n-1)^2}{n+1}$　(10) $\lim\limits_{x\to\infty}\dfrac{(2x-1)^{30}(3x+2)^{20}}{(5x+1)^{50}}$

(11) $\lim\limits_{x\to 3}\dfrac{x^2-5x+6}{x^2-8x+15}$　(12) $\lim\limits_{x\to\infty}\dfrac{x^4-8x+1}{x^2+5}$

(13) $\lim\limits_{x\to 3}\dfrac{5x^2-7x-24}{x^2+2}$　(14) $\lim\limits_{x\to\frac{1}{4}}\dfrac{x^3-2x^2+5x-1}{3x^3-2}$

(15) $\lim\limits_{x\to\sqrt{2}}\dfrac{3x^3+4x^2-x+1}{5x^2+14}$　(16) $\lim\limits_{x\to\infty}\dfrac{x^2+1}{x^3+1}(3+\cos x)$

2. 利用第一个重要极限求下列函数的极限.

(1) $\lim\limits_{x\to 0}\dfrac{\sin 5x}{\sin 3x}$　(2) $\lim\limits_{x\to 0}\dfrac{\tan 2x-\sin x}{x}$

(3) $\lim\limits_{x\to 0}\dfrac{\cos x-\cos 3x}{x^2}$　(4) $\lim\limits_{x\to 0}\dfrac{\tan(2x+x^3)}{\sin(x-x^2)}$

(5) $\lim\limits_{x\to\infty}x\cdot\sin\dfrac{2}{x}$　(6) $\lim\limits_{x\to 0}\dfrac{x-\sin x}{x+\sin x}$

(7) $\lim\limits_{x\to 0}\dfrac{2\arcsin x}{3x}$　(8) $\lim\limits_{x\to 0}\dfrac{\tan x-\sin x}{\sin^3 x}$

3. 利用第二个重要极限求下列函数的极限.

(1) $\lim\limits_{x\to\infty}\left(1+\dfrac{4}{x}\right)^{2x}$　(2) $\lim\limits_{x\to\infty}\left(1-\dfrac{2}{x}\right)^{\frac{x}{2}-1}$

(3) $\lim\limits_{x\to 0}\left(\dfrac{3-x}{3}\right)^{\frac{2}{x}}$　(4) $\lim\limits_{x\to\infty}\left(\dfrac{x-1}{x+1}\right)^{x}$

(5) $\lim\limits_{x\to 1^+}(1+\ln x)^{\frac{5}{\ln x}}$　　(6) $\lim\limits_{x\to\frac{\pi}{2}}(1+\cos)^{\sec x}$

4. 求下列函数的间断点,并说明理由.

(1) $y=\dfrac{1}{(x+3)^2}$　　(2) $y=x\cos\dfrac{1}{x}$　　(3) $y=\dfrac{x^2-1}{x^3-1}$

(4) $y=(1+x)^{\frac{1}{x}}$　　(5) $y=\dfrac{x^2-1}{x^2-3x+2}$　　(6) $y=\dfrac{x}{\sin x}$

5. 设 $f(x)=\begin{cases}x, & x<3\\ 3x-1, & x\geqslant 3\end{cases}$,作 $f(x)$的图形,并讨论当 $x\to 3$ 时,$f(x)$的左、右极限.

6. 设 $f(x)=\begin{cases}x, & x<0\\ 0, & x=0\\ (x-1)^2, & x>0\end{cases}$,则$\lim\limits_{x\to 0}f(x)$是否存在?

7. 求下列函数的极限.

(1) $\lim\limits_{x\to 0}\sqrt{1+2x-x^2}$　　(2) $\lim\limits_{x\to 0}\dfrac{\cot(1+x)}{\cos(1+x^2)}$

(3) $\lim\limits_{x\to 0}\left[\dfrac{\lg(100+x)}{2^x+\tan x}\right]^{\frac{1}{2}}$　　(4) $\lim\limits_{x\to 1}\arctan\sqrt{\dfrac{x^2+1}{x+1}}$

(5) $\lim\limits_{x\to\frac{\pi}{2}}\dfrac{\cos x-2}{x+\dfrac{\pi}{2}}$　　(6) $\lim\limits_{x\to\frac{1}{2}}\left[x\cdot\ln\left(1+\dfrac{1}{x}\right)\right]$

8. 函数 $f(x)=\begin{cases}x^2-1, & 0\leqslant x\leqslant 1\\ x+1, & x>1\end{cases}$,在 $x=\dfrac{1}{2}$、$x=1$、$x=2$ 处是否连续?并作出函数的图像.

9. 求函数 $f(x)=\begin{cases}-x^2, & -\infty<x\leqslant -1\\ 2x+1, & -1<x\leqslant 1\\ 4-x, & 1<x<+\infty\end{cases}$ 的连续区间,并作出函数图像.

10. 设 $f(x)=\begin{cases}\dfrac{2}{x}\sin x, & x<0\\ k, & x=0\\ x\sin\dfrac{1}{x}+2, & x>0\end{cases}$,试确定 k 的值,使 $f(x)$在定义域内连续.

11. 下列函数在 $x=0$ 是否连续?为什么?

(1) $f(x)=\begin{cases}1-\cos x, & x<0\\ x+1, & x\geqslant 0\end{cases}$

(2) $f(x)=\begin{cases}1+\cos x, & x\leqslant 0\\ \dfrac{\ln(1+2x)}{x}, & x>0\end{cases}$

(3) $f(x)=\begin{cases}e^{-\frac{1}{x^2}}, & x\neq 0\\ 0, & x=0\end{cases}$

12. 利用 MATLAB 计算下列极限.

(1) $\lim\limits_{x \to 0}\dfrac{\sin 2x}{x}$.

(2) $\lim\limits_{x \to 1}\left(\dfrac{1}{x-1}-\dfrac{2}{x^2-1}\right)$.

(3) $\lim\limits_{x \to \infty}\left(\dfrac{2x+1}{2x-1}\right)^{x+1}$.

(4) $\lim\limits_{x \to 0^-}\dfrac{1}{x}$.

(5) $\lim\limits_{x \to 0}\dfrac{1}{\sin x}$.

(6) 设 $y=\left(\dfrac{3x^2-x+1}{2x^2+x+1}\right)^{\frac{x^3}{1-x}}$，求极限$\lim\limits_{x \to 0}y$.

习题答案

第 3 章 导数与微分

教学说明

- 本章概述：本章在学习极限的基础上，用极限这一工具对函数进行研究，考察函数变量变化快慢的问题，从而引出导数的概念. 导数是高等数学的主体部分，导数来源于实践，导数也将为实践服务.
- 本章主要内容：导数的概念、导数的运算、高阶导数以及微分的概念.
- 本章重点：导数的概念.
- 本章难点：复合函数的求导.

3.1 导数的概念

3.1.1 变化率问题举例

1. 变速直线运动的速度

引例 3.1 已知自由落体运动的路程 s 与所经过的时间 t 的关系是 $s=\frac{1}{2}gt^2$. 求 $t=3$ 时这一时刻落体的速度. 路程与时间的关系列表如表 3.1 所示.

表 3.1

t	s	$\Delta t=t_1-t_0$	$\Delta s=s(t_1)-s(t_0)$	$\bar{v}=\frac{\Delta s}{\Delta t}$
3	$4.5g$			
3.1	$4.805g$	0.1	$0.305g$	$3.05g$
3.01	$4.53005g$	0.01	$0.03005g$	$3.005g$
3.001	$4.5030005g$	0.001	$0.0030005g$	$3.0005g$
⋮	⋮	⋮	⋮	⋮

$$v=\lim_{\Delta t\to 0}\frac{s(3+\Delta t)-s(3)}{\Delta t}=\lim_{\Delta t\to 0}\frac{\frac{1}{2}g\,(3+\Delta t)^2-\frac{1}{2}g\cdot 3^2}{\Delta t}$$

$$=\frac{1}{2}g\lim_{\Delta t\to 0}(6+\Delta t)=3g$$

一般情况下，如果物体运动的路程 s 与时间 t 的关系是 $s=f(t)$，则它从 t_0 到 $t_0+\Delta t$ 这一段时间内的平均速度为 $v=\dfrac{\Delta s}{\Delta t}=\dfrac{f(t_0+\Delta t)-f(t_0)}{\Delta t}$，而在 t_0 时刻的瞬时速度即为平均速度当 $\Delta t\to 0$ 时的极限值.

速度为

$$v\big|_{t=t_0}=\lim_{\Delta t\to 0}\frac{\Delta s}{\Delta t}=\lim_{\Delta t\to 0}\frac{f(t_0+\Delta t)-f(t_0)}{\Delta t}$$

2. 产品总成本的变化率

引例 3.2　设某产品的总成本 C 是产量 q 的函数，即 $C=f(q)$. 当产量由 q_0 变到 $q_0+\Delta q$ 时，总成本相应的改变量为 $\Delta C=f(q_0+\Delta q)-f(q_0)$，则产量由 q_0 变到 $q_0+\Delta q$ 时，总成本的平均变化率为 $\dfrac{\Delta C}{\Delta q}=\dfrac{f(q_0+\Delta q)-f(q_0)}{\Delta q}$.

当 $\Delta q\to 0$ 时，如果极限 $\lim\limits_{\Delta q\to 0}\dfrac{\Delta C}{\Delta q}=\lim\limits_{\Delta q\to 0}\dfrac{f(q_0+\Delta q)-f(q_0)}{\Delta q}$ 存在，则称此极限是产量为 q_0 时的总成本的变化率，又称边际成本.

知识提炼：总结上面两个引例的共同点.

3.1.2　导数的定义

【定义 3.1】　设函数 $y=f(x)$ 在 x_0 点的某个邻域内有定义，当自变量在点 x_0 处取得改变量 $\Delta x(\neq 0)$ 时，函数 $f(x)$ 取得相应的改变量 $\Delta y=f(x_0+\Delta x)-f(x_0)$. 如果当 $\Delta x\to 0$ 时，$\lim\limits_{\Delta x\to 0}\dfrac{\Delta y}{\Delta x}=\lim\limits_{\Delta x\to 0}\dfrac{f(x_0+\Delta x)-f(x_0)}{\Delta x}$ 存在，则称此极限值为函数 $y=f(x)$ 在点 x_0 处的导数，记作

$$f'(x_0)\quad 或\quad y'\Big|_{x=x_0}\quad 或\quad \frac{\mathrm{d}y}{\mathrm{d}x}\Big|_{x=x_0}\quad 或\quad \frac{\mathrm{d}f}{\mathrm{d}x}\Big|_{x=x_0}$$

并称函数 $f(x)$ 在点 x_0 处可导；如果 $\lim\limits_{\Delta x\to 0}\dfrac{\Delta y}{\Delta x}$ 不存在，则称函数 $f(x)$ 在点 x_0 处不可导.

例 3.1　求函数 $y=x^3$ 在 $x=1$ 及 $x=2$ 处的导数.

解：当 x 由 1 变到 $1+\Delta x$ 时，函数相应的改变量为

$$\Delta y=(1+\Delta x)^3-1^3=3\cdot 1^2\Delta x+3\cdot 1\,(\Delta x)^2+(\Delta x)^3$$

$$\frac{\Delta y}{\Delta x}=3+3\Delta x+(\Delta x)^2$$

$$f'(1)=\lim_{\Delta x\to 0}\frac{\Delta y}{\Delta x}=\lim_{\Delta x\to 0}[3+3\Delta x+(\Delta x)^2]=3$$

当 x 由 2 变到 $2+\Delta x$ 时，函数相应的改变量为

$$\Delta y=(2+\Delta x)^3-2^3=3\cdot 2^2\Delta x^2+3\cdot 2\,(\Delta x)^2+(\Delta x)^3$$

$$\frac{\Delta y}{\Delta x}=12+6\Delta x+(\Delta x)^2$$

$$f'(2)=\lim_{\Delta x\to 0}\frac{\Delta y}{\Delta x}=\lim_{\Delta x\to 0}[12+6\Delta x+(\Delta x)^2]=12$$

【定义 3.2】 若函数 $y=f(x)$在区间(a,b)内任意一点处都可导,则称函数 $f(x)$在区间(a,b)内可导.

若 $f(x)$在区间(a,b)内可导,则对于区间(a,b)内的每一个 x 值,都有一个导数值 $f'(x)$与之对应,所以 $f'(x)$也是 x 的函数,叫作 $f(x)$的导函数,简称导数. 记作$f'(x)$,或 y',或$\frac{\mathrm{d}y}{\mathrm{d}x}$,或$\frac{\mathrm{d}f}{\mathrm{d}x}$.

$f(x)$的导数 $f'(x)$在点 $x=x_0$ 处的函数值就是 $f(x)$在点 x_0 处的导数 $f'(x_0)$. 变速直线运动的速度是 $v(t)=s'=\frac{\mathrm{d}s}{\mathrm{d}t}$;而产品总成本的变化率是

$$C'(q)=\frac{\mathrm{d}C}{\mathrm{d}q}$$

根据导数的定义,求函数 $f(x)$的导数的一般步骤如下:

(1) 写出函数的改变量 $\Delta y=f(x+\Delta x)-f(x)$.

(2) 计算比值$\frac{\Delta y}{\Delta x}=\frac{f(x+\Delta x)-f(x)}{\Delta x}$.

(3) 求极限 $y'=f'(x)=\lim\limits_{\Delta x\to 0}\frac{f(x+\Delta x)-f(x)}{\Delta x}$.

知识提炼:导数定义的关注点.

同步训练:解答下列各题.

1. 已知 $f'(x_0)=\lim\limits_{x\to x_0}\frac{f(x_0+\Delta x)-f(x_0)}{\Delta x}$,利用这一已知导数求以下函数的导数.

(1) $\lim\limits_{x\to x_0}\frac{f(x_0+2\Delta x)-f(x_0)}{\Delta x}$

(2) $\lim\limits_{x\to x_0}\frac{f(x_0+m\Delta x)-f(x_0)}{\Delta x}$

(3) $\lim\limits_{x\to x_0}\frac{f(x_0)-f(x_0-\Delta x)}{\Delta x}$

2. 已知 $f(x)$在 x_0 处可导,试证明:

$$\lim_{h\to 0}\frac{f(x_0+\alpha h)-f(x_0-\beta h)}{h}=(\alpha+\beta)f'(x_0)$$

3.1.3 利用定义计算导数

1. 常数函数的导数

设 $y=c$(c 为常数),$\Delta y=c-c=0$,于是$\frac{\Delta y}{\Delta x}=\frac{0}{\Delta x}=0$,所以 $c'=\lim\limits_{\Delta x\to 0}\frac{\Delta y}{\Delta x}=0$. 即常数函数的导数为零.

2. 幂函数的导数

设 $y=x^n$(n 为正整数),$\Delta y=(x+\Delta x)^n-x^n$ 由二项式定理可得

$$\Delta y = x^n + nx^{n-1}\Delta x + \frac{n(n-1)}{2!}x^{n-2}(\Delta x)^2 + \cdots + (\Delta x)^n - x^n$$

$$= nx^{n-1}\Delta x + \frac{n(n-1)}{2!}x^{n-2}(\Delta x)^2 + \cdots + (\Delta x)^n$$

于是

$$\frac{\Delta y}{\Delta x} = nx^{n-1} + \frac{n(n-1)}{2!}x^{n-2}\Delta x + \cdots + (\Delta x)^{n-1}$$

所以

$$\lim_{\Delta x\to 0}\frac{\Delta y}{\Delta x} = \lim_{\Delta x\to 0}\left[nx^{n-1} + \frac{n(n-1)}{2!}x^{n-2}\Delta x + \cdots + (\Delta x)^{n-1}\right] = nx^{n-1}$$

即

$$(x^n)' = nx^{n-1}$$

例 3.2　设 $y=x^{10}$, $y=\sqrt[3]{x}$, $y=\frac{1}{x}$, $y=\frac{1}{\sqrt[4]{x^3}}$，求 y'.

解：由幂函数的求导公式得

$$(x^{10})' = 10x^9$$

$$(\sqrt[3]{x})' = (x^{\frac{1}{3}})' = \frac{1}{3}x^{-\frac{2}{3}} = \frac{1}{3\sqrt[3]{x^2}}$$

$$\left(\frac{1}{x}\right)' = (x^{-1})' = (-1)x^{-2} = -\frac{1}{x^2}$$

$$\left(\frac{1}{\sqrt[4]{x^3}}\right)' = (x^{-\frac{3}{4}})' = \left(-\frac{3}{4}\right)\cdot x^{-\frac{7}{4}} = -\frac{3}{4\sqrt[4]{x^7}}$$

3. 正弦函数与余弦函数的导数

设 $y=\sin x$，则 $\Delta y=\sin(x+\Delta x)-\sin x=2\sin\frac{\Delta x}{2}\cos\left(x+\frac{\Delta x}{2}\right)$，于是

$$\frac{\Delta y}{\Delta x} = \frac{2\sin\frac{\Delta x}{2}\cos\left(x+\frac{\Delta x}{2}\right)}{\Delta x} = \cos\left(x+\frac{\Delta x}{2}\right)\cdot\frac{\sin\frac{\Delta x}{2}}{\frac{\Delta x}{2}}$$

所以

$$\lim_{\Delta x\to 0}\frac{\Delta y}{\Delta x} = \lim_{\Delta x\to 0}\left[\cos\left(x+\frac{\Delta x}{2}\right)\cdot\frac{\sin\frac{\Delta x}{2}}{\frac{\Delta x}{2}}\right] = \cos x\cdot 1 = \cos x$$

即

$$(\sin x)' = \cos x$$

类似地可以得到

$$(\cos x)' = -\sin x$$

4. 对数函数的导数

设 $y=\log_a x\ (a>0, a\neq 1)$，则

$$\Delta y = \log_a(x+\Delta x) - \log_a x$$
$$= \log_a \frac{x+\Delta x}{x} = \log_a\left(1+\frac{\Delta x}{x}\right)$$

于是

$$\frac{\Delta y}{\Delta x} = \frac{\log_a\left(1+\frac{\Delta x}{x}\right)}{\Delta x} = \frac{x}{x\Delta x}\log_a\left(1+\frac{\Delta x}{x}\right)$$
$$= \frac{1}{x}\log_a\left(1+\frac{\Delta x}{x}\right)^{\frac{x}{\Delta x}}$$

所以

$$\lim_{\Delta x\to 0}\frac{\Delta y}{\Delta x} = \lim_{\Delta x\to 0}\left[\frac{1}{x}\log_a\left(1+\frac{\Delta x}{x}\right)^{\frac{x}{\Delta x}}\right]$$
$$= \frac{1}{x}\log_a \lim_{\Delta x\to 0}\left(1+\frac{\Delta x}{x}\right)^{\frac{x}{\Delta x}}$$
$$= \frac{1}{x}\log_a \mathrm{e} = \frac{1}{x\ln a}$$

即

$$(\log_a x)' = \frac{1}{x\ln a}$$

特别地，当 $a=\mathrm{e}$ 时，因为 $\ln\mathrm{e}=1$，所以有 $(\ln x)'=\frac{1}{x}$.

例 3.3 设 $y=\log_2 x$，求 y'.

解：因为 $a=2$，由公式可得 $(\log_2 x)'=\frac{1}{x\ln 2}$.

5. 指数函数的导数

设 $y=a^x(a>0, a\neq 1)$，则 $(a^x)'=a^x\ln a$. 特别地，当 $a=\mathrm{e}$ 时，因为 $\ln\mathrm{e}=1$，有 $(\mathrm{e}^x)'=\mathrm{e}^x$.

例 3.4 设 $y_1=10^x, y_2=\frac{2^x}{3^x}$，求 y_1', y_2'.

解：在 y_1 中，因为 $a=10$，由公式得 $y_1'=(10^x)'=10^x\ln 10$；而 $y_2=\frac{2^x}{3^x}=\left(\frac{2}{3}\right)^x, a=\frac{2}{3}$，由公式得 $\left[\left(\frac{2}{3}\right)^x\right]'=\left(\frac{2}{3}\right)^x\ln\frac{2}{3}=\left(\frac{2}{3}\right)^x(\ln 2-\ln 3)$.

3.1.4 导数的几何意义

如图 3.1 所示，割线 M_0M 的斜率为

$$\tan\beta = \frac{\Delta y}{\Delta x} = \frac{f(x_0+\Delta x)-f(x_0)}{\Delta x}$$

切线 M_0T 的斜率为

$$f'(x_0) = \lim_{\Delta x\to 0}\frac{\Delta y}{\Delta x} = \lim_{\beta\to\alpha}\tan\beta = \tan\alpha$$

函数导数的几何意义：函数 $y=f(x)$ 在点 x_0 处的导数 $f'(x_0)$，就是曲线 $y=f(x)$ 在

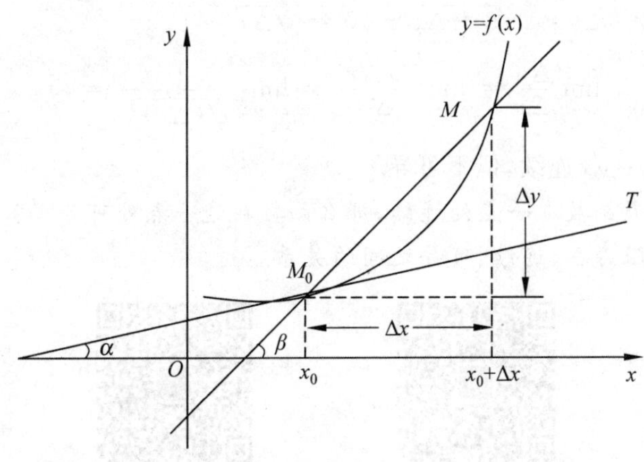

图　3.1

点 $M_0(x_0,y_0)$处的切线 M_0T 的斜率 $k=\tan\alpha=f'(x_0)$. 曲线 $y=f(x)$在点 $M_0(x_0,y_0)$处的切线方程为

$$y-y_0=f'(x_0)(x-x_0)$$

知识提炼：导数不存在，切线是否也不存在？举例说明.

例 3.5　求曲线 $y=\frac{1}{\sqrt{x}}$在点(1,1)处的切线方程.

解：
$$\left(\frac{1}{\sqrt{x}}\right)'=(x^{-\frac{1}{2}})'=-\frac{1}{2}x^{-\frac{3}{2}}$$

$$k=y'|_{x=1}=-\frac{1}{2}x^{-\frac{3}{2}}|_{x=1}=-\frac{1}{2}$$

切线方程为

$$y-1=-\frac{1}{2}(x-1)$$

整理得

$$x+2y-3=0$$

3.1.5　可导与连续的关系

【定理 3.1】　如果函数 $y=f(x)$在点 x_0 处可导，则 $y=f(x)$在点 x_0 处一定连续.

证明：因为 $y=f(x)$在点 x_0 处可导，则有

$$f'(x_0)=\lim_{\Delta x\to 0}\frac{\Delta y}{\Delta x}$$

$$\lim_{\Delta x\to 0}\Delta y=\lim_{\Delta x\to 0}\frac{\Delta y}{\Delta x}\cdot\Delta x=\lim_{\Delta x\to 0}\frac{\Delta y}{\Delta x}\cdot\lim_{\Delta x\to 0}\Delta x$$
$$=f'(x_0)\cdot 0=0$$

由定义 2.9 知，$y=f(x)$在点 x_0 处连续.

这个定理的逆命题不成立，即函数 $y=f(x)$在点 x_0 处连续时，在点 x_0 处不一定可导.

例如，函数 $y=\sqrt[3]{x}$在 $x=0$ 点处连续，但不可导. 因为

$$\Delta y=\sqrt[3]{0+\Delta x}-\sqrt[3]{0}=\sqrt[3]{\Delta x}$$

$$\lim_{\Delta x\to 0}\frac{\Delta y}{\Delta x}=\lim_{\Delta x\to 0}\frac{\sqrt[3]{\Delta x}}{\Delta x}=\lim_{\Delta x\to 0}\frac{1}{\sqrt[3]{(\Delta x)^2}}=\infty$$

所以，在 $x=0$ 处，$y=\sqrt[3]{x}$连续，但不可导.

同步训练：如果函数在一点处连续，那么函数在这一点处可导吗？举例说明.

知识提炼：极限存在、连续、可导之间的关系.

3.2 导数基本公式与运算法则

3.2.1 导数的四则运算法则

1. 代数和的导数

设函数 $u(x)$和 $v(x)$在点 x 处可导，则 $y=u(x)\pm v(x)$在点 x 处也可导，且

$$(u\pm v)'=u'\pm v' \tag{3.1}$$

2. 乘积的导数

设函数 $u(x)$和 $v(x)$在点 x 处可导，则 $y=u(x)\cdot v(x)$在点 x 处也可导，且

$$(uv)'=u'v+uv' \tag{3.2}$$

特别地，当其中有一个函数为常数 c 时，则有

$$(cu)'=cu' \tag{3.3}$$

上面的公式对于有限多个可导函数成立，例如：

$$(uvw)'=u'vw+uv'w+uvw' \tag{3.4}$$

3. 商的导数

设函数 $u(x)$和 $v(x)$在点 x 处可导，且 $v(x)\neq 0$，则 $y=\dfrac{u(x)}{v(x)}$在点 x 处也可导，且

$$\left(\frac{u}{v}\right)'=\frac{u'v-uv'}{v^2} \tag{3.5}$$

证明乘积的导数公式.

证明：设对应于自变量的改变量 Δx，函数 u、v 分别取得改变量 Δu 和 Δv，于是函数 y 的改变量为

$$\Delta y=(u+\Delta u)(v+\Delta v)-uv=\Delta u\cdot v+u\cdot\Delta v+\Delta u\cdot\Delta v$$

$$\frac{\Delta y}{\Delta x}=\frac{\Delta u}{\Delta x}\cdot v+u\cdot\frac{\Delta v}{\Delta x}+\frac{\Delta u}{\Delta x}\cdot\Delta v$$

由函数 $u(x)$和 $v(x)$在点 x 处可导，得

$$\lim_{\Delta x\to 0}\frac{\Delta u}{\Delta x}=u',\quad \lim_{\Delta x\to 0}\frac{\Delta v}{\Delta x}=v'$$

则

$$\begin{aligned}\lim_{\Delta x\to 0}\frac{\Delta y}{\Delta x}&=\lim_{\Delta x\to 0}\left(\frac{\Delta u}{\Delta x}\cdot v+u\cdot\frac{\Delta v}{\Delta x}+\frac{\Delta u}{\Delta x}\cdot\Delta v\right)\\&=v\cdot\lim_{\Delta x\to 0}\frac{\Delta u}{\Delta x}+u\cdot\lim_{\Delta x\to 0}\frac{\Delta v}{\Delta x}+\lim_{\Delta x\to 0}\frac{\Delta u}{\Delta x}\cdot\lim_{\Delta x\to 0}\Delta v\\&=v\cdot u'+u\cdot v'+u'\cdot 0\\&=u'v+uv'\end{aligned}$$

例 3.6　设 $y=5x^2+\frac{3}{x^3}-2^x+4\cos x$，求 y'.

解：$y'=5(x^2)'+3(x^{-3})'-(2^x)'+4(\cos x)'$

$=5\times 2x+3\times(-3)x^{-4}-2^x\ln 2+4(-\sin x)$

$=10x-\frac{9}{x^4}-2^x\ln 2-4\sin x$

例 3.7　设 $y=(1+2x)(5x^2-3x+1)$，求 y'.

解：$y'=(1+2x)'(5x^2-3x+1)+(1+2x)(5x^2-3x+1)'$

$=2(5x^2-3x+1)+(1+2x)(10x-3)$

$=30x^2-2x-1$

例 3.8　设 $y=x\sin x\ln x$，求 y'.

解：$y'=(x)'\sin x\ln x+x(\sin x)'\ln x+x\sin x(\ln x)'$

$=1\cdot\sin x\ln x+x\cos x\ln x+x\sin x\cdot\frac{1}{x}$

$=\sin x\ln x+x\cos x\ln x+\sin x$

例 3.9　已知 $f(x)=\frac{x^2-x+2}{x+3}$，求 $f'(1)$.

解：$f'(x)=\frac{(x^2-x+2)'(x+3)-(x^2-x+2)(x+3)'}{(x+3)^2}$

$=\frac{(2x-1)(x+3)-(x^2-x+2)\cdot 1}{(x+3)^2}=\frac{x^2+6x-5}{(x+3)^2}$

$f'(1)=\frac{1^2+6\times 1-5}{(1+3)^2}=\frac{1}{8}$

例 3.10　设 $y=\frac{5x^3-2x+7}{\sqrt{x}}$，求 y'.

解：先化简，得

$$y=5x^{\frac{5}{2}}-2x^{\frac{1}{2}}+7x^{-\frac{1}{2}}$$

于是

$$\begin{aligned}y'&=5\cdot\frac{5}{2}\cdot x^{\frac{3}{2}}-2\cdot\frac{1}{2}\cdot x^{-\frac{1}{2}}+7\cdot\left(-\frac{1}{2}\right)\cdot x^{-\frac{3}{2}}\\&=\frac{25}{2}x^{\frac{3}{2}}-x^{-\frac{1}{2}}-\frac{7}{2}x^{-\frac{3}{2}}=\frac{1}{2\sqrt{x^3}}(25x^3-2x-7)\end{aligned}$$

例 3.11 求 $y=\tan x$ 的导数.

解：因为 $y=\dfrac{\sin x}{\cos x}$，所以

$$y'=\frac{(\sin x)'\cos x-\sin x(\cos x)'}{(\cos x)^2}$$

$$=\frac{\cos^2 x+\sin x^2 x}{\cos^2 x}=\frac{1}{\cos^2 x}=\sec^2 x$$

即

$$(\tan x)'=\frac{1}{\cos^2 x}=\sec^2 x$$

用同样方法可以得到

$$(\cot x)'=-\frac{1}{\sin^2 x}=-\csc^2 x$$

3.2.2 复合函数的导数

$y=\sin(3x+1)$是一个复合函数，它可以看作是由 $y=\sin u$ 及 $u=3x+1$ 复合而成的. 我们用定义求出它的导数.

$$\Delta y=\sin[3(x+\Delta x)+1]-\sin(3x+1)$$

$$=2\sin\frac{3\Delta x}{2}\cos\left(3x+1+\frac{3\Delta x}{2}\right)$$

而

$$\frac{\Delta y}{\Delta x}=\frac{2\sin\frac{3\Delta x}{2}\cos\left(3x+1+\frac{3\Delta x}{2}\right)}{\Delta x}$$

则

$$\lim_{\Delta x\to 0}\frac{\Delta y}{\Delta x}=\lim_{\Delta x\to 0}\frac{2\sin\frac{3\Delta x}{2}\cos\left(3x+1+\frac{3\Delta x}{2}\right)}{\Delta x}$$

$$=\lim_{\Delta x\to 0}\frac{3\sin\frac{3\Delta x}{2}\cdot\cos\left(3x+1+\frac{3\Delta x}{2}\right)}{\frac{3\Delta x}{2}}$$

$$=3\lim_{\Delta x\to 0}\frac{\sin\frac{3\Delta x}{2}}{\frac{3\Delta x}{2}}\cdot\lim_{\Delta x\to 0}\cos\left(3x+1+\frac{3\Delta x}{2}\right)$$

$$=3\cdot 1\cdot\cos(3x+1)=3\cos(3x+1)$$

【定理 3.2】 设函数 $u=\varphi(x)$在点 x 处有导数$\dfrac{\mathrm{d}y}{\mathrm{d}u}=f'(u)$，函数 $y=f(u)$在点 u 处有导数$\dfrac{\mathrm{d}y}{\mathrm{d}u}=f'(u)$，则复合函数 $y=f[\varphi(x)]$在点 x 处也有导数，且

$$\frac{\mathrm{d}y}{\mathrm{d}x}=f'(u)\cdot\varphi'(x) \tag{3.6}$$

或

$$y'_x = y'_u \cdot u'_x \tag{3.7}$$

或

$$\frac{\mathrm{d}y}{\mathrm{d}x} = \frac{\mathrm{d}y}{\mathrm{d}u} \cdot \frac{\mathrm{d}u}{\mathrm{d}x} \tag{3.8}$$

证明：设自变量 x 在点 x 处取得改变量 Δx，中间变量 u 则取得相应改变量 Δu，从而函数 y 取得改变量 Δy. 当 $\Delta u \neq 0$ 时，有 $\frac{\Delta y}{\Delta x}=\frac{\Delta y}{\Delta u}\cdot\frac{\Delta u}{\Delta x}$，又因为 $u=\varphi(x)$ 在点 x 处可导，则在点 x 处必连续，即

$$\lim_{\Delta x\to 0}\Delta u = 0$$

于是

$$\begin{aligned}\frac{\mathrm{d}y}{\mathrm{d}x} &= \lim_{\Delta x\to 0}\frac{\Delta y}{\Delta x} = \lim_{\Delta x\to 0}\left(\frac{\Delta y}{\Delta u}\cdot\frac{\Delta u}{\Delta x}\right) \\ &= \lim_{\Delta u\to 0}\frac{\Delta y}{\Delta u}\cdot\lim_{\Delta x\to 0}\frac{\Delta u}{\Delta x} = f'(u)\cdot\varphi'(x)\end{aligned}$$

当 $\Delta u=0$ 时，可以证明上式仍成立.

例 3.12 求下列函数的导数.

(1) $y=\sin^3 x$　(2) $y=\cos x^2$　(3) $y=\sin\frac{x}{5}$　(4) $y=(2+5x)^4$

(5) $y=\frac{1}{1+2x}$　(6) $y=\sqrt{4-3x^2}$　(7) $y=\ln\cos x$

解：(1) 设 $u=\sin x$，$y=u^3$，由定理 3.2 得

$$y'_x = y'_u\cdot u'_x = 3u^2\cdot\cos x = 3\sin^2 x\cos x$$

(2) 设 $u=x^2$，$y=\cos u$，由定理 3.2 得

$$y'_x = y'_u\cdot u'_x = -\sin u\cdot 2x = -2x\sin x^2$$

(3) 设 $u=\frac{x}{5}$，$y=\sin u$，由定理 3.2 得

$$y'_x = y'_u\cdot u'_x = \cos u\cdot\frac{1}{5} = \frac{1}{5}\cos\frac{x}{5}$$

(4) 设 $u=2+5x$，$y=u^4$，则

$$y'_x = y'_u\cdot u'_x = 4u^3\cdot 5 = 20(2+5x)^3$$

(5) 设 $u=1+2x$，$y=u^{-1}$，则

$$y'_x = y'_u\cdot u'_x = (-1)u^{-2}\cdot 2 = -\frac{2}{(1+2x)^2}$$

(6) 设 $u=4-3x^2$，$y=u^{\frac{1}{2}}$，则

$$y'_x = y'_u\cdot u'_x = \frac{1}{2}u^{-\frac{1}{2}}\cdot(-6x) = -\frac{-3x}{\sqrt{4-3x^2}}$$

(7) 设 $u=\cos x$，$y=\ln u$，则

$$y'_x = y'_u\cdot u'_x = \frac{1}{u}\cdot(-\sin x) = -\frac{\sin x}{\cos x} = -\tan x$$

定理 3.2 的结论可以推广到多层次复合的情况. 例如设 $y=f(u)$, $u=\varphi(v)$, $v=\psi(x)$, 则复合函数 $y=f\{\varphi[\psi(x)]\}$ 的导数为

$$\frac{\mathrm{d}y}{\mathrm{d}x}=\frac{\mathrm{d}y}{\mathrm{d}u}\cdot\frac{\mathrm{d}u}{\mathrm{d}v}\cdot\frac{\mathrm{d}v}{\mathrm{d}x} \tag{3.9}$$

知识提炼：复合函数求导公式.

例 3.13 求下列函数的导数.

(1) $y=2^{\tan\frac{1}{x}}$ (2) $y=\sin^2(2-3x)$ (3) $y=\log_3\cos\sqrt{x^2+1}$

解：(1) 设 $y=2^u$, $u=\tan v$, $v=\dfrac{1}{x}$, 由定理 3.2 得

$$y'_x=y'_u\cdot u'_v\cdot v'_x=2^u\ln 2\cdot\frac{1}{\cos^2 v}\cdot\left(-\frac{1}{x^2}\right)=\frac{2^{\tan\frac{1}{x}}\ln 2}{x^2\cos^2\frac{1}{x}}$$

(2) $y'=2\sin(2-3x)\cdot\cos(2-3x)\cdot(-3)$

$=-3\sin 2(2-3x)$

(3) $y'=\dfrac{1}{\cos\sqrt{x^2+1}\cdot\ln 3}\cdot(-\sin\sqrt{x^2+1})\cdot\dfrac{2x}{2\sqrt{x^2+1}}$

$=-\dfrac{x}{\ln 3\sqrt{x^2+1}}\cdot\tan\sqrt{x^2+1}$

例 3.14 求下列函数的导数.

(1) $y=(x+1)\sqrt{3-4x}$.

(2) $y=\left(\dfrac{x}{x^2-3}\right)^n$.

解：(1) $y'=(x+1)'\sqrt{3-4x}+(x+1)(\sqrt{3-4x})'$

$=\sqrt{3-4x}+(x+1)\cdot\dfrac{-4}{2\sqrt{3-4x}}$

$=\dfrac{3-4x-2x-2}{\sqrt{3-4x}}=\dfrac{1-6x}{\sqrt{3-4x}}$

(2) $y'=n\left(\dfrac{x}{x^2-3}\right)^{n-1}\cdot\left(\dfrac{x}{x^2-3}\right)'$

$=n\left(\dfrac{x}{x^2-3}\right)^{n-1}\cdot\dfrac{x'(x^2-3)-x(x^2-3)'}{(x^2-3)^2}$

$=n\left(\dfrac{x}{x^2-3}\right)^{n-1}\cdot\dfrac{x^2-3-2x^2}{(x^2-3)^2}$

$=-\dfrac{nx^{n-1}(3+x^2)}{(x^2-3)^{n+1}}$

例 3.15 求函数 $y=\ln\sqrt{\dfrac{1+x^2}{1-x^2}}$ 的导数.

解：由对数性质，有

$$y=\frac{1}{2}[\ln(1+x^2)-\ln(1-x^2)]$$

则

$$y'=\frac{1}{2}\{[\ln(1+x^2)]'-\ln[(1-x^2)]'\}$$
$$=\frac{1}{2}\left(\frac{2x}{1+x^2}-\frac{-2x}{1-x^2}\right)=\frac{2x}{1-x^4}$$

例 3.16　推导 $y=x^\alpha$ 的求导公式.

证明：利用对数的性质，我们将函数写成指数式 $y=x^\alpha=e^{\alpha\ln x}$，令 $\alpha\ln x=u$，则

$$y=e^u,\quad y'=e^u\cdot\alpha\frac{1}{x}=x^\alpha\cdot\alpha\cdot\frac{1}{x}=\alpha x^{\alpha-1}$$

3.2.3　隐函数的导数

我们称由未解出因变量的方程 $F(x,y)=0$ 所确定的 y 与 x 之间的关系为隐函数. 例如，$x^2+y^2=4$，$xy=e^{\frac{x}{y}}$，$\sin(x^2y)-5x=0$，$e^x+e^y-xy=0$，$2x^2-y+4=0$ 等.

隐函数求导数的方法是：方程两端同时对 x 求导，遇到含有 y 的项，先对 y 求导，再乘以 y 对 x 的导数 y'，得到一个含有 y' 的方程式，然后从中解出 y' 即可.

例 3.17　求由方程 $x^2+y^2=4$ 所确定的隐函数 y 的导数.

解：方程两边同时对 x 求导，得

$$(x^2)'+(y^2)'=(4)'$$

即

$$2x+2y\cdot y'=0$$

解出 y'，得

$$y'=-\frac{x}{y}$$

例 3.18　求由方程 $e^y=xy$ 所确定的隐函数 y 的导数.

解：方程两边同时对 x 求导，得

$$e^y\cdot y'=x'y+xy'$$

即

$$e^y\cdot y'=y+xy'$$

解出 y'，得

$$y'=-\frac{y}{e^y-x}$$

例 3.19　求曲线 $xy+\ln y=1$ 在点 $M(1,1)$ 处的切线方程.

解：先求由 $xy+\ln y=1$ 所确定的隐函数的导数. 方程两边同时对 x 求导，得

$$(xy)'+(\ln y)'=(1)'$$

即

$$y+xy'+\frac{1}{y}\cdot y'=0$$

解出 y'，得

$$y'=-\frac{-y}{x+\dfrac{1}{y}}=-\frac{y^2}{xy+1}$$

在点 $M(1,1)$ 处，$y'\Big|_{\substack{x=1\\y=1}}=-\dfrac{1}{2}$，于是，在点 $M(1,1)$ 处的切线方程为

$$y-1=-\frac{1}{2}(x-1)$$

即

$$x+2y-3=0$$

3.2.4 取对数求导法

例 3.20 求曲线 $y=\sqrt[3]{\dfrac{x(3x-1)}{(5x+3)(2-x)}}\left(\dfrac{1}{3}<x<2\right)$.

解：两边取对数，有

$$\ln y=\frac{1}{3}[\ln x+\ln(3x-1)-\ln(5x+3)-\ln(2-x)]$$

方程两边同时对 x 求导，可得

$$\frac{1}{y}\cdot y'=\frac{1}{3}\left(\frac{1}{x}+\frac{3}{3x-1}-\frac{5}{5x+3}+\frac{1}{2-x}\right)$$

即

$$y'=\frac{1}{3}\sqrt[3]{\frac{x(3x-1)}{(5x+3)(2-x)}}\left(\frac{1}{x}+\frac{3}{3x-1}-\frac{5}{5x+3}+\frac{1}{2-x}\right)$$

例 3.21 求 $y=x^{\sin x}$ 的导数 $(x>0)$.

解：两边取对数，有 $\ln y=\sin x\ln x$. 两边同时对 x 求导，可得

$$\frac{1}{y}\cdot y'=(\sin x)'\ln x+\sin x(\ln x)'$$

$$=\cos x\ln x+\frac{1}{x}\sin x$$

即

$$y'=x^{\sin x}\left(\cos x\ln x+\frac{1}{x}\sin x\right)$$

3.2.5 反三角函数导数基本公式

1. 反三角函数的导数公式

$$(\arcsin x)'=\frac{1}{\sqrt{1-x^2}}\qquad(\arccos x)'=-\frac{1}{\sqrt{1-x^2}}$$

$$(\arctan x)'=\frac{1}{1+x^2}\qquad(\text{arccot}\,x)'=-\frac{1}{1+x^2}$$

例 3.22 求下列函数的导数.

(1) $y=\arcsin(3x^2)$.

(2) $y=\arctan\left(\frac{x}{2}\right)^3$.

解：(1) $y'=\frac{1}{\sqrt{1-(3x^2)^2}}\cdot(3x^2)'=\frac{6x}{\sqrt{1-9x^4}}$.

(2) $y'=3\left(\arctan\frac{x}{2}\right)^2\cdot\frac{\frac{1}{2}}{1+\frac{x^2}{4}}=\frac{6}{4+x^2}\left(\arctan\frac{x}{2}\right)^2$.

2. 基本初等函数的导数公式

(1) $(c)'=0$(c 为常数).

(2) $(x^\alpha)'=\alpha x^{\alpha-1}$($\alpha$ 为任意常数).

(3) $(a^x)'=a^x\ln a(a>0,a\neq1)$.

(4) $(e^x)'=e^x$.

(5) $(\log_a x)'=\frac{1}{x}\log_a e=\frac{1}{x\ln a}(a>0,a\neq1)$.

(6) $(\ln x)'=\frac{1}{x}$.

(7) $(\sin x)'=\cos x$.

(8) $(\cos x)'=-\sin x$.

(9) $(\tan x)'=\sec^2 x=\frac{1}{\cos^2 x}$.

(10) $(\cot x)'=-\csc^2 x=-\frac{1}{\sin^2 x}$.

(11) $(\arcsin x)'=\frac{1}{\sqrt{1-x^2}}$.

(12) $(\arccos x)'=-\frac{1}{\sqrt{1-x^2}}$.

(13) $(\arctan x)'=\frac{1}{1+x^2}$.

(14) $(\text{arccot}\, x)'=-\frac{1}{1+x^2}$.

知识提炼：注意公式$(x^\alpha)'=\alpha x^{\alpha-1}$与公式$(a^x)'=a^x\ln a$ 的区别.

3. 导数的四则运算法则

设 u、v 是 x 的可导函数，则有：

(1) $(u\pm v)'=u'\pm v'$.

(2) $(u\cdot v)'=u'v+uv'$.

(3) $(cv)'=cv'$.

(4) $\left(\frac{u}{v}\right)'=\frac{u'v-uv'}{v^2}(v\neq0)$.

(5) 设 $y=f(u),u=\varphi(x)$,则复合函数 $y=f[\varphi(x)]$的导数为$\frac{\mathrm{d}y}{\mathrm{d}x}=f'(u)\cdot\varphi'(x)$或 $y'_x=y'_u\cdot u'_x$.

3.3 高阶导数

如果 $f'(x)$在点 x 处对 x 的导数$[f'(x)]'$存在,则称$[f'(x)]'$为 $f(x)$在点 x 处的二阶导数,记作

$$f''(x),\quad y'',\quad \frac{\mathrm{d}^2y}{\mathrm{d}x^2}\quad 或\quad \frac{\mathrm{d}^2f}{\mathrm{d}x^2}$$

类似地,二阶导数 $f''(x)$的导数称为 $f(x)$的三阶导数,记作 $f'''(x),\cdots,(n-1)$阶导数 $f^{(n-1)}(x)$的导数称为 $f(x)$的 n 阶导数,记作

$$f^{(n)}(x),\quad y^{(n)},\quad \frac{\mathrm{d}^ny}{\mathrm{d}x^n}\quad 或\quad \frac{\mathrm{d}^nf}{\mathrm{d}x^n}$$

函数 $y=f(x)$在点 x 处具有 n 阶导数,也称 n 阶可导.二阶及二阶以上各阶导数统称为高阶导数.四阶或四阶以上的导数记作

$$f^{(k)}(x),\quad k\geqslant 4$$

例 3.23 求下列函数的二阶导数.

(1) $y=2x^3-3x^2+5$.

(2) $y=x\cos x$.

解:(1) $y'=6x^2-6x,y''=(6x^2-6x)'=12x-6$.

(2) $y'=\cos x-x\sin x,y''=-\sin x-\sin x-x\cos x=-2\sin x-x\cos x$.

例 3.24 设 $f(x)=x^2\ln x$,求 $f'''(2)$.

解:$f'(x)=2x\ln x+x,f''(x)=2\ln x+3,f'''(x)=\frac{2}{x},f'''(2)=1$.

例 3.25 求下列函数的 n 阶导数.

(1) $y=5^x$.

(2) $y=\mathrm{e}^{-2x}$.

解:(1) $y'=5^x\ln 5$

$y''=5^x(\ln 5)^2$

$\vdots$

$y^{(n)}=5^x(\ln 5)^n$

(2) $y'=(-2)\mathrm{e}^{-2x}$

$y''=(-2)^2\mathrm{e}^{-x}$

$\vdots$

$y^{(n)}=(-1)^n2^n\mathrm{e}^{-2x}$

知识提炼:几种常见函数的高阶导数.

3.4　函数的微分

3.4.1　函数微分的概念

若给定函数 $y=f(x)$ 在点 x 处可导，根据导数定义有 $\lim\limits_{\Delta x\to 0}\dfrac{\Delta y}{\Delta x}=f'(x)$. 由定理 3.2 知，$\dfrac{\Delta y}{\Delta x}=f'(x)+\alpha$，其中 α 是当 $\Delta x\to 0$ 时的无穷小量，上式可写作

$$\Delta y = f'(x)\Delta x + \alpha\Delta x \tag{3.10}$$

该式表明函数的增量可以表示为两项之和. 第一项 $f'(x)\Delta x$ 是 Δx 的线性函数；第二项 $\alpha\Delta x$，当 $\Delta x\to 0$ 时是比 Δx 高阶的无穷小量. 因此，当 Δx 很小时，我们称第一项 $f'(x)\Delta x$ 为 Δy 的线性主部，并叫作函数 $f(x)$ 的微分.

【定义 3.3】 设函数 $y=f(x)$ 在点 x_0 处有导数 $f'(x_0)$，则称 $f'(x_0)\Delta x$ 为 $y=f(x)$ 在点 x_0 处的微分，记作 $\mathrm{d}y$，即

$$\mathrm{d}y = f'(x_0)\Delta x \tag{3.11}$$

此时，称 $y=f(x)$ 在点 x_0 处是可微的.

例如，函数 $y=x^3$ 在点 $x=2$ 处的微分为

$$\mathrm{d}y = (x^3)'\Big|_{x=2}\cdot\Delta x = 3x^2\Big|_{x=2}\cdot\Delta x = 12\Delta x$$

函数 $y=f(x)$ 在任意点 x 处的微分叫作函数的微分，记作

$$\mathrm{d}y = f'(x)\Delta x \tag{3.12}$$

如果将自变量 x 当作自己的函数 $y=x$，则有 $\mathrm{d}x=\mathrm{d}y=(x)'\Delta x=\Delta x$，说明自变量的微分 $\mathrm{d}x$ 就等于它的改变量 Δx，于是函数的微分可以写成

$$\mathrm{d}y = f'(x)\mathrm{d}x \tag{3.13}$$

即

$$f'(x) = \frac{\mathrm{d}y}{\mathrm{d}x} \tag{3.14}$$

也就是说，函数的微分 $\mathrm{d}y$ 与自变量的微分 $\mathrm{d}x$ 之商等于该函数的导数，因此，导数又叫微商.

例 3.26　求函数 $y=x^2$ 在 $x=1$ 及 $\Delta x=0.01$ 时的改变总量及微分.

解：

$$\Delta y=(1+0.01)^2-1^2=1.0201-1=0.0201$$
$$\mathrm{d}y=y'(1)\cdot\Delta x=2\times 1\times 0.01=0.02$$

可见

$$\mathrm{d}y\approx\Delta y$$

如图 3.2 所示，曲线坐标的改变量为

$$\Delta y = f(x_0+\Delta x)-f(x_0) = NM$$
$$NT = \tan\alpha\cdot M_0N = f'(x_0)\Delta x = \mathrm{d}y\Big|_{x=x_0}$$

提示： 函数微分的几何意义是在曲线上某一点 x 处，当自变量的改变量为 Δx 时，曲

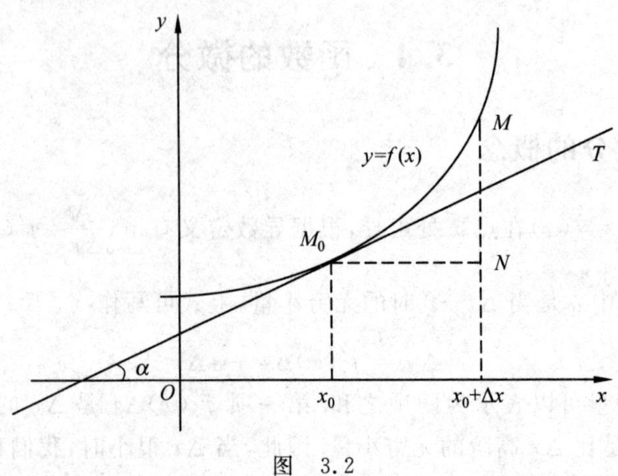

图 3.2

线在点 x_0 处的微分就是在点 x_0 处的曲线切线纵坐标的改变量 $f'(x_0)\Delta x$.

3.4.2 微分的计算

例 3.27 求下列函数的微分.

(1) $y=x^3 e^{2x}$.

(2) $y=\arctan\dfrac{1}{x}$.

解：(1) $y'=3x^2 e^{2x}+2x^3 e^{2x}=x^2 e^{2x}(3+2x)$

所以

$$dy = y'dx = x^2 e^{2x}(3+2x)dx$$

(2) $y'=\dfrac{-\dfrac{1}{x^2}}{1+\dfrac{1}{x^2}}=-\dfrac{1}{1+x^2}, dy=-\dfrac{dx}{1+x^2}$.

3.4.3 微分形式的不变性

以 $u=\varphi(x)$ 为中间变量的复合函数 $y=f[\varphi(x)]$ 的微分

$$\begin{aligned} dy &= y'dx = f'(u)\varphi'(x)dx \\ &= f'(u)[\varphi'(x)dx] = f'(u)du \end{aligned}$$

无论 u 是自变量还是中间变量，$y=f(u)$ 的微分 dy 总可以用 $f'(u)$ 与 du 的乘积来表示. 函数微分的这个性质叫作微分形式的不变性.

3.4.4 微分的应用

利用微分可以进行近似计算.

由微分的定义知，当 $|\Delta x|$ 很小时，有近似公式

$$\Delta y \approx dy = f'(x)\Delta x$$

这个公式可以直接用来计算函数增量的近似值.

$$\Delta y = f(x+\Delta x) - f(x)$$
$$f(x+\Delta x) - f(x) \approx f'(x)\Delta x$$

即

$$f(x+\Delta x) \approx f(x) + f'(x)\Delta x$$

这个公式则可以用来计算函数在某一点附近的函数值的近似值.

例 3.28　设某国的国民经济消费模型为 $y=10+0.4x+0.01x^{\frac{1}{2}}$. 其中：$y$ 为总消费(单位：十亿元)；x 为可支配收入(单位：十亿元). 当 $x=100.05$ 时,问总消费是多少?

解：令 $x_0=100$,$\Delta x=0.05$,因为 Δx 相对于 x_0 较小,可用上面的近似公式来求值.

$$\begin{aligned} f(x_0+\Delta x) &\approx f(x_0) + f'(x_0)\Delta x \\ &= (10+0.4\times 100+0.01\times 100^{\frac{1}{2}}) + (10+0.4x+0.01x^{\frac{1}{2}})'\Big|_{x=100} \cdot \Delta x \\ &= 50.1 + \left(0.4+\frac{0.01}{2\sqrt{x}}\right)\Big|_{x=100} \times 0.05 \\ &= 50.120025(\text{十亿元}) \end{aligned}$$

3.5　利用 MATLAB 计算函数的导数

在 MATLAB 符号工具中求导数的指令是 diff(y),其 MATLAB 命令格式如下：

```
>>syms x
>>y=f(x);
>>diff(y,x,n)     %表示求函数 y 的 n 阶导数(n 必须为正整数)
```

说明：

(1) diff(y)表示 diff(y,x,1),这是系统的默认值.

(2) 上述方法得到的结果是一个 MATLAB 符号表达式. 如果想让结果如通常的数学表达式一样,可增加一条语句：

```
>>pretty (ans)
```

若与计算相关的式子中有其他字母,则必须在第一句的 x 之后全部列出,且用逗号或空格分隔.

(3) 计算 $y^{(n)}$ 在 $x=a$ 的值,只需修改第三条语句：

```
>>d=diff (y,x,n),subs (d,x,a)
```

例 3.29　$y=x\sin 2x-\mathrm{e}^{3x}$,求 y'.

解：MATLAB 程序如下：

```
>>syms x
>>y=x * sin(2 * x)-exp(3 * x) ;
>>diff(y)
 ans =
```

```
sin(2*x)-3*exp(3*x)+2*x*cos(2*x)
```

例 3.30 $y=x^3\ln x$,求 y'''.

解:MATLAB 程序如下:

```
>>syms x
>>y=(x^3)*log(x);
>>diff(y,x,3)
ans =
   6*log(x)+11
>>pretty (ans)
   6 log(x)+11
```

例 3.31 $y=\mathrm{e}^x\cos3x$,求 $y'''(0)$.

解:MATLAB 程序如下:

```
>>syms x
>>y=exp(x)*cos(3*x);
>>A=diff(y,x,3);
>>subs (A,x,0)
ans=
   -26
```

例 3.32 $y=x\arctan x$,求 $y''(a)$.

解:MATLAB 程序如下:

```
>>syms x a
>>y=x*atan(x);
>>b=diff(y,x,2);
>>subs (b,x,a)
ans=
   2/(1+a^2)-2*a^2/(1+a^2)^2
>>pretty (ans)
```

$$\frac{2}{1+a^2}-\frac{2a^2}{(1+a^2)^2}$$

人物介绍:数学家艾萨克·牛顿

艾萨克·牛顿(1642—1727 年),英格兰人,是英国伟大的数学家、物理学家、天文学

家和自然哲学家.

据记载:牛顿在乡村学校开始学校教育的生活,后来被送到了格兰瑟姆的国王中学,并成为该校最出色的学生.在国王中学时,他寄宿在当地的药剂师威廉·克拉克(William Clarke)家中,并在19岁前往剑桥大学求学前,与药剂师的继女安妮·斯托勒(Anne Storer)订婚.之后因为牛顿专注于他的研究而使得爱情冷却,斯托勒小姐嫁给了别人.据说牛顿对这次的恋情保有一段美好的回忆,但此后便再也没有其他的罗曼史,牛顿也终身未娶.

牛顿将古希腊以来求解无穷小问题的种种特殊方法统一为两类算法:正流数术(微分)和反流数术(积分).所谓"流量",就是随时间而变化的自变量,如 x、y、s、u 等,"流数"就是流量的改变速度即变化率.他说的"差率""变率"就是微分.他所处理的一些具体问题,如切线问题、求积问题、瞬时速度问题以及函数的极大值和极小值问题等,在他之前已经得到人们的研究了,但牛顿超越了前人,并站在了更高的角度,对以往分散的结论加以综合,开辟了数学上的新纪元.

在牛顿和莱布尼茨之间为争论谁是这门学科的创立者,竟然引起了一场轩然大波,这种争吵在他们各自的学生、支持者和数学家中持续了相当长的一段时间,造成了欧洲大陆的数学家和英国数学家的长期对立.

牛顿研究微积分可能比莱布尼茨早一些,但是莱布尼茨所采取的表达形式更加合理,而且关于微积分的著作出版时间也比牛顿早.牛顿声称他一直不愿公布他的微积分学是因为他怕被人们嘲笑.

牛顿在微积分方面的代表作主要有《自然哲学的数学原理》以及手稿《论流数》等.

习 题

1. 设 $f(x)$ 可导且下列各极限均存在,求下面各极限的值.

(1) $\lim\limits_{x\to 0}\dfrac{f(x)-f(0)}{x}$.

(2) $\lim\limits_{h\to 0}\dfrac{f(a+2h)-f(a)}{h}$

(3) $\lim\limits_{\Delta x\to 0}\dfrac{f(x_0)-f(x_0-\Delta x)}{\Delta x}$

(4) $\lim\limits_{\Delta x\to 0}\dfrac{f(x_0+\Delta x)-f(x_0-\Delta x)}{2\Delta x}$

2. 根据定义,求下列函数的导数.

(1) $y=\dfrac{1}{x^2}$.

(2) $f(x)=\sqrt{4-x}$.

(3) 设 $f(x)=5x^2$,求 $f'(0)$,$f''(-1)$.

(4) 设 $y=\cos x$,求$\left.\dfrac{\mathrm{d}y}{\mathrm{d}x}\right|_{x=\frac{\pi}{2}}$.

3. 利用求导公式直接求下列函数的导数.

(1) $f(x)=10^x$,求 $f'(x)$、$f'(-2)$、$f'(0)$.

(2) $y=x^5$,$y=\dfrac{1}{\sqrt{x}}$,$y=\sqrt[4]{x^3}$,$y=\dfrac{x^3}{x^{\frac{2}{3}}}$,$y=x^{0.7}$,$y=x^a\cdot x^b$,$y=\sqrt[n]{x^m}$,求 y'.

(3) $y=\lg x$,$y=\log_{\frac{1}{3}}x$,$y=\log_7 x$,求 y'.

(4) $y=2^x$,$y=10^{-x}$,$y=a^x\mathrm{e}^x$,求 y'.

4. 求下列多项式函数的导数.

(1) $y=3x^2-x+7$　　(2) $y=x^2\cdot(2+\sqrt{x})$

(3) $y=\dfrac{x^5+\sqrt{x}+1}{x^3}$　　(4) $y=2\sqrt{x}-\dfrac{1}{x}+4\sqrt{3}$

(5) $y=\dfrac{2x^2-3x+4}{\sqrt{x}}$　　(6) $y=(1-\sqrt{x})\left(1+\dfrac{1}{\sqrt{x}}\right)$

(7) $y=\log_5(\sqrt{x})$　　(8) $y=\dfrac{x^2}{2}+\dfrac{2}{x^2}$

5. 利用导数积与商的法则求下列函数的导数.

(1) $y=\dfrac{1}{1+\sqrt{x}}+\dfrac{1}{1-\sqrt{x}}$　　(2) $y=5(2x-3)(x+8)$

(3) $y=x^2\cdot\mathrm{e}^x$　　(4) $y=\dfrac{3^x-1}{x^3+1}$

(5) $y=(x^2-3x+2)(x^4+x^2-1)$　　(6) $y=\dfrac{\ln x}{\sin x}$

(7) $y=\dfrac{x\sin x}{1+x^2}$　　(8) $y=x\mathrm{e}^x\cos x$

6. 在曲线 $y=\dfrac{1}{1+x^2}$上求一点,使通过该点的切线平行于 x 轴.

7. 求 $y=x^2$ 在点(3,9)处的切线方程.

8. 利用复合函数求导法则求下列函数的导数.

(1) $y=(3+x)(1+x^2)^2$　　(2) $y=(3x-5)^4(5x+4)^3$

(3) $y=(2x-1)\sqrt{1-x^2}$　　(4) $y=(2+3x^2)\sqrt{1+5x^2}$

(5) $y=\dfrac{(2x+5)^2}{3x+4}$　　(6) $y=\sqrt{x^2-2x+5}$

(7) $y=\dfrac{3x+1}{\sqrt{1-x^2}}$　　(8) $y=\log_3(3+2x^2)$

(9) $y=\ln\left|\dfrac{1+\sqrt{x}}{1-\sqrt{x}}\right|$　　(10) $y=\sin^2 x\cos(2x)$

(11) $y=\cos^3\dfrac{x}{2}$　　(12) $y=x^2\sin\dfrac{1}{x}$

(13) $y=\ln\tan\frac{x}{2}$　　(14) $y=\frac{1}{\cos^n x}$

(15) $y=\ln(x+\sqrt{x^2-a^2})$　　(16) $y=x^2e^{-2x}\sin(3x)$

(17) $y=\frac{\arcsin x}{\sqrt{1-x^2}}$　　(18) $y=\left(\arcsin\frac{x}{3}\right)^5$

(19) $y=x\sqrt{1-x^2}+\arcsin x$　　(20) $y=e^{-x}\cos 3x$

(21) $y=3^{\cos\frac{1}{x^2}}$　　(22) $y=5^{x\ln x}$

9. 利用对数求下列函数的导数.

(1) $y=(\cos x)^{\sin x}$　　(2) $y=x\sqrt{\frac{1-x}{1+x}}$

(3) $y=\frac{\sqrt{x+2}(3+x)}{(2x+1)^5}$　　(4) $y=\frac{x^2}{1-x}\sqrt[3]{\frac{5-x}{(3+x)^2}}$

(5) $y=2x^{\sqrt{x}}$　　(6) $y=(\sin x)^{\ln x}$

10. 求下列方程所确定的隐函数的导数$\frac{dy}{dx}$.

(1) $e^y\cdot x-10+y^2=0$　　(2) $e^{xy}+y\ln x=\cos 2x$

(3) $x^y=y^x$　　(4) $\arctan\frac{y}{x}=\ln\sqrt{x^2+y^2}$

(5) $xe^y+ye^x=0$　　(6) $x^3+y^3-3x^2y=0$

(7) $x-\sin\frac{y}{x}+\tan a=0$　　(8) $e^{x+y}-xy=1$,求$\left.\frac{dy}{dx}\right|_{\substack{x=0\\y=0}}$

11. 求下列函数的高阶导数.

(1) $y=\ln(1-x^2)$,求 y''　　(2) $y=(1+x^2)\arctan x$,求 y''

(3) $y=x\cos x$,求 $y''\left(\frac{\pi}{2}\right)$　　(4) $y=x^3\cdot\ln x$,求 $y^{(4)}$

(5) $y=xe^x$,求 $y^{(n)}$　　(6) $y=\ln(1+x)$,求 $y^{(n)}$

12. 已知 $y^{(n-2)}=\frac{x}{\ln x}$,求 $y^{(n)}$.

13. 求下列函数的微分.

(1) $y=\sqrt{2-5x^2}$　　(2) $y=\frac{x}{1+x^2}$

(3) $y=e^{2x}\cdot\sin\frac{x}{3}$　　(4) $y=\arcsin\sqrt{x}$

(5) $y=\ln\sqrt{1-x^3}$　　(6) $y=e^{\cot x}$

(7) $y=\frac{\cos x}{1-x^2}$　　(8) $y=\cos^2(2x-5)$

14. 利用微分求近似值.

(1) $\sqrt[5]{0.99}$　　(2) $e^{0.02}$

(3) $\sin 29°$　　(4) $\ln 1.01$

15. 利用 MATLAB 计算下列函数的导数.

(1) $y=xe^{x^2}$　　(2) $y=\cos\sqrt{x}$

(3) $y=e^{-3x}\tan 2x$　　(4) 求函数 $y=\frac{\ln x}{x^2}$的二阶导数

习题答案

第 4 章 导数的应用

教学说明

- 内容概述：本章是在学习了导数与微分知识的基础上，通过构建中值定理，应用导数研究导数与极限不定式之间的关系，研究函数单调性、凹凸性、极值、拐点与导数的关系，为准确把握函数曲线的基本形态带来极大便利.
- 主要构成：中值定理及特例，定理的几何解释；利用洛必达法则求不定式的极限；一阶导数的符号和曲线单调性的关系；极值存在的必要条件及利用一阶、二阶导数判断极值；函数在闭区间上的最大值及其应用；利用二阶导数研究曲线的凹凸性以及拐点；利用导数作图.
- 本章重点：中值定理的应用包括曲线的单调性与极值、曲线的凹凸性与拐点、不定式的极限计算.
- 本章难点：函数的作图.

4.1 中 值 定 理

【定理 4.1】（罗尔定理） 如果函数 $y=f(x)$ 满足条件：

(1) 在 $[a,b]$ 上连续.

(2) 在 (a,b) 内可导.

(3) $f(a)=f(b)$.

则在区间 (a,b) 内至少存在一点 ξ，使 $f'(\xi)=0$.

证明：如图 4.1 所示，因为 $y=f(x)$ 在 $[a,b]$ 上连续，所以 $f(x)$ 在 $[a,b]$ 上必有最大值 M 和最小值 m. 于是，有两种可能情况.

(1) $M=m$，此时 $f(x)$ 在 $[a,b]$ 上恒为常数，则在 (a,b) 内有 $f'(x)=0$.

(2) $M>m$，由于 $f(a)=f(b)$，m 与 M 中至少有一个不等于端点的函数值，我们不妨假定 $M\neq f(a)$，则 (a,b) 内至少有一点 ξ，使

$$f(\xi)=M$$

我们证明：

$$f'(\xi)=0$$

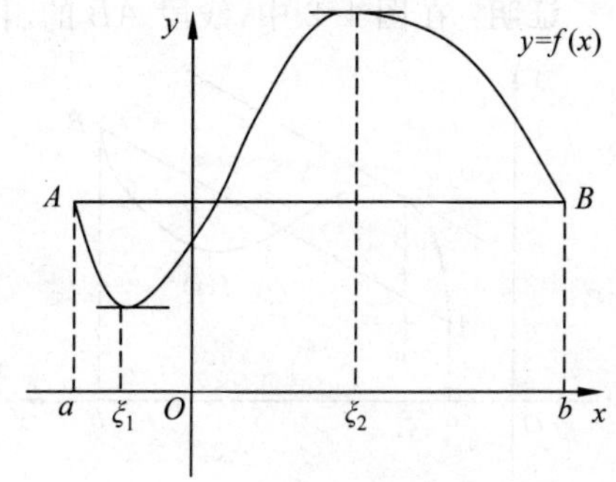

图 4.1

因为 $f(\xi)=M$ 是函数 $f(x)$ 在 $[a,b]$ 内的最大值，所以总有

$$f(\xi+\Delta x)-f(\xi)\leqslant 0$$

当 $\Delta x>0$ 时，有

$$\frac{f(\xi+\Delta x)-f(\xi)}{\Delta x}\leqslant 0$$

又因为 $f(x)$ 在 (a,b) 内可导，所以 $f(x)$ 在点 ξ 处可导，即 $f'(\xi)$ 存在，有

$$f'(\xi)=\lim_{\Delta x\to 0^+}\frac{f(\xi+\Delta x)-f(\xi)}{\Delta x}\leqslant 0$$

同理，当 $\Delta x<0$ 时，有

$$\frac{f(\xi+\Delta x)-f(\xi)}{\Delta x}\geqslant 0$$

$$f'(\xi)=\lim_{\Delta x\to 0^-}\frac{f(\xi+\Delta x)-f(\xi)}{\Delta x}\geqslant 0$$

所以

$$f'(\xi)=0$$

例 4.1 设 $f(x)=x\sqrt{3-x}$，验证其是否符合罗尔(Rolle)定理.

证明：$f(x)$ 在 $[0,3]$ 区间显然满足罗尔定理前两个条件，且 $f(0)=0$，$f(3)=0$，即第三个条件也成立. 所以

$$f'(x)=\sqrt{3-x}+\frac{-x}{2\sqrt{3-x}}=\frac{6-2x-x}{2\sqrt{3-x}}=\frac{6-3x}{2\sqrt{3-x}}$$

令 $f'(x)=0$，解得

$$x=2,\quad 2\in(0,3)$$

取 $\xi=2$，有

$$f'(\xi)=f'(2)=0$$

【定理 4.2】(拉格朗日定理) 如果函数 $y=f(x)$ 满足条件：

(1) 在 $[a,b]$ 上连续.

(2) 在 (a,b) 内可导.

则在区间 (a,b) 内至少有一点 ξ，使得

$$f'(\xi)=\frac{f(b)-f(a)}{b-a}\tag{4.1}$$

证明：在图 4.2 中，线段 AB 的斜率为

$$k_{AB}=\frac{f(b)-f(a)}{b-a}$$

总可以在 $f(x)$ 上找到一点 $[\xi,f(\xi)]$，通过该点的切线与 AB 平行，则有

$$f'(\xi_1)=k_{AB}=\frac{f(b)-f(a)}{b-a}\xi_1$$

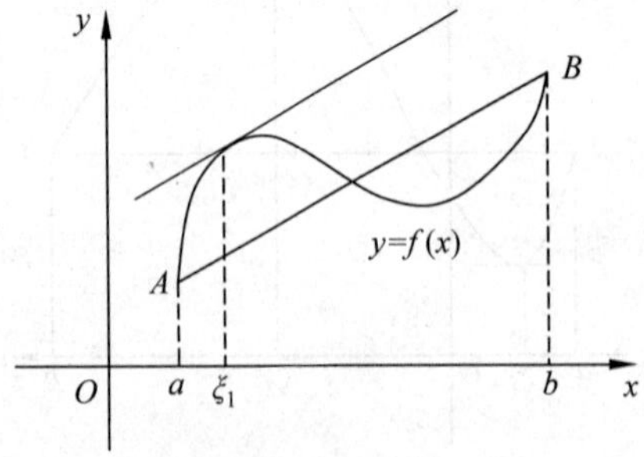

图 4.2

这就是满足拉格朗日(Lagrange)定理结论的点. 还有下面两个推论.

【推论 4.1】 如果函数 $y=f(x)$ 在区间 (a,b)

内任一点的导数 $f'(x)$ 都等于零，则在 (a,b) 内 $f(x)$ 是一个常数.

证明：在 (a,b) 内任取两点 x_1、x_2，不妨设 $x_1<x_2$，则 $f(x)$ 在闭区间 $[x_1,x_2]$ 上满足拉格朗日定理条件，因此必有

$$a<x_1<\xi<x_2<b$$

使得

$$f(x_2)-f(x_1)=f'(\xi)(x_2-x_1)$$

因为在 (a,b) 内恒有 $f'(x)=0$，故 $f'(\xi)=0$，所以有 $f(x_2)=f(x_1)$. 由于 x_1、x_2 是 (a,b) 内任意两点，因此在 (a,b) 内 $f(x)$ 的函数值处处相等，即在 (a,b) 内 $f(x)$ 是一个常数.

【推论 4.2】 如果函数 $f(x)$ 与函数 $g(x)$ 在区间 (a,b) 内的导数处处相等，即 $f'(x)=g'(x)$，则 $f(x)$ 与 $g(x)$ 在区间 (a,b) 内只相差一个常数. 即 $f(x)-g(x)=c$.

证明：设 $F(x)=f(x)-g(x)$，因为在区间 (a,b) 内有 $F'(x)=f'(x)-g'(x)=0$，由推论 4.1 可知，在 (a,b) 内有 $F(x)=c$，即 $f(x)-g(x)=c$.

例 4.2 证明不等式 $x>\ln(1+x)(x>0)$.

证明：令 $f(x)=x-\ln(1+x)$，因为 $f(x)$ 是初等函数，所以在其定义域 $(-1,+\infty)$ 上连续，因而在 $[0,+\infty)$ 上连续. 由 $f'(x)=1-\dfrac{1}{1+x}$ 可知 $f(x)$ 在 $(0,+\infty)$ 内可导，则 $f(x)$ 在区间 $[0,x]$ 上满足拉格朗日定理条件，所以至少存在一点 $\xi(0<\xi<x)$，使得

$$f(x)-f(0)=f'(\xi)(x-0) \tag{4.2}$$

而

$$f'(\xi)=1-\frac{1}{1+\xi}=\frac{\xi}{1+\xi}$$

因为 $x>0$，所以

$$\xi>0,\quad \frac{\xi}{1+\xi}>0$$

即 $f'(\xi)>0$. 又 $f(0)=0$，由(4.2)式可得 $f(x)>0$，于是，有

$$x-\ln(1+x)>0$$

即

$$x>\ln(1+x)$$

【定理 4.3】(柯西定理) 如果 $f(x)$ 与 $g(x)$ 都在 $[a,b]$ 上连续，都在 (a,b) 内可导，而且在 (a,b) 内 $g'(x)\neq0$，则在 (a,b) 内至少存在一点 ξ，使得

$$\frac{f(b)-f(a)}{g(b)-g(a)}=\frac{f'(\xi)}{g'(\xi)} \tag{4.3}$$

在该式中，如果 $g(x)=x$，就变成拉格朗日定理，所以拉格朗日定理是柯西(Cauchy)定理的特例.

同步训练：证明 $\arcsin x+\arccos x=\dfrac{\pi}{2}$.

4.2 洛必达法则

【洛必达法则Ⅰ】 若函数 $f(x)$ 与 $g(x)$ 满足条件：

(1) $\lim\limits_{x\to x_0}f(x)=0,\lim\limits_{x\to x_0}g(x)=0$.

(2) $f(x)$ 与 $g(x)$ 在点 x_0 的某个邻域内(点 x_0 可除外)可导，且 $g'(x)\neq 0$.

(3) $\lim\limits_{x\to x_0}\dfrac{f'(x)}{g'(x)}=A$(或$\infty$).

则

$$\lim_{x\to x_0}\frac{f(x)}{g(x)}=\lim_{x\to x_0}\frac{f'(x)}{g'(x)}=A(\text{或 }\infty) \tag{4.4}$$

【洛必达法则Ⅱ】 若函数 $f(x)$ 与 $g(x)$ 满足条件：

(1) $\lim\limits_{x\to x_0}f(x)=\infty,\lim\limits_{x\to x_0}g(x)=\infty$.

(2) $f(x)$ 与 $g(x)$ 在点 x_0 的某个邻域内(点 x_0 可除外)可导，且 $g'(x)\neq 0$.

(3) $\lim\limits_{x\to x_0}\dfrac{f'(x)}{g'(x)}=A$(或$\infty$).

则

$$\lim_{x\to x_0}\frac{f(x)}{g(x)}=\lim_{x\to x_0}\frac{f'(x)}{g'(x)}=A(\text{或 }\infty) \tag{4.5}$$

对于洛必达法则Ⅰ和洛必达法则Ⅱ，把 $x\to x_0$ 改为 $x\to\infty$，仍然成立.

知识提炼：使用洛必达法则注意事项.

例 4.3 求$\lim\limits_{x\to 0}\dfrac{e^x-1}{x^2-x}$.

解：当 $x\to 0$ 时，有 $e^x-1\to 0$ 和 $x^2\to 0$，这是$\dfrac{0}{0}$型未定式.

由洛必达法则可知$\lim\limits_{x\to 0}\dfrac{e^x-1}{x^2-x}=\lim\limits_{x\to 0}\dfrac{e^x}{2x-1}=-1$.

例 4.4 求$\lim\limits_{x\to 0}\dfrac{1-\cos x}{x^3}$.

解：当 $x\to 0$ 时，有 $1-\cos x\to 0$ 和 $x^3\to 0$，这是$\dfrac{0}{0}$型未定式.

由洛必达法则可知$\lim\limits_{x\to 0}\dfrac{1-\cos x}{x^3}=\lim\limits_{x\to 0}\dfrac{\sin x}{3x^2}$.

当 $x\to 0$ 时，有 $\sin x\to 0$ 和 $3x^3\to 0$，仍是$\dfrac{0}{0}$型未定式.

再用洛必达法则得$\lim\limits_{x\to 0}\dfrac{\sin x}{3x^2}=\lim\limits_{x\to 0}\dfrac{\cos x}{6x}=\infty$.

例 4.5 求$\lim\limits_{x\to 0^+}\dfrac{\ln\cot x}{\ln x}$.

解：当 $x\to 0^+$ 时，有 $\ln\cot x\to\infty$ 和 $\ln x\to-\infty$，这是$\dfrac{\infty}{\infty}$型未定式.

由洛必达法则可知

$$\lim_{x\to 0}\frac{\ln\cot x}{\ln x}=\lim_{x\to 0^+}\frac{\tan x\cdot\left(-\frac{1}{\sin^2 x}\right)}{\frac{1}{x}}=-\lim_{x\to 0^+}\frac{x}{\cos x\sin x}=-\lim_{x\to 0^+}\frac{2x}{\sin 2x}=-1$$

例 4.6　求 $\lim\limits_{x\to+\infty}\dfrac{\frac{\pi}{2}-\arctan x}{\frac{1}{x}}$.

解：当 $x\to+\infty$ 时，有 $\frac{\pi}{2}-\arctan x\to 0$ 和 $\frac{1}{x}\to 0$，这是 $\frac{0}{0}$ 型未定式.

由洛必达法则可知

$$\lim_{x\to+\infty}\frac{\frac{\pi}{2}-\arctan x}{\frac{1}{x}}=\lim_{x\to+\infty}\frac{-\frac{1}{1+x^2}}{-\frac{1}{x^2}}=\lim_{x\to+\infty}\frac{x^2}{1+x^2}=1$$

例 4.7　求 $\lim\limits_{x\to+\infty}\dfrac{\ln x}{x^n}$.

解：当 $x\to+\infty$ 时，有 $\ln x\to\infty$ 和 $x^n\to\infty$，这是 $\frac{\infty}{\infty}$ 型未定式.

由洛必达法则可知

$$\lim_{x\to+\infty}\frac{\ln x}{x^n}=\lim_{x\to+\infty}\frac{\frac{1}{x}}{nx^{n-1}}=\lim_{x\to+\infty}\frac{1}{nx^n}=0$$

例 4.8　求 $\lim\limits_{x\to 0^+}x\ln x$（$0\cdot\infty$ 型）.

解：$\lim\limits_{x\to 0^+}x\ln x=\lim\limits_{x\to 0^+}\dfrac{\ln x}{\frac{1}{x}}$ $\left(\text{已化为}\frac{\infty}{\infty}\text{型}\right)$

$$=\lim_{x\to 0^+}\frac{\frac{1}{x}}{-\frac{1}{x^2}}=\lim_{x\to 0^+}(-x)=0$$

例 4.9　求 $\lim\limits_{x\to\frac{\pi}{2}}(\sec x-\tan x)$（$\infty-\infty$ 型）.

解：$\lim\limits_{x\to\frac{\pi}{2}}(\sec x-\tan x)=\lim\limits_{x\to\frac{\pi}{2}}\left(\dfrac{1}{\cos x}-\dfrac{\sin x}{\cos x}\right)$

$$=\lim_{x\to\frac{\pi}{2}}\frac{1-\sin x}{\cos x}\left(\text{已化为}\frac{0}{0}\text{型}\right)$$

$$=\lim_{x\to\frac{\pi}{2}}\frac{-\cos x}{-\sin x}=\frac{0}{1}=0$$

例 4.10　求 $\lim\limits_{x\to\infty}\dfrac{x+\sin x}{1+x}$.

解：这是 $\frac{\infty}{\infty}$ 型未定式，但极限 $\lim\limits_{x\to\infty}\dfrac{f'(x)}{g'(x)}=\lim\limits_{x\to\infty}\dfrac{1+\cos x}{1}$ 不存在，即不满足洛必达法则的

第三个条件,所以不能使用洛必达法则.

原极限可由下面的方法求出:

$$\lim_{x\to\infty}\frac{x+\sin x}{1+x}=\lim_{x\to\infty}\frac{1+\frac{1}{x}\sin x}{\frac{1}{x}+1}=1$$

同步训练:求极限$\lim\limits_{x\to\infty}\frac{x+\cos x}{x+\sin x}$.

4.3 函数的单调性

【定理 4.4】 设函数 $f(x)$在区间(a,b)内可导.

(1) 如果在(a,b)内,$f'(x)>0$,那么函数 $f(x)$在(a,b)内单调增加.

(2) 如果在(a,b)内,$f'(x)<0$,那么函数 $f(x)$在(a,b)内单调减少.

证明:如图 4.3 所示,在区间(a,b)内任取两点 x_1、x_2,设 $x_1<x_2$. 由于 $f(x)$在(a,b)内可导,所以 $f(x)$在闭区间$[x_1,x_2]$上连续,在开区间(x_1,x_2)内可导,满足拉格朗日定理条件,因此有 $f(x_2)-f(x_1)=f'(\xi)(x_2-x_1)(x_1<\xi<x_2)$,因为 $x_2-x_1>0$,若 $f'(\xi)>0$,则 $f(x_2)-f(x_1)>0$,即 $f(x_2)>f(x_1)$. 由定义知 $f(x)$在(a,b)内单调增加,如图 4.3(a)所示;若 $f'(\xi)<0$,同理可证,$f(x)$在(a,b)内单调减少,如图 4.3(b)所示.

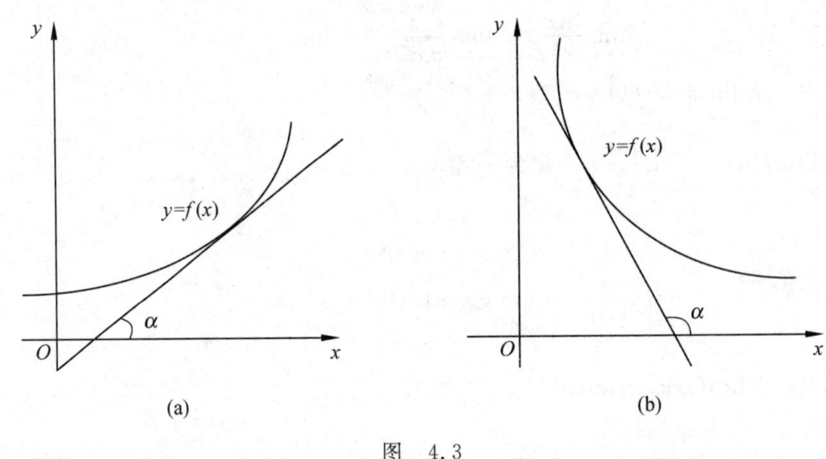

图 4.3

例 4.11 确定函数 $f(x)=36x^5+15x^4-40x^3-7$ 的单调区间.

解:$f'(x)=180x^4+60x^3-120x^2=60x^2(x+1)(3x-2)$,解方程 $f'(x)=0$,得 $x=-1,x=0,x=\frac{2}{3}$. 这三个点将函数定义域分成四个子区间,分析过程如表 4.1 所示.

由表 4.1 可知,$f(x)$在区间$(-1,0)$和$\left(0,\frac{2}{3}\right)$内单调减少,在区间$(-\infty,-1)$和$\left(\frac{2}{3},+\infty\right)$内单调增加.

表　4.1

x	$(-\infty,-1)$	-1	$(-1,0)$	0	$\left(0,\frac{2}{3}\right)$	$\frac{2}{3}$	$\left(\frac{2}{3},+\infty\right)$
$x+1$	$-$	0	$+$		$+$		$+$
$3x-2$	$-$		$-$		$-$	0	$+$
$f'(x)$	$+$	0	$-$	0	$-$	0	$+$
$f(x)$	↗		↘		↘		↗

例 4.12　确定函数 $f(x)=(x+2)^2(x-1)^4$ 的单调区间.

解:

$$\begin{aligned}f'(x)&=2(x+2)(x-1)^4+4(x+2)^2(x-1)^3\\&=2(x+2)(x-1)^3(x-1+2x+4)\\&=6(x+2)(x-1)^3(x+1)\end{aligned}$$

由

$$f'(x)=0$$

求得

$$x=-2,\quad x=-1,\quad x=1$$

这三个点将函数定义域分为四个子区间,分析过程如表 4.2 所示.

表　4.2

x	$(-\infty,-2)$	-2	$(-2,-1)$	-1	$(-1,1)$	1	$(1,+\infty)$
$x+2$	$-$	0	$+$		$+$		$+$
$x+1$	$-$		$-$	0	$+$		$+$
$x-1$	$-$		$-$		$-$	0	$+$
$f'(x)$	$-$	0	$+$	0	$-$	0	$+$
$f(x)$	↘		↗		↘		↗

由表 4.2 分析可知,$f(x)$在区间$(-\infty,-2)$和$(-1,1)$内单调减少;在区间$(-2,-1)$,$(1,+\infty)$内单调增加.

例 4.13　确定函数 $y=\dfrac{e^x}{1+x}$的单调区间.

解: $y'=\dfrac{e^x(1+x)-e^x}{(1+x)^2}=\dfrac{xe^x}{(1+x)^2}$

由 $y'=0$,解得 $x=0$;而当 $x=-1$ 时,y'不存在.这两点将函数各定义域分为三个区间,分析过程如表 4.3 所示.

由表 4.3 分析可知,$f(x)$在区间$(-\infty,-1)$和$(-1,0)$内单调减少,在区间$(0,+\infty)$内单调增加.

表 4.3

x	$(-\infty,-1)$	-1	$(-1,0)$	0	$(0,+\infty)$
x	$-$		$-$		$+$
y'	$-$	不存在	$-$	0	$+$
y	↘	不存在	↘		↗

4.4 函数的极值与最值

4.4.1 函数的极值概念与计算

【定义 4.1】 设函数 $y=f(x)$在点 x_0 的某个邻域内有定义.

(1) 如果对于该邻域内任意的 $x(x\neq x_0)$总有 $f(x)<f(x_0)$,则称 $f(x_0)$为函数 $f(x)$的极大值,并且称点 x_0 是 $f(x)$的极大值点.

(2) 如果对于该邻域内任意的 $x(x\neq x_0)$总有 $f(x)>f(x_0)$,则称 $f(x_0)$为函数 $f(x)$的极小值,并且称点 x_0 是 $f(x)$的极小值点.

函数的极大值与极小值统称为函数的极值,极大值点与极小值点统称为函数的极值点.

如图 4.4 所示,x_1、x_2、x_3、x_4 均为函数 $f(x)$的极值点,其中 x_2、x_4 为极小值点,x_1、x_3 为极大值点.

【定理 4.5】(极值存在的必要条件) 如果 $f(x)$在点 x_0 处取得极值且在点 x_0 处可导,则 $f'(x_0)=0$.

证明:不妨假定点 x_0 是极大值点,则存在 x_0 的某个邻域,在此邻域内总有 $f(x_0)>f(x_0+\Delta x)$,于是,当 $\Delta x>0$ 时,$\dfrac{f(x_0+\Delta x)-f(x_0)}{\Delta x}<0$. 由于 $f'(x_0)$存在,所以 $f'(x_0)=\lim\limits_{\Delta x\to 0^+}\dfrac{f(x_0+\Delta x)-f(x_0)}{\Delta x}\leqslant 0$;当 $\Delta x<0$ 时,$\dfrac{f(x_0+\Delta x)-f(x_0)}{\Delta x}>0$,由于 $f'(x_0)$存在,所以 $f'(x_0)=\lim\limits_{\Delta x\to 0^-}\dfrac{f(x_0+\Delta x)-f(x_0)}{\Delta x}\geqslant 0$;故只能有 $f'(x_0)=0$.

例如 $f(x)=x^{\frac{2}{3}}$,$f'(x)=\dfrac{2}{3}x^{-\frac{1}{3}}$,显然 $f'(0)$不存在,但在 $x=0$ 处却取得极小值 $f(0)=0$,如图 4.5 所示.

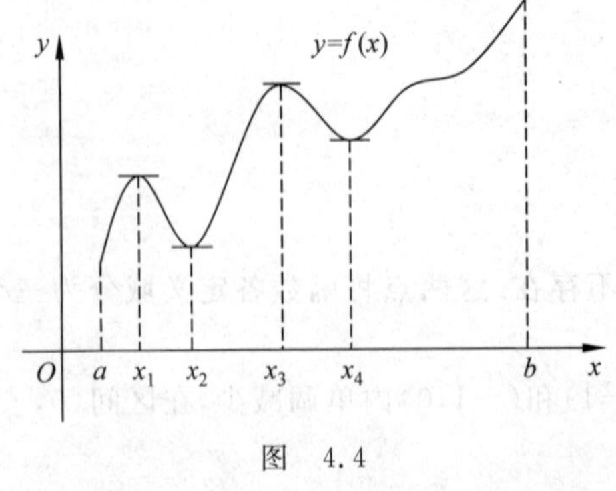

图 4.4

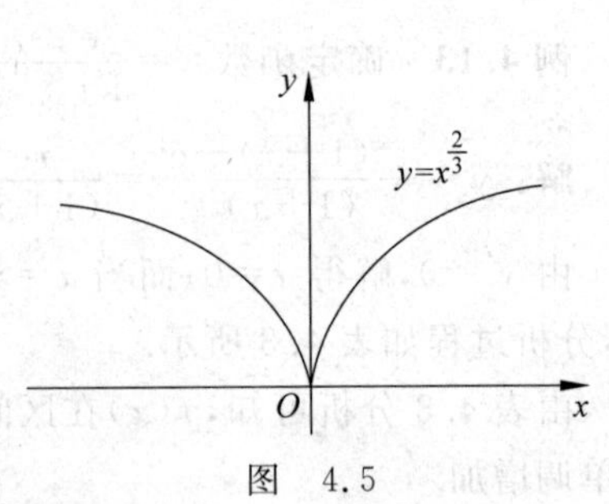

图 4.5

【定理4.6】（极值判别法Ⅰ）　设函数 $f(x)$ 在点 x_0 的邻域内连续且可导[允许 $f'(x_0)$ 不存在]，当 x 由小增大经过点 x_0 时，若

(1) $f'(x)$ 由正变负，则 x_0 是极大值点.

(2) $f'(x)$ 由负变正，则 x_0 是极小值点.

(3) $f'(x)$ 不改变符号，则 x_0 不是极值点.

知识提炼：成为极值点应具备的条件.

例4.14　求函数 $f(x)=(x-1)^2(x+1)^3$ 的极值.

解：
$$\begin{aligned} f'(x) &= 2(x-1)(x+1)^3+3(x-1)^2(x+1)^2 \\ &= (x-1)(x+1)^2(2x+2+3x-3) \\ &= (x-1)(x+1)^2(5x-1) \end{aligned}$$

令 $f'(x)=0$，解得

$$x=-1,\quad x=\frac{1}{5},\quad x=1$$

得到三个驻点，没有导数不存在的点. 分析过程如表4.4所示.

表　4.4

x	$(-\infty,-1)$	-1	$\left(-1,\frac{1}{5}\right)$	$\frac{1}{5}$	$\left(\frac{1}{5},1\right)$	1	$(1,+\infty)$
$x+1$	$-$		$-$		$+$	0	$+$
$5x-1$	$-$		$-$	0			$+$
$f'(x)$	$+$	0	$+$	0	$-$	0	$+$
$f(x)$	↗	无极值0	↗	极大值 $\frac{3456}{3125}$	↘	极小值0	↗

由表4.4可见函数的极大值为 $f\left(\frac{1}{5}\right)=\frac{3456}{3125}$，极小值为 $f(1)=0$.

例4.15　求函数 $f(x)=\frac{2}{3}x-(x-1)^{\frac{2}{3}}$ 的极值.

解：
$$\begin{aligned} f'(x) &= \frac{2}{3}-\frac{2}{3}(x-1)^{-\frac{1}{3}}=\frac{2}{3}\left(1-\frac{1}{\sqrt[3]{x-1}}\right) \\ &= \frac{2}{3}\cdot\frac{\sqrt[3]{x-1}-1}{\sqrt[3]{x-1}} \end{aligned}$$

令 $f'(x)=0$，解得

$$x=2$$

当 $x=1$ 时，$f'(x)$ 不存在. 分析过程如表4.5所示.

表 4.5

x	$(-\infty,1)$	1	$(1,2)$	2	$(2,+\infty)$
$\sqrt[3]{x-1}$	$-$	0	$+$		$+$
$\sqrt[3]{x-1}-1$	$-$		$-$	0	$+$
$f'(x)$	$+$	不存在	$-$	0	$+$
$f(x)$	↗	极大值$\frac{2}{3}$	↘	极小值$\frac{1}{3}$	↗

由表 4.5 可知，函数极大值为 $f(1)=\frac{2}{3}$，极小值为 $f(2)=\frac{1}{3}$.

同步训练：求函数 $f(x)=x-\frac{3}{2}x^{\frac{2}{3}}$ 的极值.

【定理 4.7】（极值判别法Ⅱ） 设函数 $f(x)$ 在点 x_0 处有二阶导数，且 $f'(x_0)=0$，$f''(x_0)=0$ 存在.

(1) 若 $f''(x_0)<0$，则函数 $f(x)$ 在点 x_0 处取得极大值.

(2) 若 $f''(x_0)>0$，则函数 $f(x)$ 在点 x_0 处取得极小值.

(3) 若 $f''(x_0)=0$，则不能判断 $f(x_0)$ 是否是极值.

对于 $f''(x_0)=0$ 的情形：$f(x)$ 可能是极大值，可能是极小值，也可能不是极值. 例如，$f(x)=-x^4$，$f''(x)=0$，$f(0)=0$ 是极大值；$g(x)=x^4$，$g''(0)=0$，$g(0)=0$ 是极小值；$\varphi(x)=x^3$，$\varphi''(0)=0$，但 $\varphi(0)=0$ 不是极值. 因此，当 $f''(x_0)=0$ 时，极值判别法Ⅱ失效，只能用极值判别法Ⅰ判断.

知识提炼：极值判别法Ⅰ与极值判别法Ⅱ的区别.

例 4.16 求函数 $f(x)=x^3-3x^2-9x+1$ 的极值.

解：$f'(x)=3x^2-6x-9=3(x+1)(x-3)$，令 $f'(x)=0$，解得 $x=-1$，$x=3$. $f''(x)=6x-6$，$f''(-1)=-12<0$，所以 $x=-1$ 是极大值点. $f(x)$ 的极大值为 $f(-1)=6$.

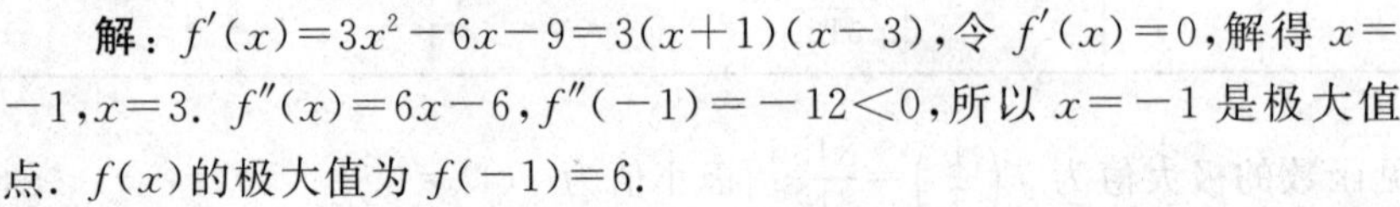

$f''(3)=12>0$，所以 $x=3$ 是极小值点，极小值为 $f(3)=-26$.

求函数极值的步骤如下：

(1) 求 $f(x)$ 的导数 $f'(x)$.

(2) 解方程 $f'(x)=0$，求出 $f(x)$ 在定义域内的所有驻点.

(3) 找出 $f(x)$ 在定义域内所有导数不存在的点.

(4) 分别考察每一个驻点或导数不存在的点是否为极值点，是极大值点还是极小值点.

(5) 求出各极值点的函数值.

4.4.2 函数的最大值与最小值

对于一个闭区间上的连续函数 $f(x)$，它的最大值、最小值只能在极值点或端点上取得. 因此，只要求出函数 $f(x)$ 的所有极值和端点值，它们之中最大的就是最大值，最小的就是最小值.

知识提炼：函数的极值与最值的区别.

求最大值和最小值的方法如下：

(1) 求出 $f(x)$ 在 (a,b) 内的所有驻点和一阶导数不存在的连续点，并计算各点的函数值.

(2) 求出端点的函数值 $f(a)$ 和 $f(b)$.

(3) 比较前面求出的所有函数值，其中最大的就是 $f(x)$ 在 $[a,b]$ 上的最大值 M，最小的就是 $f(x)$ 在 $[a,b]$ 上的最小值 m.

例 4.17　求函数 $f(x)=3x^4-4x^3-12x^2+1$ 在 $[-3,3]$ 上的最大值与最小值.

解：$f'(x)=12x^3-12x^2-24x=12x(x+1)(x-2)=0$

令 $f'(x)=0$，解得 $x=-1,x=0,x=2$；计算出 $f(-1)=-4,f(0)=1,f(2)=-31$；再算出 $f(-3)=244,f(3)=28$. 比较这五个函数值，得出 $f(x)$ 在 $[-3,3]$ 上的最大值为 $f(-3)=244$，最小值为 $f(2)=-31$.

例 4.18　求函数 $f(x)=x^4-2x^2+3$ 在 $[-2,2]$ 上的最大值与最小值.

解：$f'(x)=4x^3-4x=4x(x+1)(x-1)$，令 $f'(x)=0$，解得 $x=-1,x=0,x=1$；计算出 $f(0)=3,f(\pm1)=2$；再算出 $f(\pm2)=11$. 比较这五个函数值，得出 $f(x)$ 在 $[-2,2]$ 上的最大值为 $f(\pm2)=11$，最小值为 $f(\pm1)=2$.

例 4.19　求函数 $f(x)=x^3+1$ 在 $[-1,3]$ 上的最大值与最小值.

解：$f'(x)=3x^2$，令 $f'(x)=0$，解得 $x=0$；计算出 $f(0)=1$；再计算出 $f(-1)=0$，$f(3)=28$. 比较这三个函数值，得出 $f(x)$ 在 $[-1,3]$ 上的最大值为 $f(3)=28$，最小值为 $f(-1)=0$.

事实上，有 $f'(x)=3x^2\geqslant0$，故 $f(x)$ 是单调增加的，单调函数的最大值和最小值都发生在区间的端点处.

特别值得指出的是：$f(x)$ 在一个区间(有限或无界，开或闭)内可导且只有一个驻点 x_0，并且这个驻点是 $f(x)$ 的唯一极值点，那么，当 $f(x_0)$ 是极大值时，$f(x_0)$ 就是 $f(x)$ 在该区间上的最大值；当 $f(x_0)$ 是极小值时，$f(x_0)$ 就是 $f(x)$ 在该区间上的最小值. 在应用问题中往往遇到这样的情形，这时可以当作极值问题来解决，不必与区间的端点值相比较.

例 4.20　欲用长 6m 的铝合金料加工一日字形窗框，问它的长和宽分别为多少时才能使窗户面积最大？最大面积是多少？

解：如图 4.6 所示，设窗框的宽为 xm，则长为 $\frac{1}{2}(6-3x)$m. 于是窗户的面积为

$$y=x\cdot\frac{1}{2}(6-3x)=3x-\frac{3}{2}x^2,\quad x\in(0,2)$$

$$y'=3-3x$$

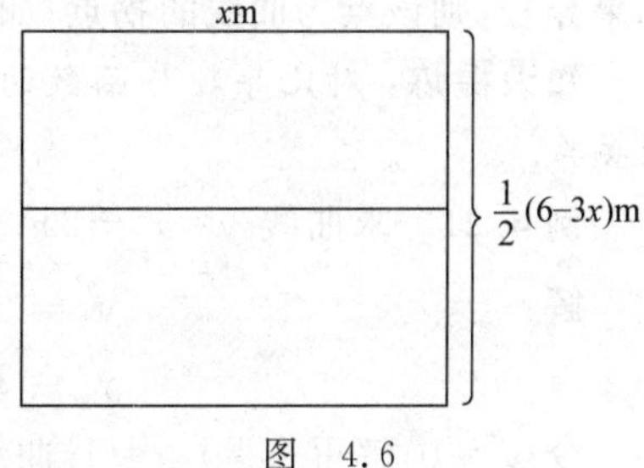

图 4.6

令 $y'=0$，求得驻点 $x=-1$，因为 $y''=-3<0$，

所以 $x=1$ 是极大值点. 由于 y 在区间 $(0,2)$ 内有唯一的极大值，则这个极大值就是最大值.

于是得到，窗户的宽为 1m、长为 $\frac{3}{2}$ m 时，窗户的面积最大，最大面积为 $y(1)=\frac{3}{2}\text{m}^2$.

4.5 利用导数研究函数

4.5.1 函数的凹向与拐点

【定义 4.2】 如果在某区间内，曲线弧位于其上任意一点的切线的上方，则称曲线在这个区间内是上凹的；如果在某区间内，曲线弧位于其上任意一点的切线的下方，则称曲线在这个区间内是下凹的.

图 4.7(a)和图 4.7(b)分别为曲线上凹和下凹的示意图.

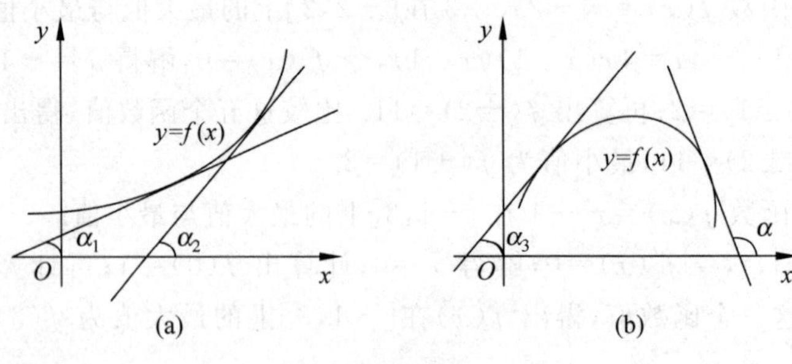

图 4.7

【定理 4.8】 设函数 $f(x)$ 在区间 (a,b) 内存在二阶导数.

(1) 若 $a<x<b$ 时，恒有 $f''(x)>0$，则曲线 $y=f(x)$ 在 (a,b) 内上凹.

(2) 若 $a<x<b$ 时，恒有 $f''(x)<0$，则曲线 $y=f(x)$ 在 (a,b) 内下凹.

【定义 4.3】 曲线上凹与下凹的分界点称为曲线的拐点.

求拐点的一般步骤如下：

(1) 求函数的二阶导数 $f''(x)$.

(2) 令 $f''(x)=0$，解出全部根，并求出所有二阶导数不存在的点.

(3) 对步骤(2)求出的每一个点，检查其左、右邻近的 $f''(x)$ 的符号，如果异号，则该点为曲线的拐点；如果同号，则该点不是曲线的拐点.

知识提炼：对比导数与函数的单调性关系以及导数与函数的凹凸性关系.

例 4.21 求曲线 $y=x^4-2x^3+1$ 的凹向区间与拐点.

解：

$$y'=4x^3-6x^2$$

$$y''=12x^2-12x=12x(x-1)$$

令 $y''=0$，解得 $x=0,x=1$. 曲线凹向区间与拐点的分析过程见表 4.6.

表　4.6

x	$(-\infty,0)$	0	$(0,1)$	1	$(1,+\infty)$
$f''(x)$	+	0	−	0	+
$f(x)$	$\cup$	拐点(0,1)	$\cap$	拐点(1,0)	$\cup$

由表 4.6 分析可得：曲线在$(-\infty,0)$及$(1,+\infty)$两个区间上凹，在$(0,1)$区间下凹，$(0,1)$和$(1,0)$是它的两个拐点.

例 4.22　求曲线 $y=(2x-1)^4+1$ 的凹向区间与拐点.

解：$y'=8(2x-1)^3$，$y''=48(2x-1)^2$；令 $y''=0$，解得 $x=\frac{1}{2}$；只要 $x\neq\frac{1}{2}$，恒有 $y''>0$. 而函数没有二阶导数不存在的点，所以曲线 $y=(2x-1)^4+1$ 没有拐点，它在整个区间$(-\infty,+\infty)$是上凹的.

例 4.23　求曲线 $y=2+(x-4)^{\frac{1}{3}}$ 的凹向区间与拐点.

解：$y'=\frac{1}{3}(x-4)^{-\frac{2}{3}}$，$y''=-\frac{2}{9}(x-4)^{-\frac{5}{3}}$；$y''$在$(-\infty,+\infty)$内恒不为零，但 $x=4$ 时，y''不存在.

x 在 4 的左侧邻近时，$y''>0$；在 4 的右侧邻近时，$y''<0$. 即 y''在 $x=4$ 两侧异号，所以$(4,2)$是曲线的拐点，如图 4.8 所示.

同步训练：求函数 $y=3x^5-5x^3$ 的凹向和拐点.

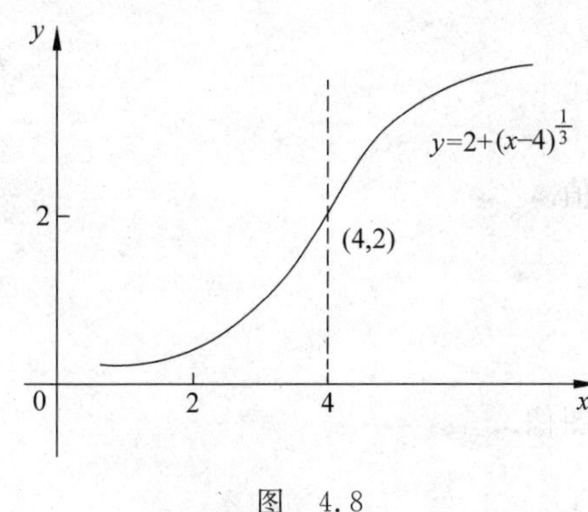

图　4.8

4.5.2　曲线的渐近线

【定义 4.4】　如果曲线上的一点沿着曲线趋于无穷远时，该点与某条直线的距离趋于零，则称此直线为曲线的渐近线.

1. 水平渐近线

设曲线 $y=f(x)$，如果 $\lim\limits_{x\to\infty}f(x)=c$，则称直线 $y=c$ 为曲线 $y=f(x)$ 的水平渐近线.

2. 铅垂渐近线

如果曲线 $y=f(x)$ 在点 x_0 处间断，且 $\lim\limits_{x\to\infty}f(x)=\infty$，则称直线 $x=x_0$ 为曲线 $y=f(x)$ 的铅垂渐近线.

例 4.24 求曲线 $y=\dfrac{1}{x-5}$ 的水平渐近线和铅垂渐近线.

解：因为 $\lim\limits_{x\to\infty}\dfrac{1}{x-5}=0$，所以 $y=0$ 是曲线的水平渐近线.

又因为 5 是 $y=\dfrac{1}{x-5}$ 的间断点，且 $\lim\limits_{x\to5}\dfrac{1}{x-5}=\infty$，所以 $x=5$ 是曲线的铅垂渐近线.

例 4.25 求曲线 $y=\dfrac{3x^2+2}{1-x^2}$ 的水平渐近线和铅垂渐近线.

解：因为 $\lim\limits_{x\to\infty}y=\dfrac{3x^2+2}{1-x^2}=-3$，所以 $y=-3$ 是曲线的水平渐近线.

又因为 1 和 -1 是 $y=\dfrac{3x^2+2}{1-x^2}$ 的间断点，且 $\lim\limits_{x\to1}\dfrac{3x^2+2}{1-x^2}=\infty$，$\lim\limits_{x\to-1}\dfrac{3x^2+2}{1-x^2}=\infty$，所以 $x=1$ 和 $x=-1$ 是曲线的铅垂渐近线.

同步训练：求函数 $y=\dfrac{e^x}{1+x}$ 的渐进线.

4.5.3 函数作图

描绘函数图像的具体方法如下：

(1) 确定函数的定义域与值域.

(2) 确定曲线关于坐标轴的对称性.

(3) 求出曲线和坐标轴的交点.

(4) 判断函数的单调区间并求出极值.

(5) 确定函数的凹向区间和拐点.

(6) 求出曲线的渐近线.

(7) 列表讨论并描绘函数的图像.

例 4.26 描绘函数 $y=3x^2-x^3$ 的图像.

解：(1) 定义域为 $(-\infty,\infty)$.

(2) 函数不具有奇偶性，因此曲线无对称性.

(3) 令 $y=0$，得 $x=0$，$x=3$. 表明曲线与 x 轴有两个交点，一个是 $x=0$，一个是 $x=3$.

(4) $y'=6x-3x^2=3x(2-x)$，令 $y'=0$，得 $x=0$，$x=2$.

$y''=6-6x=6(1-x)$ $y''\big|_{x=0}=6>0$，所以 $x=0$ 为极小值点，$f(0)=0$ 为极小值；$y''\big|_{x=2}=-6<0$，所以 $x=2$ 为极大值点，$f(2)=4$ 为极大值.

(5) 令 $y''=0$，得 $x=1$. 在 $x=1$ 的左侧有 $y''>0$，在 $x=1$ 的右侧有 $y''<0$，而 $f(1)=2$，所以 $(1,2)$ 是拐点.

(6) 无渐近线.

(7) 将上面的结果列表,见表 4.7.

表　4.7

x	$(-\infty,0)$	0	$(0,1)$	1	$(1,2)$	2	$(2,+\infty)$
$f'(x)$	$-$	0	$+$		$+$	0	$-$
$f''(x)$	$+$	$+$	$+$	0	$-$	$-$	$-$
$f(x)$	$\cup$ ↘	极小值 $f(0)=0$	$\cup$ ↗	拐点 $(1,2)$	$\cap$ ↗	极大值 $f(2)=4$	$\cap$ ↘

根据表 4.7 分析作出函数图像,如图 4.9 所示.

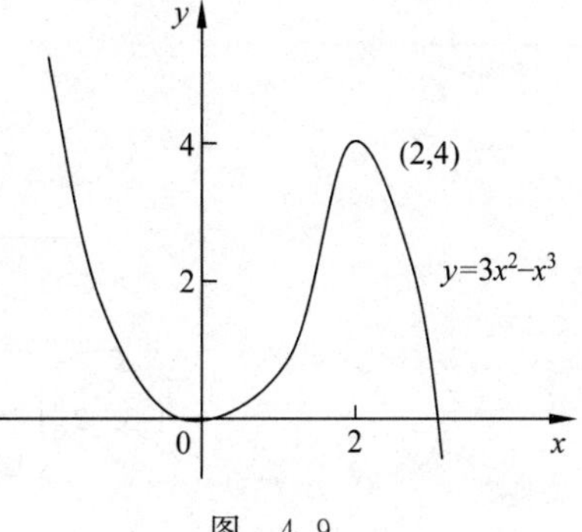

图　4.9

例 4.27　描绘函数 $y=\dfrac{4(x+1)}{x^2}-2$ 的图像.

解:(1) 定义域:$(-\infty,0)\cup(0,+\infty)$.

(2) 函数不具有奇偶性,因此曲线无对称性.

(3) 令 $y=0$,即 $\dfrac{4(x+1)-2x^2}{x^2}=0$,$x^2-2x-2=0$,解得

$$x=\frac{2\pm2\sqrt{3}}{2}=1\pm\sqrt{3}$$

表明曲线与 x 轴交于 $x=1-\sqrt{3}$ 和 $x=1+\sqrt{3}$.

(4) $y'=\dfrac{(4-4x)x^2-2x(-2x^2+4x+4)}{x^4}$

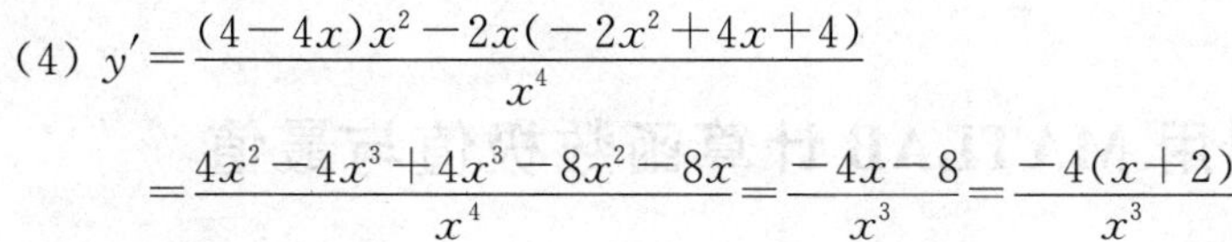

$$=\frac{4x^2-4x^3+4x^3-8x^2-8x}{x^4}=\frac{-4x-8}{x^3}=\frac{-4(x+2)}{x^3}$$

令 $y'=0$,得 $x=-2$.

在 $x=-2$ 左侧有 $y'<0$,在 $x=-2$ 右侧有 $y'>0$,所以 $x=-2$ 是极小值点,$f(-2)=-3$ 是极小值.

(5) $y''=\dfrac{-4x^3+12x^2(x+2)}{x^6}=\dfrac{8x^3+24x^2}{x^6}$

$$=\frac{8(x+3)}{x^4}$$

令 $y''=0$,得 $x=-3$.当 x 从左向右经过 -3 时,y'' 由负变正,又 $f(-3)=-2\dfrac{8}{9}$,所以 $\left(-3,-2\dfrac{8}{9}\right)$ 是曲线的拐点.

(6) 因为 $\lim\limits_{x\to\infty}\left[\dfrac{4(x+1)}{x^2}-2\right]=-2$,所以 $y=-2$ 是曲线的水平渐近线.

又因为 $x=0$ 是函数的间断点,且 $\lim\limits_{x\to0}\left[\dfrac{4(x+1)}{x^2}-2\right]=\infty$,所以 $x=0$ 是曲线的铅垂渐近线.

(7) 将上面的结果列表,见表 4.8.

表　4.8

x	$(-\infty,-3)$	-3	$(-3,-2)$	-2	$(-2,0)$	0	$(0,+\infty)$
$f'(x)$	$-$	$-$	$-$	0	$+$	不存在	$-$
$f''(x)$	$-$	0	$+$	$+$	$+$	不存在	$+$
$f(x)$	∩ ↘	拐点	∪ ↘	极小值 $f(-2)=-3$	∪ ↗	极大值 $f(2)=4$	∪ ↘

根据表 4.8 分析作出函数图像,如图 4.10 所示.

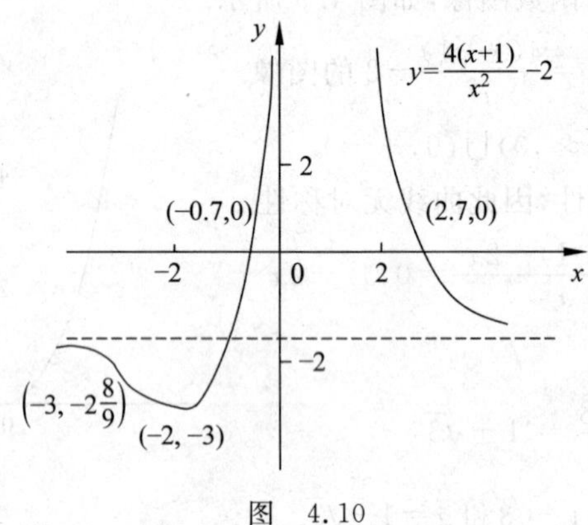

图　4.10

4.6　利用 MATLAB 计算函数极值与最值

灵活运用 MATLAB 的计算功能,再根据极值理论,可以很容易求得函数的极值.

例 4.28　求函数 $y=x^3+2x^2-5x+1$ 的极值.

解法思路 1:

首先,用 diff 命令求函数导数.

其次,用 solve 命令求驻点.

最后,用 plot 命令绘制函数图像,根据图像判断驻点是否为极值点.

MATLAB 程序如下:

```
>>syms x y
>>y=x^3+2*x^2-5*x+1;
>>dy=diff(y)                    %求导
dy =
     3*x^2 +4*x -5
>>solve(dy)                     %求驻点
ans =
      19^(1/2)/3 -2/3
```

```
      -19^(1/2)/3 -2/3
>> x=double(ans)                %驻点近似双精度取值
    x =
        0.7863
         -2.1196
>> ezplot(y,[-4,2])             %画图
```

图像显示如图 4.11 所示.

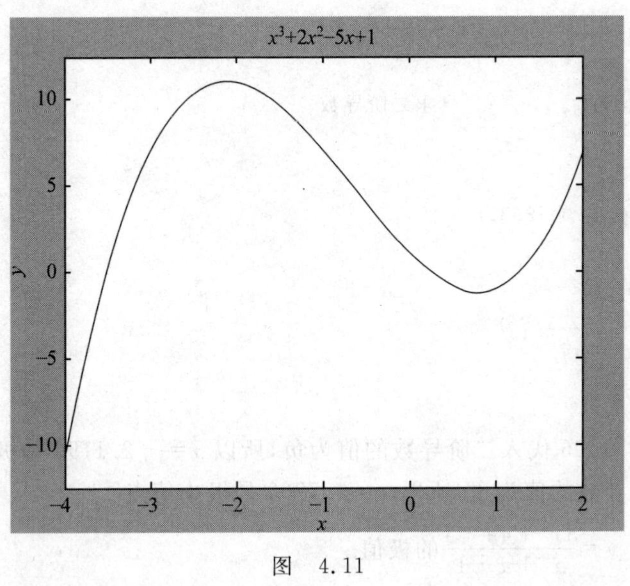

图　4.11

根据图像判断，$x=-2.1196$ 是极大值点，$x=0.7863$ 是极小值点，可以代入原式求极大值及极小值.

```
>> subs(y,x, 0.78633)
ans =
      -1.2088                   %极小值
>> subs(y,x, -2.1196)
ans =
        11.0607                 %极大值
```

解法思路 2：

首先，用 diff 命令求函数导数.

其次，用 solve 命令求驻点.

再次，用 diff 命令求函数二阶导数.

最后，用 subs 将驻点代入二阶导数，根据二阶导数的符号判别是否为极值点.

MATLAB 程序如下：

```
>> syms x y
>> y=x^3+2*x^2-5*x+1;
>> dy=diff(y)                   %求导
```

```
dy =
        3 * x^2 + 4 * x - 5
  >> solve(dy)                  %求驻点
  ans =
          19^(1/2)/3 - 2/3
          - 19^(1/2)/3 - 2/3
  >> x=double(ans)              %驻点近似双精度取值
  x =
      0.7863
      -2.1196
>> ddy=diff(dy)                 %求二阶导数
ddy =
      6 * x + 4
  >> subs(ddy,x, 0.78633)
ans =
      8.7180
>> subs(ddy,x, -2.1196)
ans =
      -8.7176
```

因为 $x=-2.1196$ 代入二阶导数的值为负，所以 $x=-2.1196$ 是极大值点；因为 $x=0.7863$ 代入二阶导数的值为正，所以 $x=0.7863$ 是极小值点.

例 4.29 求 $y=\dfrac{3x^2+4x+4}{x^2+x+1}$的极值.

解：MATLAB 程序如下：

```
>> syms x y
>> y= (3 * x^2+4 * x+4)/( x^2+x+1);
>> dy=diff(y);                  %求导
>> xz=solve(dy)                 %求驻点
xz=
      [0] [-2]
>> d2y=diff(y,2);               %求二阶导数
>> z1=subs(d2y,x,0)             %驻点 x=0 代入二阶导数
z1=
      -2
>> z2=subs(d2y,x,-2)            %驻点 x=-2 代入二阶导数
z2=
      2/9
```

于是可知在 $x_1=0$ 处二阶导数的值为 $z_1=-2$，小于 0，函数有极大值；在 $x_2=-2$ 处二阶导数的值为 $z_2=2/9$，大于 0，函数有极小值. 如果需要，可同时求出极值点处的函数值.

```
>> y1=subs(y,x,0)
y1=
```

```
    4
>> y2= subs(y,x,-2)
y2=
    8/3
```

事实上,如果知道了一个函数的图形,则它的极值情况和许多其他特性就可一目了然. 而借助 MATLAB 的作图功能,我们可以很容易做到这一点.

```
>> ezplot(y)
```

图像显示如图 4.12 所示.

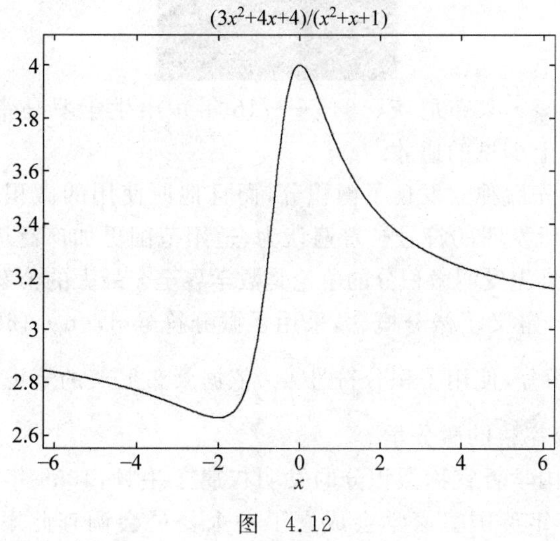

图　4.12

在 MATLAB 的语言中,求函数在给定区间上的最小值命令是 fminbnd,调用格式如下:

```
>> x= fminbnd(y,x1,x2)
```

说明: y 是函数的符号表达式;fminbnd 仅用于求函数的最小值点,如果要求最大值点,可先将函数变号,求得最小值点,即得到所求函数的最大值点;x1、x2 是变量 x 的取值范围.

例 4.30　求函数 $y=\mathrm{e}^{-x}+(x+1)^2$ 在区间[−3,3]内的最小值.

解: MATLAB 程序如下:

```
>> x= fminbnd['exp(-x)+ (x+1)^2',-3,3]
x =
   -0.3149
>> y= subs['exp(-x)+ (x+1)^2',x,-0.3149]
y =
   1.8395
```

所以最小值为 1.8395.

人物介绍：数学家莱布尼茨

戈特弗里德·威廉·莱布尼茨(1646—1716 年)，出生于罗马帝国的莱比锡，是德国哲学家、数学家，历史上少见的通才.

莱布尼茨和牛顿先后独立发现了微积分，而且他所使用的微积分的数学符号被更广泛地使用. 莱布尼茨所发明的符号被普遍认为，适用范围更加广泛.

莱布尼茨与牛顿谁先发明微积分的争论是数学界至今最大的公案. 莱布尼茨于 1684 年发表第一篇微分论文，定义了微分概念，采用了微分符号 dx、dy. 1686 年他又发表了积分论文，讨论了微分与积分，使用了积分符号 $\int$. 依据莱布尼茨的笔记本判断，1675 年 11 月 11 日他便已完成一套完整的微分学.

然而，1695 年英国学者宣称微积分的发明权属于牛顿，1699 年又称牛顿是微积分的"第一发明人". 1712 年英国皇家学会成立了一个委员会调查此案，1713 年年初发布公告："确认牛顿是微积分的第一发明人."

人们公认牛顿和莱布尼茨是各自独立地创建微积分的.

牛顿从物理学出发，运用集合方法研究微积分，其应用上更多地结合了运动学，造诣高于莱布尼茨. 莱布尼茨则从几何问题出发，运用分析学方法引进微积分概念，得出运算法则，其数学的严密性与系统性是牛顿所不及的.

莱布尼茨认识到好的数学符号能节省思维劳动，运用符号的技巧是数学成功的关键之一. 因此，他所创设的微积分符号远远优于牛顿的符号，这对微积分的发展有极大的影响.

莱布尼茨在微积分方面的代表作主要是《微积分的历史和起源》.

习　题

1. 下列函数在给定区间上是否满足罗尔定理的条件？如满足，求出定理的 ξ.

(1) $f(x)=2x^2-x-3,[-1,1.5]$　　(2) $f(x)=\dfrac{1}{1+x^2},[-2,2]$

2. 下列函数在给定区间上是否满足拉格朗日定理的条件？如果满足，求出定理中的 ξ.

(1) $f(x)=x^3,[-1,2]$　　(2) $f(x)=\ln x,[1,\mathrm{e}]$

(3) $f(x)=x^3-5x^2+x-2,[-1,1]$

3. 利用洛必达法则求下列极限.

(1) $\lim\limits_{x\to 0}\dfrac{\mathrm{e}^x-\mathrm{e}^{-x}}{x}$　　(2) $\lim\limits_{x\to 1}\dfrac{\ln x}{x-1}$

(3) $\lim\limits_{x\to 1}\dfrac{x^3-3x^2+2}{x^3-x^2-x+1}$　　(4) $\lim\limits_{x\to \frac{\pi}{2}^+}\dfrac{\ln\left(x-\dfrac{\pi}{2}\right)}{\tan x}$

(5) $\lim\limits_{x\to +\infty}\dfrac{\ln\left(1+\dfrac{1}{x}\right)}{\operatorname{arccot} x}$　　(6) $\lim\limits_{x\to \pi}\dfrac{\sin 3x}{\tan 5x}$

(7) $\lim\limits_{x\to \frac{\pi}{4}}\dfrac{\sin x-\cos x}{1-\tan^2 x}$　　(8) $\lim\limits_{x\to 0}\dfrac{\mathrm{e}^x\cos x-1}{\sin 2x}$

(9) $\lim\limits_{x\to 0^+}\dfrac{\ln\tan 7x}{\ln\tan 2x}$　　(10) $\lim\limits_{x\to 1}\left[(1-x)\cdot\tan\dfrac{\pi x}{2}\right]$

(11) $\lim\limits_{x\to 0}x^2\cdot\mathrm{e}^{\frac{1}{x^2}}$　　(12) $\lim\limits_{x\to 1}\left(\dfrac{x}{x-1}-\dfrac{1}{\ln x}\right)$

(13) $\lim\limits_{x\to +\infty}\dfrac{x+\ln x}{x\ln x}$　　(14) $\lim\limits_{x\to 0}\left(\dfrac{1}{x}-\dfrac{1}{\mathrm{e}^x-1}\right)$

4. 求下列函数的单调区间.

(1) $y=\dfrac{\sqrt{x}}{x+100}$　　(2) $y=(x+2)^2(x-1)^4$

(3) $y=x-\ln(1+x)$　　(4) $y=\dfrac{x^2}{1+x}$

(5) $y=x^4-2x^2+3$　　(6) $y=\mathrm{e}^x-x-1$

(7) $y=\arctan x-x$　　(8) $y=3x^2+6x+5$

(9) $y=x^3+x$　　(10) $y=2x^2-\ln x$

5. 证明函数 $y=x-\ln(1+x^2)$单调递增.

6. 证明函数 $y=\sin x-x$ 单调减少.

7. 求下列函数的极值点和极值.

(1) $y=2+x-x^2$　　(2) $y=2x^3-3x^2-12x+14$

(3) $y=x-\mathrm{e}^x$　　(4) $y=\dfrac{x^2}{x^4+4}$

(5) $y=\dfrac{2x}{1+x^2}$　　(6) $y=x^2\mathrm{e}^{-x}$

(7) $y=x+\sqrt{1-x}$　　(8) $y=x^2\mathrm{e}^{-x}$

(9) $y=\sqrt{2+x-x^2}$　　(10) $y=3-2(x+1)^{\frac{1}{3}}$

(11) $y=\dfrac{(x-2)(3-x)}{x^2}$　　(12) $y=\sqrt[3]{(2x-x^2)^2}$

8. 求下列函数在给定区间上的最大值和最小值.

(1) $y=x+2\sqrt{x},[0,4]$

(2) $y=x^2-4x+6,[-3,10]$

(3) $y=x+\dfrac{1}{x},[0.01,100]$

(4) $y=\dfrac{x-1}{x+1},[0,4]$

(5) $y=\sqrt{x}\ln x,\left[\dfrac{1}{9},1\right]$

(6) $y=x^3-3x^2-24x-2,[-5,5]$

(7) $y=\dfrac{x^2}{1+x},\left[-\dfrac{1}{2},1\right]$

9. 利用极限值判别法Ⅱ判断下列函数的极值.

(1) $y=x^3-3x^2-9x-5$

(2) $y=(x-3)^2(x-2)$

(3) $y=2x-\ln(4x)^2$

(4) $2x^2-x^4$

10. 试证明函数 $y=x\arctan x$ 的图像是处处上凹的.

11. 试证明函数 $y=4x-x^2$ 的图像是处处下凹的.

12. 求下列各函数的上凹、下凹区间和拐点.

(1) $y=x^3-5x^2+3x-5$

(2) $y=x+x^{\frac{5}{3}}$

(3) $y=2x^2-x^3$

(4) $y=\ln(x^2+1)$

(5) $y=xe^{-x}$

(6) $y=1+\sqrt[3]{x}$

(7) $y=\dfrac{1}{1+x^2}$

(8) $y=xe^x$

13. 求下列曲线的渐近线.

(1) $y=\dfrac{1}{x^2-4x-5}$

(2) $y=e^{\frac{1}{x}}-4$

(3) $y=\dfrac{1}{(x+3)^2}$

(4) $y=\dfrac{\ln x}{\sqrt{x}}$

(5) $y=\dfrac{e^x}{1+x}$

14. 对于下列各函数进行全面讨论,并画出它们的图像.

(1) $y=(x+1)(x-2)^2$

(2) $y=\dfrac{x}{(1-x^2)^2}$

(3) $y=\dfrac{x}{1+x^2}$

(4) $y=x-\ln(1+x)$

(5) $y=\dfrac{8}{4-x^2}$

(6) $\dfrac{e^x}{1+x}$

(7) $y=\dfrac{1}{1-x^2}$

(8) $y=x^4-2x^3+1$

15. 利用 MATLAB 计算下列函数的极值或最值.

(1) 讨论函数 $f(x)=x^2e^{-x}$ 的极值.

(2) 求函数 $y=x^4-2x^2+5$ 在区间$[-2,2]$内的最小值.

习题答案

第 5 章 不定积分

教学说明

- 内容概述：本章是在学习了导数与微分知识的基础上来进一步学习的. 假设已知的是函数的导数，可引出微积分的另一个分支——积分，也叫“反导数”. 在这一章里，先利用积分的定义引出积分的基本公式，然后直接用公式或恒等变形后用公式计算不定积分，并通过具体问题了解不定积分的应用.
- 主要构成：原函数、不定积分、不定积分的性质、基本积分公式、第一换元积分法(凑微法)、第二换元积分法(换元法)、分部积分法.
- 本章重点：不定积分的概念、不定积分的性质、基本积分法.
- 本章难点：不定积分的凑微分计算法.

5.1 不定积分的概念

5.1.1 原函数

【定义 5.1】 设 $f(x)$是定义在区间(a,b)内的已知函数. 如果存在函数 $F(x)$，使对于任意的 $x\in(a,b)$，都有 $F'(x)=f(x)$或 $\mathrm{d}F(x)=f(x)\mathrm{d}x$，则称 $F(x)$是 $f(x)$在(a,b)上的一个原函数.

知识提炼：正确把握原函数的概念.

例如，对于函数 $f(x)=\sin x, x\in(-\infty,+\infty)$. 由于函数 $F(x)=-\cos x$ 满足 $F'(x)=(-\cos x)'=\sin x$，所以 $F(x)=-\cos x$ 是 $\sin x$ 的一个原函数.

不难看出，$-\cos x+1$、$-\cos x+2$、$-\cos x+C$(C 为任意常数)都是 $\sin x$ 的原函数.

由此例可以看出：如果函数 $f(x)$有一个原函数，则 $f(x)$就有无穷多个原函数，而这些原函数之间仅差一个常数.

证明：如果 $F(x)$是 $f(x)$的一个原函数，则$[F(x)+C]'=F'(x)=f(x)$(C 为任意常数)，所以 $F(x)+C$ 也是 $f(x)$的原函数.

如果 $F(x)$和 $G(x)$都是 $f(x)$的原函数，即 $F'(x)=G'(x)=f(x)$，则由中值定理的推论可知，$F(x)$和 $G(x)$仅差一个常数，即存在常数 C_0，使得

$$G(x)=F(x)+C_0$$

一般情况下，如果 $F(x)$是 $f(x)$的一个原函数，则 $f(x)$的全部原函数就是 $F(x)+C$(C 为任意常数).

同步训练：完成以下练习.

1. 根据原函数定义进行填空.

(1) $(-\cos x)'=\sin x$，可得出________是________的一个原函数.

(2) $(-\cos x+1)'=\sin x$，可得出________是________的一个原函数.

(3) $(-\cos x+C)'=\sin x$，可得出________是________的全体原函数.

2. 若 $f(x)$的一个原函数是 $\ln x^2$，则 $f(x)=$________.

3. 若 $f(x)$的一个原函数是 $x-e^{-2x}$，则 $f'(x)=$________.

5.1.2 不定积分

【定义 5.2】 函数 $f(x)$的全部原函数称为 $f(x)$的不定积分，记作$\int f(x)dx$. 其中$\int$称为积分号，x 称为积分变量，$f(x)$称为被积函数，$f(x)dx$ 称为被积表达式.

如果 $F(x)$是 $f(x)$的一个原函数，则$\int f(x)dx = F(x) + C$(C 为任意常数). 其中 C 称为积分常数.

同步训练：将下列导数形式写成不定积分形式.

(1) $(-\cos x)'=\sin x$，那么________.

(2) $\left(\frac{1}{3}x^3\right)'=x^2$，那么________.

例 5.1 求函数 $f(x)=e^{-x}$的不定积分.

解：因为$(-e^{-x})'=e^{-x}$[或 $d(-e^{-x})=e^{-x}dx$]，所以$\int e^{-x}dx = -e^{-x} + C$($C$ 为任意常数).

例 5.2 求函数 $f(x)=x^\alpha$ 的不定积分，其中 $\alpha\neq-1$ 为常数.

解：因为$\left(\frac{1}{\alpha+1}x^{\alpha+1}\right)'=x^\alpha$，所以$\int x^\alpha dx = \frac{1}{\alpha+1}x^{\alpha+1} + C$($C$ 为任意常数).

例 5.3 求函数 $f(x)=\frac{1}{x}$的不定积分.

解：当 $x>0$ 时，$(\ln x)'=\frac{1}{x}$，所以，$\int \frac{1}{x}dx = \ln x + C(x > 0)$.

当 $x < 0$ 时，$[\ln(-x)]' = -\frac{1}{x}\cdot(-1) = \frac{1}{x}$，所以，$\int \frac{1}{x}dx = \ln(-x) + C$.

所以，$\int \frac{1}{x}dx = \ln|x| + C(x \neq 0)$.

可以证明：如果被积函数 $f(x)$在某区间上连续，则在此区间上 $f(x)$一定有原函数.

5.1.3 不定积分的几何意义

如果 $F(x)$是 $f(x)$的一个原函数，则 $f(x)$的不定积分$\int f(x)dx = F(x) + C$. 对于每

一个给定的常数 C，$F(x)+C$ 表示坐标平面上的一条确定的曲线，这条曲线称为 $f(x)$ 的一条积分曲线. 由于 C 可以取任意值，因此不定积分 $\int f(x)\mathrm{d}x$ 表示 $f(x)$ 的一族积分曲线（见图 5.1）.

例 5.4　设曲线过点 $(-1,2)$，并且曲线上任意一点处切线的斜率等于此点横坐标的 2 倍，求此曲线的方程.

解：设所求曲线方程为 $y=f(x)$. 过曲线上任意一点 (x,y) 的斜率为 $\frac{\mathrm{d}y}{\mathrm{d}x}=2x$，所以，$f(x)$ 是 $2x$ 的一个原函数，因为 $\int 2x\mathrm{d}x = x^2+C$，故 $f(x)=x^2+C$. 又曲线 $y=f(x)$ 过点 $(-1,2)$，有 $2=(-1)^2+C$，即 $C=1$. 于是所求曲线方程为 $y=x^2+1$. 函数曲线图像如图 5.2 所示.

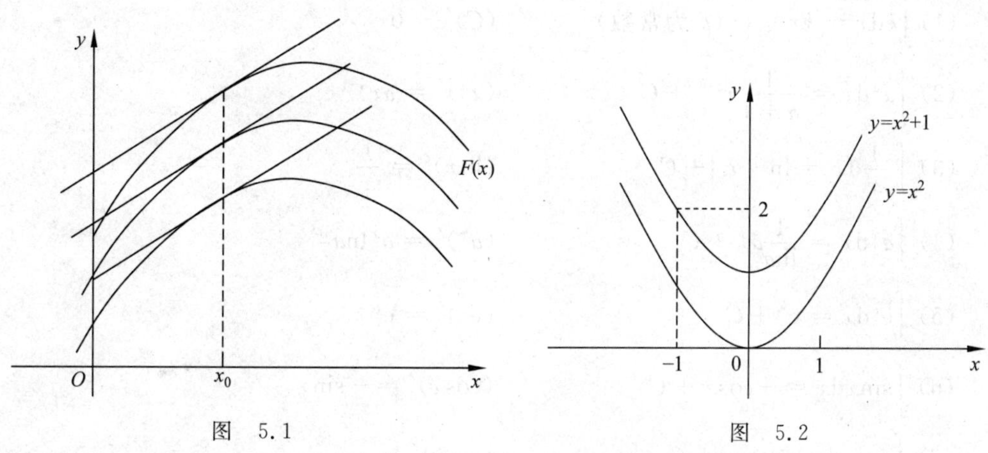

图　5.1　　　　图　5.2

5.2　不定积分的性质和基本积分公式

5.2.1　不定积分的性质

【性质 5.1】　求不定积分与求导数或微分互为逆运算.

(1) $\left[\int f(x)\mathrm{d}x\right]' = f(x)$ 或 $\mathrm{d}\left[\int f(x)\mathrm{d}x\right] = f(x)\mathrm{d}x$.

(2) $\int F'(x)\mathrm{d}x = F(x)+C$ 或 $\int \mathrm{d}F(x) = F(x)+C$.

【性质 5.2】　被积表达式中的非零常数因子可以移到积分号前.

$$\int kf(x)\mathrm{d}x = k\int f(x)\mathrm{d}x,\quad (k\neq 0,\text{常数})$$

【性质 5.3】　两个函数代数和的不定积分等于两个函数积分的代数和.

$$\int [f(x)\pm g(x)]\mathrm{d}x = \int f(x)\mathrm{d}x \pm \int g(x)\mathrm{d}x$$

一般地，

$$\int[f_1(x)\pm f_2(x)\pm\cdots\pm f_n(x)]\mathrm{d}x=\int f_1(x)\mathrm{d}x\pm\int f_2(x)\mathrm{d}x\pm\cdots\pm\int f_n(x)\mathrm{d}x$$

5.2.2 基本积分表

根据导数基本公式就可得到对应的积分公式.

例如,因为$\left(\frac{1}{\ln a}a^x\right)'=\frac{1}{\ln a}\cdot a^x\cdot\ln a=a^x(a>0,a\neq1)$,所以$\int a^x\mathrm{d}x=\frac{1}{\ln a}a^x+C(a>0,a\neq1)$.

下面列出的基本积分公式,通常称之为基本积分表,为了便于对照,右边同时列出了求导公式.

基本积分表	求导公式
(1) $\int k\mathrm{d}x=kx+C$ (k 为常数)	$(C)'=0$
(2) $\int x^\alpha\mathrm{d}x=\frac{1}{\alpha+1}x^{\alpha+1}+C$	$(x^\alpha)'=\alpha x^{\alpha-1}$
(3) $\int\frac{1}{x}\mathrm{d}x=\ln\|x\|+C$	$(\ln x)'=\frac{1}{x}$
(4) $\int a^x\mathrm{d}x=\frac{1}{\ln a}a^x+C$	$(a^x)'=a^x\ln a$
(5) $\int \mathrm{e}^x\mathrm{d}x=\mathrm{e}^x+C$	$(\mathrm{e}^x)'=\mathrm{e}^x$
(6) $\int\sin x\mathrm{d}x=-\cos x+C$	$(\cos x)'=-\sin x$
(7) $\int\cos x\mathrm{d}x=\sin x+C$	$(\sin x)'=\cos x$
(8) $\int\sec^2x\mathrm{d}x=\tan x+C$	$(\tan x)'=\sec^2x$
(9) $\int\csc^2x\mathrm{d}x=-\cot x+C$	$(\cot x)'=-\csc^2x$
(10) $\int\frac{\mathrm{d}x}{\sqrt{1-x^2}}=\arcsin x+C$	$(\arcsin x)'=\frac{1}{\sqrt{1-x^2}}$
(11) $\int\frac{1}{1+x^2}\mathrm{d}x=\arctan x+C$	$(\arctan x)'=\frac{1}{1+x^2}$

例 5.5 求$\int(2\mathrm{e}^x-3\sin x)\mathrm{d}x$.

解:
$$\int(2\mathrm{e}^x-3\sin x)\mathrm{d}x=2\int\mathrm{e}^x\mathrm{d}x-3\int\sin x\mathrm{d}x$$
$$=2\mathrm{e}^x+3\cos x+C$$

例 5.6 求$\int\frac{1-x+x^2-x^3}{x^2}\mathrm{d}x$.

解:
$$\int\frac{1-x+x^2-x^3}{x^2}\mathrm{d}x=\int\left(\frac{1}{x^2}-\frac{1}{x}+1-x\right)\mathrm{d}x=\int\frac{1}{x^2}\mathrm{d}x-\int\frac{1}{x}\mathrm{d}x+\int\mathrm{d}x-\int x\mathrm{d}x$$

$$=-\frac{1}{x}-\ln|x|+x-\frac{1}{2}x^2+C$$

例 5.7　求$\int(\sqrt[3]{x}-1)^2\mathrm{d}x$.

解：$\int(\sqrt[3]{x}-1)^2\mathrm{d}x=\int(\sqrt[3]{x^2}-2\sqrt[3]{x}+1)\mathrm{d}x=\int\sqrt[3]{x^2}\mathrm{d}x-2\int\sqrt[3]{x}\mathrm{d}x+\int\mathrm{d}x$

$$=\frac{3}{5}x^{\frac{5}{3}}-\frac{3}{2}x^{\frac{4}{3}}+x+C$$

例 5.8　求$\int\frac{1-x^2}{1+x^2}\mathrm{d}x$.

解：先把被积函数化简如下.

$$\int\frac{1-x^2}{1+x^2}\mathrm{d}x=\int\frac{2-(1+x^2)}{1+x^2}\mathrm{d}x=2\int\frac{\mathrm{d}x}{1+x^2}-\int\mathrm{d}x$$
$$=2\arctan x-x+C$$

例 5.9　求$\int\cot^2x\mathrm{d}x$

解：$\int\cot^2x\mathrm{d}x=\int(\csc^2x-1)\mathrm{d}x=\int\csc^2x\mathrm{d}x-\int\mathrm{d}x$

$$=-\cot x-x+C$$

例 5.10　求$\int\sin^2\frac{x}{2}\mathrm{d}x$.

解：利用三角函数的半角公式有$\sin^2\frac{x}{2}=\frac{1-\cos x}{2}$,所以

$$\int\sin^2\frac{x}{2}\mathrm{d}x=\int\frac{1-\cos x}{2}\mathrm{d}x=\frac{1}{2}\int\mathrm{d}x-\frac{1}{2}\int\cos x\mathrm{d}x$$
$$=\frac{1}{2}(x-\sin x)+C$$

注意：当不定积分不能直接应用基本积分表和不定积分的性质进行计算时,需先将被积函数化简或变形,再进行计算.计算的结果是否正确,只需对结果求导,看其导数是否等于被积函数.

5.3　换元积分法

5.3.1　第一类换元法(凑微法)

设所求的不定积分可以写成$\int f[\varphi(x)]\varphi'(x)\mathrm{d}x$或$\int f[\varphi(x)]\mathrm{d}\varphi(x)$的形式,则引入新变量$t$,令$t=\varphi(x)$.上面的不定积分就化为$\int f(t)\mathrm{d}t$.

如果$f(t)$、$\varphi(x)$和$\varphi'(x)$都是连续函数,并且容易求得$f(t)$的一个原函数$F(t)$,则$\int f[\varphi(x)]\varphi'(x)\mathrm{d}x=\int f[\varphi(x)]\mathrm{d}\varphi(x)=\int f(t)\mathrm{d}t=F(t)+C$,于是

$$\int f[\varphi(x)]\varphi'(x)\mathrm{d}x = F[\varphi(x)] + C \tag{5.1}$$

利用复合函数求导公式，可以验证公式(5.1)的正确性.实际上，由$\frac{\mathrm{d}}{\mathrm{d}x}\{F[\varphi(x)]+C\}=F'[\varphi(x)]\cdot\varphi'(x)=f[\varphi(x)]\cdot\varphi'(x)$可知公式(5.1)成立.利用公式(5.1)计算不定积分，就是第一换元法，也称为凑微分法.

例 5.11 求$\int\sin 2x\mathrm{d}x$.

解：设$t=2x$，则$\mathrm{d}t=2\mathrm{d}x$，即$\mathrm{d}x=\frac{1}{2}\mathrm{d}t$.所以$\int\sin 2x\mathrm{d}x=\frac{1}{2}\int\sin t\mathrm{d}t=-\frac{1}{2}\cos t+C$.再将$t=2x$代入，得$\int\sin 2x\mathrm{d}x=-\frac{1}{2}\cos 2x+C$.

例 5.12 求$\int\frac{1}{\sqrt{3-2x}}\mathrm{d}x$.

解：被积函数可以写成$(3-2x)^{-\frac{1}{2}}$，设$t=3-2x$，则$\mathrm{d}t=-2\mathrm{d}x$，即$\mathrm{d}x=-\frac{1}{2}\mathrm{d}t$.因此

$$\int\frac{1}{\sqrt{3-2x}}\mathrm{d}x=\int t^{-\frac{1}{2}}\cdot\left(-\frac{1}{2}\right)\mathrm{d}t=\left(-\frac{1}{2}\right)\cdot 2t^{\frac{1}{2}}+C=-\sqrt{3-2x}+C$$

注意：在变量替换比较熟练后，可以不必写出新设的积分变量，而直接凑微分.

例 5.13 求$\int\sin 2x\mathrm{d}x$.

解：
$$\begin{aligned}\int\sin 2x\mathrm{d}x&=\frac{1}{2}\int\sin 2x\mathrm{d}(2x)\\&=-\frac{1}{2}\cos 2x+C\end{aligned}$$

例 5.14 求$\int\frac{1}{\sqrt{3-2x}}\mathrm{d}x$.

解：
$$\begin{aligned}\int\frac{1}{\sqrt{3-2x}}\mathrm{d}x&=-\frac{1}{2}\int(3-2x)^{-\frac{1}{2}}\mathrm{d}(3-2x)\\&=-\sqrt{3-2x}+C\end{aligned}$$

例 5.15 求$\int(5x-3)^{11}\mathrm{d}x$.

解：
$$\begin{aligned}\int(5x-3)^{11}\mathrm{d}x&=\frac{1}{5}\int(5x-3)^{11}\mathrm{d}(5x-3)\\&=\frac{1}{60}(5x-3)^{12}+C\end{aligned}$$

例 5.16 求$\int\frac{1}{a^2+x^2}\mathrm{d}x\ (a>0)$.

解：
$$\int\frac{1}{a^2+x^2}\mathrm{d}x=\frac{1}{a^2}\int\frac{1}{1+\frac{x^2}{a^2}}\mathrm{d}x$$

$$= \frac{1}{a}\int \frac{1}{1+\left(\frac{x}{a}\right)^2}\mathrm{d}\left(\frac{x}{a}\right) = \frac{1}{a}\arctan\frac{x}{a} + C$$

用类似的方法还可以求得 $\int \frac{1}{\sqrt{a^2 - x^2}}\mathrm{d}x = \arcsin\frac{x}{a} + C$.

例 5.17　求 $\int x\mathrm{e}^{-x^2}\mathrm{d}x$.

解：由于 $x\mathrm{d}x = -\frac{1}{2}\mathrm{d}(-x^2)$，所以 $\int x\mathrm{e}^{-x^2}\mathrm{d}x = -\frac{1}{2}\int \mathrm{e}^{-x^2}\mathrm{d}(-x^2) = -\frac{1}{2}\mathrm{e}^{-x^2} + C$.

例 5.18　求 $\int \frac{\cos\sqrt{x}}{\sqrt{x}}\mathrm{d}x$.

解：$\int \frac{\cos\sqrt{x}}{\sqrt{x}}\mathrm{d}x = 2\int \cos\sqrt{x}\mathrm{d}\sqrt{x} = 2\sin\sqrt{x} + C$

例 5.19　求 $\int \tan x\mathrm{d}x$.

解：因为 $\tan x\mathrm{d}x = \frac{\sin x}{\cos x}\mathrm{d}x$，而 $\sin x\mathrm{d}x = -\mathrm{d}\cos x$. 所以 $\int \tan x\mathrm{d}x = \int \frac{\sin x}{\cos x}\mathrm{d}x = -\int \frac{1}{\cos x}\mathrm{d}\cos x = -\ln|\cos x| + C$. 类似地，可以得到 $\int \cot x\mathrm{d}x = \ln|\sin x| + C$.

例 5.20　求 $\int \cos^3 x\sin^5 x\mathrm{d}x$.

解：方法 1

$$\begin{aligned}\int \cos^3 x\sin^5 x\mathrm{d}x &= \int \cos^2 x\sin^5 x\mathrm{d}\sin x\\ &= \int (1-\sin^2 x)\sin^5 x\mathrm{d}\sin x\\ &= \int \sin^5 x\mathrm{d}\sin x - \int \sin^7 x\mathrm{d}\sin x\\ &= \frac{1}{6}\sin^6 x - \frac{1}{8}\sin^8 x + C_1\end{aligned}$$

方法 2

$$\begin{aligned}\int \cos^3 x\sin^5 x\mathrm{d}x &= -\int \cos^3 x(1-\cos^2 x)^2\mathrm{d}\cos x\\ &= -\int (\cos^3 x - 2\cos^5 x + \cos^7 x)\mathrm{d}\cos x\\ &= -\frac{1}{4}\cos^4 x + \frac{1}{3}\cos^6 x - \frac{1}{8}\cos^8 x + C_2\end{aligned}$$

注意：本题利用不同解法得到的结果在形式上有所不同. 但不难验证，它们仅相差一个常数.

例 5.21　求 $\int \frac{\mathrm{d}x}{a^2 - x^2}(a > 0)$.

解：因为

$$\frac{1}{a^2 - x^2} = \frac{1}{2a}\left(\frac{1}{a+x} + \frac{1}{a-x}\right)$$

所以

$$\begin{aligned}\int\frac{\mathrm{d}x}{a^2-x^2}&=\frac{1}{2a}\int\left(\frac{1}{a+x}+\frac{1}{a-x}\right)\mathrm{d}x\\&=\frac{1}{2a}\left(\int\frac{1}{a+x}\mathrm{d}x+\int\frac{1}{a-x}\mathrm{d}x\right)\\&=\frac{1}{2a}\left[\int\frac{1}{a+x}\mathrm{d}(a+x)-\int\frac{1}{a-x}\mathrm{d}(a-x)\right]\\&=\frac{1}{2a}[\ln|a+x|-\ln|a-x|]+C\\&=\frac{1}{2a}\ln\left|\frac{a+x}{a-x}\right|+C\end{aligned}$$

类似可得

$$\int\frac{1}{x^2-a^2}\mathrm{d}x=\frac{1}{2a}\ln\left|\frac{x-a}{x+a}\right|+C$$

例 5.22 求$\int\sec x\mathrm{d}x$.

解： $\int\sec x\mathrm{d}x=\int\frac{1}{\cos x}\mathrm{d}x$

$$=\int\frac{\cos}{\cos^2x}\mathrm{d}x=\int\frac{\mathrm{d}\sin x}{1-\sin^2x}\quad\text{（利用例 5.21 的结果）}$$

$$=\frac{1}{2}\ln\left|\frac{1+\sin x}{1-\sin x}\right|+C=\frac{1}{2}\ln\left|\frac{(1+\sin x)^2}{1-\sin^2x}\right|+C$$

类似地，有

$$\int\csc x\mathrm{d}x=\ln|\csc x-\cot x|+C$$

应用第一类换元法的常见积分类型如下：

(1) $\int f(ax+b)\mathrm{d}x=\frac{1}{a}\int f(ax+b)\mathrm{d}(ax+b)$.

(2) $\int x^{n-1}f(ax^n+b)\mathrm{d}x=\frac{1}{na}\int f(ax^n+b)\mathrm{d}(ax^n+b)$.

(3) $\int \mathrm{e}^xf(\mathrm{e}^x)\mathrm{d}x=\int f(\mathrm{e}^x)\,\mathrm{d}\mathrm{e}^x$.

(4) $\int\frac{1}{x}f(\ln x)\mathrm{d}x=\int f(\ln x)\mathrm{d}(\ln x)$.

(5) $\int\cos xf(\sin x)\mathrm{d}x=\int f(\sin x)\mathrm{d}\sin x$.

(6) $\int\frac{1}{\cos^2x}f(\tan x)\mathrm{d}x=\int f(\tan x)\mathrm{d}\tan x$，$\int\frac{1}{\sin^2x}f(\cot x)\mathrm{d}x=-\int f(\cot x)\mathrm{d}\cot x$.

知识提炼： 凑微分主要是如何处理被积表达式.

5.3.2 第二类换元法(换元法)

如果不定积分$\int f(x)\mathrm{d}x$不易直接应用基本积分表计算,也可以引入新变量 t,并选择代换 $x=\varphi(t)$,其中 $\varphi(t)$ 可导,且 $\varphi'(t)$ 连续,将不定积分$\int f(x)\mathrm{d}x$ 化为$\int f[\varphi(t)]\varphi'(t)\mathrm{d}t$.

如果容易求得$\int f[\varphi(t)]\varphi'(t)\mathrm{d}t=F(t)+C$,并 $x=\varphi(t)$ 的反函数 $t=\varphi^{-1}(x)$ 存在且可导,则

$$\int f(x)\mathrm{d}x=\int f[\varphi(t)]\varphi'(t)\mathrm{d}t=F(t)+C$$

再将 $t=\varphi^{-1}(x)$代入 $F(t)$,回到原积分变量,有

$$\int f(x)\mathrm{d}x=F[\varphi^{-1}(x)]+C \tag{5.2}$$

这类求不定积分的方法称为第二换元法.

例 5.23　求$\int\frac{\mathrm{d}x}{1+\sqrt{3-x}}$.

解:设 $t=\sqrt{3-x}$,则 $x=3-t^2$,$\mathrm{d}x=-2t\mathrm{d}t$.

$$\begin{aligned}\int\frac{\mathrm{d}x}{1+\sqrt{3-x}}&=-\int\frac{2t}{1+t}\mathrm{d}t=-2\int\frac{1+t-1}{1+t}\mathrm{d}t\\&=-2\int\left(1-\frac{1}{1+t}\right)\mathrm{d}t\\&=-2(t-\ln|1+t|)+C\\&=-2\left[\sqrt{3-x}-\ln(1+\sqrt{3-x})\right]+C\end{aligned}$$

应注意,在最后的结果中必须代入 $t=\sqrt{3-x}$,才能返回到原积分变量 x.

例 5.24　求$\int\sqrt{a^2-x^2}\mathrm{d}x(a>0)$.

解:设 $x=a\sin t\left(-\frac{\pi}{2}<t<\frac{\pi}{2}\right)$,则有

$$\sqrt{a^2-x^2}=a\sqrt{1-\sin^2 t}=a\cos t,\quad \mathrm{d}x=a\cos t\mathrm{d}t$$

所以

$$\begin{aligned}\int\sqrt{a^2-x^2}\mathrm{d}x&=\int a\cos t\cdot a\cos t\mathrm{d}t=a^2\int\cos^2 t\mathrm{d}t\\&=a^2\int\frac{1+\cos 2t}{2}\mathrm{d}t=\frac{a^2}{2}\left(t+\frac{1}{2}\sin 2t\right)+C\\&=\frac{a^2}{2}t+\frac{a^2}{2}\sin t\cos t+C\end{aligned}$$

由于 $x=a\sin t$,所以 $t=\arcsin\frac{x}{a}$,于是 $\cos t=\sqrt{1-\sin^2 t}=\sqrt{1-\left(\frac{x}{a}\right)^2}=\frac{1}{a}\sqrt{a^2-x^2}$.

因此,所求不定积分为

$$\int \sqrt{a^2-x^2}\,dx = \frac{a^2}{2}\arcsin\frac{x}{a} + \frac{1}{2}x\sqrt{a^2-x^2} + C$$

例 5.25 求$\int \frac{dx}{\sqrt{a^2+x^2}}(a>0)$.

解：设 $x=a\tan t\left(-\frac{\pi}{2}<t<\frac{\pi}{2}\right)$，则 $\sqrt{a^2+x^2}=a\sqrt{1+\tan^2 t}=a\sec t$，$dx=a\sec^2 t\,dt$. 所以$\int \frac{dx}{\sqrt{a^2+x^2}} = \int \frac{a\sec^2 t}{a\sec t}dt = \int \sec t\,dt$. 利用本节例 5.22 的结果，得$\int \frac{dx}{\sqrt{a^2+x^2}} = \ln|\sec t+\tan t|+C$. 为了返回原积分变量，可由 $\tan t=\frac{x}{a}$ 作出辅助三角形，得 $\sec t=\frac{1}{\cos t}=\frac{\sqrt{a^2+x^2}}{a}$，所以$\int \frac{dx}{\sqrt{a^2+x^2}} = \ln\left|\frac{x}{a}+\frac{\sqrt{a^2+x^2}}{a}\right|+C = \ln\left|x+\sqrt{a^2+x^2}\right|+C_1$，其中 $C_1=C-\ln a$.

例 5.26 求$\int \sqrt{e^x+1}\,dx$.

解：设 $t=\sqrt{e^x+1}$，则 $e^x=t^2-1$，$x=\ln|t^2-1|$，$dx=\frac{2t}{t^2-1}dt$. 于是

$$\begin{aligned}\int \sqrt{e^x+1}\,dx &= \int t\cdot\frac{2t}{t^2-1}dt = 2\int \frac{t^2}{t^2-1}dt \\ &= 2\int\left(1+\frac{1}{t^2-1}\right)dt = 2t+\ln\left|\frac{t-1}{t+1}\right|+C \\ &= 2\sqrt{e^x+1}+\ln\left|\frac{\sqrt{e^x+1}-1}{\sqrt{e^x+1}+1}\right|+C \\ &= 2\sqrt{e^x+1}+\ln\left|\sqrt{e^x+1}-1\right|-\ln\left|\sqrt{e^x+1}+1\right|+C\end{aligned}$$

第二类换元法常常用于被积函数中含有根式的情形，常用的变量替换如下：

(1) 被积函数为 $f(\sqrt[n_1]{x},\sqrt[n_2]{x})$，则令 $t=\sqrt[n]{x}$，其中 n 为 n_1 和 n_2 的最小公倍数.

(2) 被积函数为 $f(\sqrt[n]{ax+b})$，则令 $t=\sqrt[n]{ax+b}$.

(3) 被积函数为 $f(\sqrt{a^2-x^2})$，则令 $x=a\sin t$.

(4) 被积函数为 $f(\sqrt{x^2+a^2})$，则令 $x=a\tan t$.

(5) 被积函数为 $f(\sqrt{x^2-a^2})$，则令 $x=a\sec t$.

本节一些例题的结果可以当作公式使用. 将这些常用的积分公式列举如下：

(1) $\int \tan x\,dx = -\ln|\cos x|+C$.

(2) $\int \cot x\,dx = \ln|\sin x|+C$.

(3) $\int \sec x\,dx = \ln|\sec x+\tan x|+C$.

(4) $\int \csc x\,dx = \ln|\csc x-\cot x|+C$.

(5) $\int \frac{1}{a^2+x^2}\mathrm{d}t = \frac{1}{a}\arctan\frac{x}{a} + C.$

(6) $\int \frac{1}{x^2-a^2}\mathrm{d}x = \frac{1}{2a}\ln\left|\frac{x-a}{x+a}\right| + C.$

(7) $\int \frac{1}{a^2-x^2}\mathrm{d}x = \frac{1}{2a}\ln\left|\frac{a+x}{a-x}\right| + C.$

(8) $\int \frac{1}{\sqrt{a^2-x^2}}\mathrm{d}x = \arcsin\frac{x}{a} + C.$

(9) $\int \frac{1}{\sqrt{x^2\pm a^2}}\mathrm{d}x = \ln\left|x+\sqrt{x^2\pm a^2}\right| + C.$

知识提炼： 两类换元积分法的区别.

5.4 分部积分法

设 $u=u(x)$ 和 $v=v(x)$ 具有连续导数. 根据乘积的微分公式有 $\mathrm{d}(uv)=v\mathrm{d}u+u\mathrm{d}v$，即 $u\mathrm{d}v=\mathrm{d}(uv)-v\mathrm{d}u$.

对上式两边积分，可得

$$\int u\mathrm{d}v = uv - \int v\mathrm{d}u \tag{5.3}$$

(5.3)式称为分部积分公式.

这一公式说明，如果计算积分 $\int u\mathrm{d}v$ 较困难，而积分 $\int u\mathrm{d}v$ 易于计算，则可以使用分部积分法计算.

例 5.27 求 $\int x\ln x\mathrm{d}x$.

解： 设 $u=\ln x$，$\mathrm{d}v=x\mathrm{d}x$，则 $\mathrm{d}u=\frac{1}{x}\mathrm{d}x$，$v=\frac{1}{2}x^2$. 所以

$$\begin{aligned}\int x\ln x\mathrm{d}x &= \frac{1}{2}x^2\ln x - \int \frac{1}{2}x^2 \cdot \frac{1}{x}\mathrm{d}x \\ &= \frac{1}{2}x^2\ln x - \frac{1}{4}x^2 + C\end{aligned}$$

例 5.28 求 $\int x\sin x\mathrm{d}x$.

解： 设 $u=x$，$\mathrm{d}v=\sin x\mathrm{d}x$，则 $\mathrm{d}u=\mathrm{d}x$，$v=-\cos x$，所以

$$\int x\sin x\mathrm{d}x = -x\cos x + \int \cos x\mathrm{d}x = -x\cos x + \sin x + C$$

例 5.29 求 $\int x\arctan x\mathrm{d}x$.

解： $\int x\arctan x\mathrm{d}x = \int \arctan x\mathrm{d}\left(\frac{1}{2}x^2\right)$

$$= \frac{1}{2}x^2\arctan x - \frac{1}{2}\int \frac{x^2}{1+x^2}\mathrm{d}x$$

$$= \frac{1}{2}x^2\arctan x - \frac{1}{2}\int\left(1 - \frac{1}{1+x^2}\right)dx$$

$$= \frac{1}{2}x^2\arctan x - \frac{1}{2}x + \frac{1}{2}\arctan x + C$$

例 5.30 求$\int x^2 e^x dx$.

解：$\int x^2 e^x dx = \int x^2 d(e^x)$

$$= x^2 e^x - 2\int x e^x dx = x^2 e^x - 2\int x d(e^x)$$

$$= x^2 e^x - 2xe^x + 2\int e^x dx = (x^2 - 2x + 2)e^x + C$$

例 5.31 $\int e^x \sin x dx$.

解：$\int e^x \sin x dx = \int \sin x d(e^x)$

$$= e^x \sin x - \int e^x \cos x dx$$

$$= e^x \sin x - \int \cos x d(e^x)$$

$$= e^x \sin x - e^x \cos x - \int e^x \sin x dx$$

移项后，有 $2\int e^x \sin x dx = e^x(\sin x - \cos x) + C_1$，所以$\int e^x \sin x dx = \frac{1}{2}e^x(\sin x - \cos x) + C$.

下面列出应用分部积分法的常见积分形式及 u 和 du 的选取方法.

(1) $\int x^m \ln x dx$、$\int x^m \arcsin x dx$、$\int x^m \arctan x dx$（$m \neq -1$，m 为整数）应使用分部积分法计算. 一般地，设 $dv = x^m dx$，而被积表达式的其余部分设为 u.

(2) $\int x^n \sin ax dx$、$\int x^n \cos x dx$、$\int x^n e^{ax} dx$（$n > 0$，n 为正整数）应利用分部积分法计算. 一般地，设 $u = x^n$，被积表达式的其余部分设为 dv.

例 5.32 求$\int \arctan\sqrt{x} dx$.

解：设 $t=\sqrt{x}$，则 $x=t^2$，$dx=2tdt$. 所以

$$\int \arctan\sqrt{x} dx = 2\int t\arctan t dt$$

$$= \int \arctan t d(t^2) \quad (\text{用分部积分法})$$

$$= t^2 \arctan t - \int \frac{t^2}{1+t^2} dt$$

$$= t^2 \arctan t - \int\left(1 - \frac{1}{1+t^2}\right)dt$$

$$= t^2 \arctan t - t + \arctan t + C$$

$$=x\arctan\sqrt{x}-\sqrt{x}+\arctan\sqrt{x}+C$$

例 5.33 求$\int\frac{xe^x}{\sqrt{e^x-1}}dx$.

解：设 $t=\sqrt{e^x-1}$，则 $e^x=1+t^2$，$x=\ln(1+t^2)$，$dx=\frac{2t}{1+t^2}dt$，因此

$$\begin{aligned}\int\frac{xe^x}{\sqrt{e^x-1}}dx&=\int\frac{\ln(1+t^2)\cdot(1+t^2)}{t}\cdot\frac{2t}{1+t^2}dt\\&=2\int\ln(1+t^2)dt\\&=2\left[t\ln(1+t^2)-\int\frac{2t^2}{1+t^2}dt\right]\\&=2t\ln(1+t^2)-4\int\left(1-\frac{1}{1+t^2}\right)dt\\&=2t\ln(1+t^2)-4t+4\arctan t+C\\&=2\sqrt{e^x-1}\ln(e^x)-4\sqrt{e^x-1}+4\arctan\sqrt{e^x-1}+C\\&=2x\sqrt{e^x-1}-4\sqrt{e^x-1}+4\arctan\sqrt{e^x-1}+C\end{aligned}$$

知识提炼：分部积分法中凑微分先后顺序总结.

人物介绍：数学家洛必达

洛必达(L'Hôpital)(1661—1704 年)是法国中世纪的王公贵族，法国的数学家，伟大的数学思想传播者. 他酷爱数学，后拜伯努利为师学习数学.

洛必达早年就显露出数学才能，他由一组定义和公理出发，全面地阐述变量、无穷小量、切线、微分等概念，这对传播新创建的微积分理论起了很大的作用.

洛必达的一个著名定理——"洛必达法则"，就是求一个分式当分子和分母都趋于零时的极限的法则. 但洛必达法则并非洛必达本人研究，实际上，洛必达法则是洛必达的老师伯努利的学术论文，由于当时伯努利境遇困顿，生活困难，而学生洛必达又是王公贵族，洛必达表示愿意用财物换取伯努利的学术论文，伯努利也欣然接受. 此篇论文即为影响数学界的洛必达法则. 在洛必达死后，伯努利宣称洛必达法则是自己的研究成果，但欧洲的数学家并不认可，他们认为洛必达的行为是正常的物物交换，因此否认了伯努利的说法，故"洛必达法则"之名沿用至今.

事实上，科研成果本来就可以买卖，洛必达也确实是个有天分的数学学习者，只是比伯努利等人稍逊一筹.洛必达花费了大量的时间和精力整理这些买来的和自己研究出来的成果，编著出世界上第一本微积分教科书，使数学广为传播.并且他在此书前言中向莱布尼茨和伯努利郑重致谢，特别是约翰·伯努利.这是一个值得尊敬的学者和传播者，他为这项事业贡献了自己的一生.

洛必达在微积分方面的代表作主要有《阐明曲线的无穷小于分析》《圆锥曲线分析论》等.

习　题

1. 一曲线过点(e,2)，且过曲线上任意一点的切线的斜率等于该点横坐标的倒数，求该曲线的方程.

2. 验证函数 $F(x)=\ln x$ 是$\dfrac{1}{x}$的一个原函数.

3. 利用直接积分法求下列不定积分.

(1) $\int(x-2\sqrt{x}+3\sqrt[3]{x})\mathrm{d}x$　　(2) $\int(x^3+3^x)\mathrm{d}x$

(3) $\int(\sqrt{x}-1)^2\mathrm{d}x$　　(4) $\int\left(\sqrt[3]{x}-\dfrac{1}{\sqrt[3]{x}}\right)\mathrm{d}x$

(5) $\int\sqrt{x}(2-x)\mathrm{d}x$　　(6) $\int\sqrt{x\sqrt{x}}\mathrm{d}x$

(7) $\int\dfrac{x^2}{1+x^2}\mathrm{d}x$　　(8) $\int\dfrac{x^2-x+\sqrt{x}+1}{x}\mathrm{d}x$

(9) $\int\dfrac{1-\mathrm{e}^{2x}}{1+\mathrm{e}^x}\mathrm{d}x$　　(10) $\int\dfrac{1}{x^2(x^2+1)}\mathrm{d}x$

(11) $\int\tan^2 x\mathrm{d}x$　　(12) $\int\cos^2\dfrac{x}{2}\mathrm{d}x$

(13) $\int\dfrac{\cos 2x}{\cos x+\sin x}\mathrm{d}x$　　(14) $\int\sin^2 x\mathrm{d}x$

4. 利用凑微分法求下列不定积分.

(1) $\int(2-3x)^{\frac{3}{2}}\mathrm{d}x$　　(2) $\int\dfrac{1}{\sqrt{2-3x}}\mathrm{d}x$

(3) $\int\mathrm{e}^{-x}\mathrm{d}x$　　(4) $\int\dfrac{1}{\sqrt{x}}\mathrm{e}^{\sqrt{x}}\mathrm{d}x$

(5) $\int a^{3x}\mathrm{d}x(a>0,a\neq 1)$　　(6) $\int\dfrac{x}{1+x^2}\mathrm{d}x$

(7) $\int x\sqrt{4-x^2}\mathrm{d}x$　　(8) $\int\dfrac{\mathrm{e}^{\frac{1}{x}}}{x^2}\mathrm{d}x$

(9) $\int\dfrac{\ln x}{x}\mathrm{d}x$　　(10) $\int\dfrac{1+\ln x+\ln^2 x}{x}\mathrm{d}x$

(11) $\int\dfrac{1}{3+2x}\mathrm{d}x$　　(12) $\int\dfrac{\mathrm{e}^x}{\mathrm{e}^{2x}+1}\mathrm{d}x$

(13) $\int \frac{x^2}{x+3}\mathrm{d}x$　　(14) $\int \frac{1}{\sqrt{4-x^2}}\mathrm{d}x$

(15) $\int \frac{1}{4-x^2}\mathrm{d}x$　　(16) $\int \frac{1}{x^2-x-6}\mathrm{d}x$

(17) $\int \frac{1}{x^2+4x+3}\mathrm{d}x$　　(18) $\int \cos\frac{\pi x}{2}\mathrm{d}x$

(19) $\int \sin\frac{\pi}{3}\mathrm{d}x$　　(20) $\int \frac{1}{1+\cos x}\mathrm{d}x$

(21) $\int \cos^3 x\mathrm{d}x$　　(22) $\int \sin^3 x\cos x\mathrm{d}x$

(23) $\int \frac{\sin\sqrt{x}}{\sqrt{x}}\mathrm{d}x$　　(24) $\int \mathrm{e}^{\sin x}\cos x\mathrm{d}x$

(25) $\int \frac{\arctan x}{1+x^2}\mathrm{d}x$　　(26) $\int \frac{\sin x}{4+\cos^2 x}\mathrm{d}x$

5. 利用换元积分法求下列不定积分.

(1) $\int x\sqrt{x-1}\mathrm{d}x$　　(2) $\int \frac{1}{1+\sqrt{x}}\mathrm{d}x$

(3) $\int \frac{x}{\sqrt{x-3}}\mathrm{d}x$　　(4) $\int \frac{\mathrm{d}x}{\sqrt{x}+\sqrt[3]{x}}$

(5) $\int \frac{\mathrm{d}x}{x^2\sqrt{a^2-x^2}}$　　(6) $\int \frac{\mathrm{d}x}{x^2\sqrt{x^2+1}}$

(7) $\int \frac{\sqrt{1-x^2}}{x}\mathrm{d}x$　　(8) $\int \frac{\sqrt{x^2-1}}{x}\mathrm{d}x$

(9) $\int (x-1)\mathrm{e}^{x^2-2x}\mathrm{d}x$　　(10) $\int \frac{1}{x^2\sqrt{1+x^2}}\mathrm{d}x$

(11) $\int \frac{\mathrm{d}x}{\sqrt{x}(1+x)}$　　(12) $\int \frac{\mathrm{d}x}{x(1+\sqrt{x^2})}\mathrm{d}x$

6. 利用分部积分法求下列不定积分.

(1) $\int x\ln x\mathrm{d}x$　　(2) $\int \ln(1+x^2)\mathrm{d}x$

(3) $\int x^2\sin x\mathrm{d}x$　　(4) $\int x\cos 2x\mathrm{d}x$

(5) $\int x\mathrm{e}^{-x}\mathrm{d}x$　　(6) $\int x^2\mathrm{e}^{-x}\mathrm{d}x$

(7) $\int \frac{\ln x}{x^2}\mathrm{d}x$　　(8) $\int \arccos x\mathrm{d}x$

(9) $\int \mathrm{e}^{\sqrt{2x-1}}\mathrm{d}x$　　(10) $\int \mathrm{e}^{-x}\cos x\mathrm{d}x$

(11) $\int \cos\sqrt{1-x}\mathrm{d}x$　　(12) $\int \sin(\ln x)\mathrm{d}x$

(13) $\int \frac{1}{x^2}\arctan x\mathrm{d}x$　　(14) $\int \frac{x}{(1+x)^2}\mathrm{e}^x\mathrm{d}x$

(15) $\int \ln(x+\sqrt{1+x^2})\mathrm{d}x$　　　　(16) $\int \frac{1}{x}\ln\ln x\mathrm{d}x$

7. 如果函数 $f(x)$的一个原函数是$\frac{\sin x}{x}$，试求$\int xf'(x)\mathrm{d}x$.

8. 设过曲线上任意一点的切线的斜率都等于该点与坐标原点所连直线斜率的 3 倍，求此曲线方程.

习题答案

第 6 章

定积分

教学说明

- 内容概述：本章从求曲边梯形面积的案例中引出定积分的概念，并通过对定积分的剖析，引出牛顿—莱布尼茨公式，利用牛顿—莱布尼茨公式和微积分基本公式，结合不定积分的积分方法，就可以求出许多定积分. 本章还探讨了定积分的特性，介绍定积分的性质和应用，并给出积分的 MATLAB 计算程序，最后拓展到广义积分的计算.
- 主要构成：定积分的概念、定积分的性质、变上限定积分及微积分基本定理、定积分的计算、无限区间上的广义积分、定积分的应用和利用 MATLAB 求函数的积分等内容.
- 本章重点：定积分的概念、计算与应用.
- 本章难点：定积分的概念.

6.1 定积分的概念与性质

6.1.1 引例

引例 6.1 由区间$[a,b]$上的连续曲线 $y=f(x)$$(f(x)\geqslant 0)$，以及 x 轴、直线 $x=a$ 和 $x=b$ 所围成的平面图形称为曲边梯形，如图 6.1 所示.

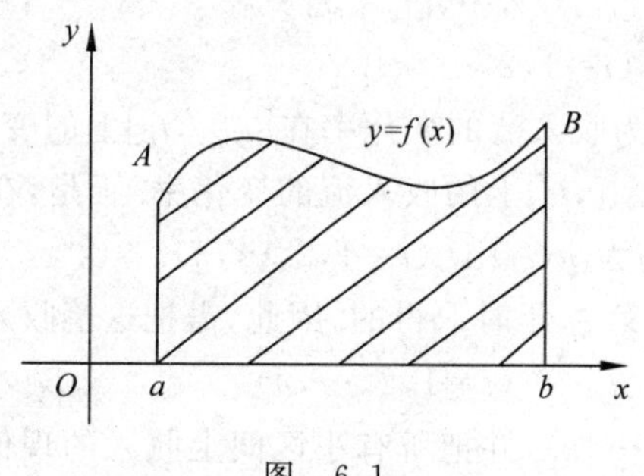

图 6.1

知识提炼：曲边梯形的几种形态.

为计算曲边梯形 $AabB$ 的面积，可按下述方法进行.

(1) 用分点 $a=x_0<x_1<x_2<\cdots<x_{n-1}<x_n=b$ 把区间分成 n 个小区间：$[x_0,x_1]$，$[x_1,x_2]$，…，$[x_{n-1},x_n]$，其中第 i 个小区间长度为 $\Delta x_i=x_i-x_{i-1}(i=1,2,\cdots,n)$，如图 6.2 所示.

过每一分点 $x_i(i=1,2,\cdots,n-1)$ 作 x 轴的垂线，把曲边梯形 $AabB$ 分成 n 个小曲边梯形，其中第 i 个小曲边梯形的面积记为 ΔA_i，曲边梯形 $AabB$ 的面积等于 $\sum_{i=1}^{n}\Delta A_i$.

(2) 在每一个小区间 $[x_{i-1},x_i]$ 内任取一点 $\xi_i(i=1,2,\cdots,n)$，以 Δx_i 为底边、$f(\xi_i)$ 为高作小矩形，如图 6.3 所示，其面积 $\Delta S_i=f(\xi_i)\Delta x_i(i=1,2,\cdots,n)$，当 Δx_i 很小时 $\Delta A_i\approx\Delta S_i$，曲边梯形 $AabB$ 的面积近似等于所有小矩形面积之和，即

$$S_n=\sum_{i=1}^{n}\Delta S_i=\sum_{i=1}^{n}f(\xi_i)\Delta x_i$$

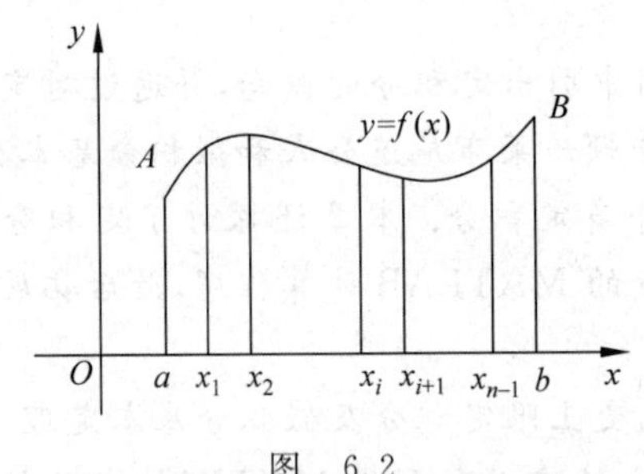

图 6.2

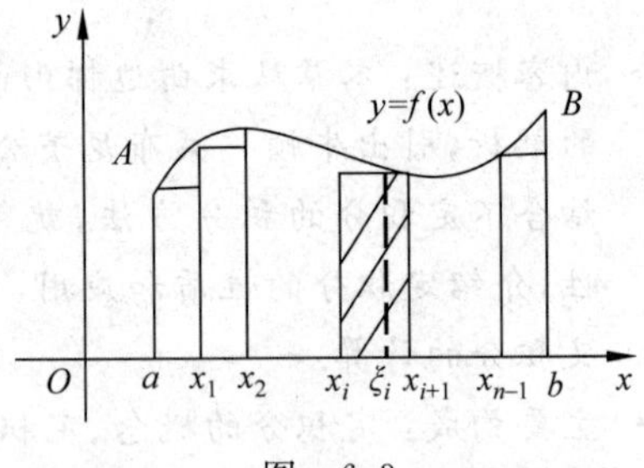

图 6.3

(3) 如果分点个数无限增大(即 $n\to\infty$)，且 $\Delta x=\max\limits_{1\leqslant i\leqslant n}\{\Delta x_i\}$ 趋于零时，S_n 的极限就是曲边梯形 $AabB$ 的面积 S，即

$$S=\lim_{\Delta x\to 0}S_n=\lim_{\Delta x\to 0}\sum_{i=1}^{n}f(\xi_i)\Delta x_i$$

引例 6.2 某大型企业集团的收益是随时流入的. 因此，这一收益可以表示为一个连续的收入流. 设 $p(t)$ 为收入流在时刻 t 的变化率(单位：元/年)，现需计算从现在($t_0=0$)到 T 年内的总收入.

解：设利息以连续复利计算，从 $t_0=0$ 到 T 年内的利率为 r，则计算过程如下.

(1) 用分点 $0=t_0<t_1<t_2<\cdots<t_n=T$ 把区间 $[0,T]$ 划分为 n 个小区间：

$$[t_0,t_1],[t_1,t_2],\cdots,[t_{n-1},t_n]$$

其中第 i 个小区间长度为 $\Delta t_i=t_i-t_{i-1}(i=1,2,\cdots,n)$.

(2) 当每个 Δt_i 都很小时，可以认为收入流的变化率在 $[t_{i-1},t_i]$ 上的变化较大. 所以，任取 $\xi_i\in[t_{i-1},t_i]$，则 $p(\xi_i)$ 可近似做 $[t_{i-1},t_i]$ 上的收入流的变化率. 于是，在 $[t_{i-1},t_i]$ 上的收入约等于收入流变化率×时间，即约为 $p(\xi_i)\Delta t_i(i=1,2,\cdots,n)$.

从现在 $t_0=0$ 开始，这笔收入是在第 ξ_i 年时取得的，因此，需把这笔收入折成现值. 所以在 $[t_{i-1},t_i]$ 上收入的现值约为 $p(\xi_i)\Delta t_i\mathrm{e}^{-r\xi_i}(i=1,2,\cdots,n)$.

记作 $\Delta R_i=p(\xi_i)\mathrm{e}^{-r\xi_i}\Delta t_i(i=1,2,\cdots,n)$，并把所有小区间上收入的现值相加，得到 t_0 从 0 到 T 年该公司总收入现值的近似值 R_n 为

$$R_n=\sum_{i=1}^{n}p(\xi_i)\mathrm{e}^{-r\xi_i}\Delta t_i$$

(3) 如果分点个数无限增大(即 $n\to\infty$)，且 $\Delta t=\max\limits_{1\leqslant i\leqslant n}\{\Delta t_i\}$ 趋于零时，和数 R_n 的极限就是总收入的现值 R. 即

$$R=\lim_{\Delta t\to 0}R_n=\lim_{\Delta t\to 0}\sum_{i=1}^{n}p(\xi_i)\mathrm{e}^{-r\xi_i}\Delta t_i$$

6.1.2　定积分的概念

【定义 6.1】 设函数 $f(x)$在区间$[a,b]$上有定义.用点 $a=x_0<x_1<x_2<\cdots<x_{n-1}<x_n=b$ 把区间$[a,b]$分为 n 个小区间,即

$$[x_0,x_1],[x_1,x_2],\cdots,[x_{n-1},x_n]$$

记作 $\Delta x_i=x_i-x_{i-1}(i=1,2,\cdots,n)$.在每一个小区间$[x_{i-1},x_i]$上任取一点 $\xi_i(\xi_i\in[x_{i-1},x_i])$,则 $S_n=\sum\limits_{i=1}^{n}f(\xi_i)\Delta x_i$ 称为积分和.

如果当 n 无限增大,且 Δx_i 中最大者 $\Delta x\to 0\left(\Delta x=\max\limits_{1\leqslant i\leqslant n}\{\Delta x_i\}\right)$时,$S_n$ 的极限存在,且极限值与$[a,b]$的划分方法及点 ξ_i 的取法无关,则称函数 $f(x)$在区间$[a,b]$上可积,此极限值称为函数 $f(x)$在区间$[a,b]$上的定积分,记作$\int_a^b f(x)\mathrm{d}x$,即

$$\int_a^b f(x)\mathrm{d}x=\lim_{\Delta x\to 0}\sum_{i=1}^{n}f(\xi_i)\Delta x$$

其中 $f(x)$称为被积函数,$[a,b]$称为积分区间,a 称为积分下限,b 称为积分上限,x 称为积分变量,$f(x)\mathrm{d}x$ 称为被积表达式.

知识提炼:根据定义 6.1 中“在每一个小区间$[x_{i-1},x_i]$上任取一点 $\xi_i(\xi_i\in[x_{i-1},x_i])$”一句进行小矩形的研究.

由定义 6.1 可知,引例 6.1、引例 6.2 所讨论的问题可分别叙述如下:

(1) 曲边梯形 $AabB$ 的面积 S 是曲边方程 $y=f(x)$在区间$[a,b]$上的定积分,即

$$\int_a^b f(x)\mathrm{d}x$$

(2) 某企业集团在 T 年内总收入的现值 R 是函数 $y=p(t)\mathrm{e}^{-rt}$ 在区间$[0,T]$上的定积分,即

$$R=\int_0^T p(t)\mathrm{e}^{-rt}\mathrm{d}t$$

对于定积分的概念,应注意以下几点.

(1) 函数 $f(x)$在区间$[a,b]$上的定积分是积分和的极限,如果这一极限存在,则它是一个确定的常量.它只与被积函数 $f(x)$和积分区间$[a,b]$有关,与积分变量使用的字母无关.

$$\int_a^b f(x)\mathrm{d}x=\int_a^b f(t)\mathrm{d}t \tag{6.1}$$

(2) 定积分的定义总是假设 $a<b$,如果 $b<a$,我们规定

$$\int_a^b f(x)\mathrm{d}x=-\int_b^a f(x)\mathrm{d}x \tag{6.2}$$

即互换定积分的上、下限,定积分变号.

如果 $a=b$,由(6.2)式可得

$$\int_a^a f(x)\mathrm{d}x = 0 \tag{6.3}$$

(3) 可以证明：如果 $f(x)$在区间$[a,b]$上可积，则 $f(x)$在区间$[a,b]$上有界，即函数 $f(x)$有界是其可积的必要条件.

这一结论也可以叙述为：如果函数 $f(x)$在区间$[a,b]$上无界，则 $f(x)$在$[a,b]$上不可积.

同步训练：利用定积分的定义计算定积分 $\int_0^1 x^2\mathrm{d}x$.

6.1.3 定积分的性质

【性质 6.1】 被积表达式中的常数因子可以提到积分号前，即

$$\int_a^b kf(x)\mathrm{d}x = k\int_a^b f(x)\mathrm{d}x$$

【性质 6.2】 两个函数代数和的积分等于各函数积分的代数和，即

$$\int_a^b [f(x) \pm g(x)]\mathrm{d}x = \int_a^b f(x)\mathrm{d}x \pm \int_a^b g(x)\mathrm{d}x$$

这一结论可以推广到任意有限多个函数代数和的情况.

【性质 6.3】 对任意的点，有

$$\int_a^b f(x)\mathrm{d}x = \int_a^c f(x)\mathrm{d}x + \int_c^b f(x)\mathrm{d}x$$

这一性质称为定积分的可加性. 应注意，c 的任意性意味着，不论 $c\in[a,b]$还是 $c\notin[a,b]$，这一性质均成立.

【性质 6.4】 如果在区间$[a,b]$上恒有 $f(x)\leqslant g(x)$，则

$$\int_a^b f(x)\mathrm{d}x \leqslant \int_a^b g(x)\mathrm{d}x$$

【性质 6.5】 如果被积函数 $f(x)=1$，则

$$\int_a^b f(x)\mathrm{d}x = b-a$$

【性质 6.6】 如果函数 $f(x)$在$[a,b]$上有最大值 M 和最小值 m，则

$$m(b-a) \leqslant \int_a^b f(x)\mathrm{d}x \leqslant M(b-a)$$

【性质 6.7】(积分中值定理) 如果函数在区间$[a,b]$上连续，则在$[a,b]$内至少有一点 ξ，使得

$$\int_a^b f(x)\mathrm{d}x = f(\xi)(b-a), \quad \xi\in(a,b) \tag{6.4}$$

这一性质的几何意义是：由曲线 $y=f(x)$，x 轴和直线 $x=a$ 及 $x=b$ 所围成的曲边梯形面积等于区间$[a,b]$上某个矩形的面积，这个矩形的底是区间$[a,b]$，其高为区间$[a,b]$内某一点 ξ 处的函数值 $f(\xi)$，如图 6.4 所示.

由(6.4)式得到

$$f(\xi) = \frac{1}{b-a}\int_a^b f(x)\mathrm{d}x$$

$f(\xi)$称为函数 $f(x)$在区间$[a,b]$上的平均值.

例 6.1　求抛物线 $y=x^2$、直线 $x=1$ 和 x 轴所围成的曲边梯形的面积.

解：如图 6.5 所示.

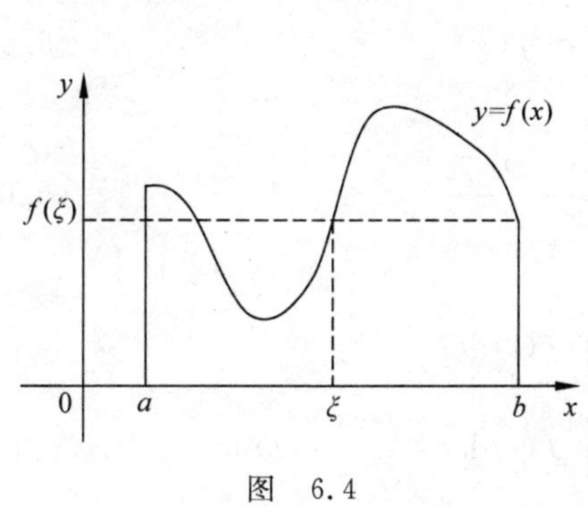

图　6.4

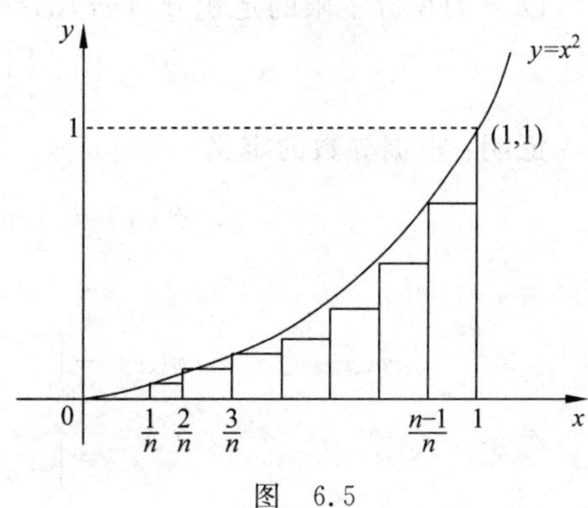

图　6.5

(1) 用直线 $x=\frac{i}{n}(i=1,2,\cdots,n-1)$把曲边梯形分成 n 个窄条，第 i 个窄条的面积用高为$\left(\frac{i-1}{n}\right)^2$ 的小矩形面积和$\left(\frac{i-1}{n}\right)^2\frac{1}{n}$近似值表示.

(2) 以 n 个小矩形面积的和作为曲线梯形面积的近似值.

$$S_n=\sum_{i=1}^{n}\left(\frac{i-1}{n}\right)^2\frac{1}{n}=\frac{1}{n^3}\sum_{i=1}^{n}(i-1)^2$$

$$=\frac{1}{3}\left(1-\frac{1}{n}\right)\left(1-\frac{1}{2n}\right)$$

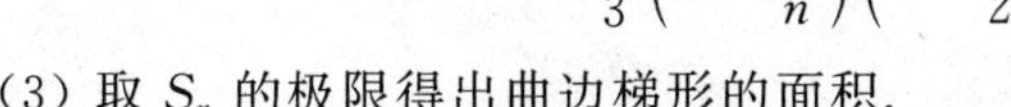

(3) 取 S_n 的极限得出曲边梯形的面积.

同步训练：用定积分表示下列极限.

(1) $\lim\limits_{n\to\infty}\frac{1}{n}\sum\limits_{i=1}^{n}\sqrt{1+\frac{i}{n}}$

(2) $\lim\limits_{n\to\infty}\frac{1^p+2^p+\cdots+n^p}{n^{p+1}}$

6.2　变上限定积分及微积分基本定理

6.2.1　变上限定积分

设函数 $f(x)$在区间$[a,b]$上连续，对于任意的 $x\in[a,b]$，$f(x)$在区间$[a,x]$上也连续，所以函数 $f(x)$在$[a,x]$上也可积. 定积分$\int_a^x f(t)\mathrm{d}t$ 的值依赖上限，因此它是定义在$[a,b]$上的 x 函数. 记作

$$\phi(x)=\int_a^x f(t)\mathrm{d}t,\quad x\in[a,b]$$

则 $\phi(x)$称为变上限定积分.

【定理 6.1】 如果函数 $f(x)$在区间$[a,b]$上连续,则

$$\phi(x)=\int_a^x f(t)\mathrm{d}t$$

以 x 为积分上限的定积分,$\phi(x)$的导数等于被积函数的积分上限在 x 处的值. 即

$$\phi'(x)=\left[\int_a^x f(t)\mathrm{d}t\right]'=f(x) \tag{6.5}$$

证明:根据导数的定义

$$\phi'(x)=\lim_{\Delta x\to 0}\frac{\phi(x+\Delta x)-\phi(x)}{\Delta x} \tag{6.6}$$

而

$$\begin{aligned}\phi(x+\Delta x)-\phi(x)&=\int_a^{x+\Delta x}f(t)\mathrm{d}t-\int_a^x f(t)\mathrm{d}t\\&=\int_a^{x+\Delta x}f(t)\mathrm{d}t+\int_x^a f(t)\mathrm{d}t=\int_x^{x+\Delta x}f(t)\mathrm{d}t\\&=f(\xi)\Delta x \qquad \text{(积分中值定理)}\end{aligned}$$

把上述结果代入(6.6)式,并注意到 $\Delta x\to 0$ 时 $\xi\to x$,得

$$\phi'(x)=\lim_{\xi\to x}f(\xi)=f(x)$$

由定理 6.1 可知:如果函数 $f(x)$在区间$[a,b]$上连续,则函数 $\phi(x)=\int_a^x f(t)\mathrm{d}t$ 就是 $f(x)$ 在区间$[a,b]$ 上的一个原函数.

例 6.2 计算 $\frac{\mathrm{d}}{\mathrm{d}x}\int_0^x \mathrm{e}^{-t}\sin t\mathrm{d}t$.

解:$\frac{\mathrm{d}}{\mathrm{d}x}\int_0^x \mathrm{e}^{-t}\sin t\mathrm{d}t=\left[\int_0^x \mathrm{e}^{-t}\sin t\mathrm{d}t\right]'=\mathrm{e}^{-x}\sin x$

例 6.3 求 $\lim_{x\to 0}\frac{1}{x^2}\int_0^x \ln(1+t)\mathrm{d}t$.

解:当 $x\to 0$ 时,有

$$\lim_{x\to 0}\frac{\int_0^x \ln(1+t)\mathrm{d}t}{x^2}=\lim_{x\to 0}\frac{\ln(1+x)}{2x}=\frac{1}{2}\lim_{x\to 0}\ln(1+x)^{\frac{1}{x}}=\frac{1}{2}$$

例 6.4 计算$\frac{\mathrm{d}}{\mathrm{d}x}\int_0^{x^2}\cos t\mathrm{d}t$.

解:设 $u=x^2$,则$\int_0^{x^2}\cos t\mathrm{d}t=\int_0^u \cos t\mathrm{d}t=P(u)$. 所以

$$\begin{aligned}\frac{\mathrm{d}}{\mathrm{d}x}\int_0^{x^2}\cos t\mathrm{d}t&=\frac{\mathrm{d}}{\mathrm{d}x}[P(u)]=P'(u)\cdot\frac{\mathrm{d}u}{\mathrm{d}x}=\frac{\mathrm{d}}{\mathrm{d}x}\int_0^u\cos t\mathrm{d}t\cdot\frac{\mathrm{d}}{\mathrm{d}x}(x^2)\\&=\cos u\cdot 2x=2x\cos x^2\end{aligned}$$

一般地,如果 $g(x)$可导,则

$$\left[\int_a^{g(x)}f(t)\mathrm{d}t\right]'=f[g(x)]\cdot g'(x)$$

6.2.2 微积分基本定理

【定理 6.2】 设 $f(x)$在区间$[a,b]$上连续,$F(x)$是 $f(x)$的一个原函数,则

$$\int_a^b f(x)\mathrm{d}x = F(b) - F(a) \tag{6.7}$$

证明：由定理6.1可知，函数 $\phi(x) = \int_a^x f(t)\mathrm{d}t$ 是 $f(x)$ 的一个原函数，而函数 $F(x)$ 也是 $f(x)$ 的一个原函数. 所以 $\phi(x)$ 与 $F(x)$ 在 $[a,b]$ 上仅差一个常数 C，即

$$\phi(x) = F(x) + C \tag{6.8}$$

在(6.8)式中令 $x=a$，得

$$\phi(a) = \int_a^a f(t)\mathrm{d}t = 0$$

即

$$0 = F(a) + C$$

故

$$C = -F(a)$$

于是(6.8)式化为

$$\phi(x) = F(x) - F(a)$$

即

$$\int_a^x f(t)\mathrm{d}t = F(x) - F(a)$$

在上式中令 $x=b$，则

$$\int_a^b f(t)\mathrm{d}t = F(b) - F(a)$$

即

$$\int_a^b f(x)\mathrm{d}x = F(b) - F(a)$$

把 $F(b)-F(a)$ 记为 $F(x)\Big|_a^b$，所以(6.7)式又可写成

$$\int_a^b f(x)\mathrm{d}x = F(x)\Big|_a^b$$

定理6.2通常称为微积分基本定理，公式(6.7)称为牛顿—莱布尼茨公式. 这一定理揭示了定积分与被积函数的原函数或不定积分的联系.

例 6.5　计算 $\int_1^4 \sqrt{x}\mathrm{d}x$.

解：$\int_1^4 \sqrt{x}\mathrm{d}x = \frac{2}{3}x^{\frac{3}{2}}\Big|_1^4 = \frac{2}{3}\times(4^{\frac{3}{2}}-1) = \frac{14}{3}$

例 6.6　计算 $\int_0^2 (2x-5)\mathrm{d}x$.

解：$\int_0^2 (2x-5)\mathrm{d}x = (x^2-5x)\Big|_0^2 = 2^2 - 10 = -6$

例 6.7　计算 $\int_0^{\frac{\pi}{2}} \left|\frac{1}{2} - \sin x\right| \mathrm{d}x$.

解：被积函数 $f(x) = \left|\frac{1}{2} - \sin x\right|$.

当 $x\in\left[0,\frac{\pi}{6}\right]$时，$f(x)=\frac{1}{2}-\sin x$；

当 $x\in\left[\frac{\pi}{6},\frac{\pi}{2}\right]$时，$f(x)=\sin x-\frac{1}{2}$.

所以

$$\begin{aligned}\int_0^{\frac{\pi}{2}}\left|\frac{1}{2}-\sin x\right|\mathrm{d}x&=\int_0^{\frac{\pi}{6}}\left(\frac{1}{2}-\sin x\right)\mathrm{d}x+\int_{\frac{\pi}{6}}^{\frac{\pi}{2}}\left(\sin x-\frac{1}{2}\right)\mathrm{d}x\\&=\left(\frac{1}{2}x+\cos x\right)\Big|_0^{\frac{\pi}{6}}+\left(-\cos x-\frac{1}{2}x\right)\Big|_{\frac{\pi}{6}}^{\frac{\pi}{2}}\\&=\left(\frac{\pi}{12}+\frac{\sqrt{3}}{2}-1\right)+\left(-\frac{\pi}{4}+\frac{\sqrt{3}}{2}+\frac{\pi}{12}\right)=\sqrt{3}-1-\frac{\pi}{12}\end{aligned}$$

例 6.8 设 $f(x)$为连续函数，且 $f(x)=x+2\int_0^1 f(t)\mathrm{d}t$,求 $f(x)$.

解：因为 $f(x)$ 连续，所以 $f(x)$ 在$[0,1]$上可积，记作 $I=\int_0^1 f(t)\mathrm{d}t$，于是

$$f(x)=x+2I$$

两边在$[0,1]$上积分，得

$$\int_0^1 f(x)\mathrm{d}x=\int_0^1 x\mathrm{d}x+2I\int_0^1\mathrm{d}x=\frac{1}{2}x^2\Big|_0^1+2Ix\Big|_0^1=\frac{1}{2}+2I$$

即

$$I=\frac{1}{2}+2I$$

$$I=-\frac{1}{2}$$

所以 $f(x)=x-1$. 应注意，在运用牛顿—莱布尼茨公式时，如果被积函数 $f(x)$在积分区间$[a,b]$上不满足可积条件，则不能利用该公式. 例如，在区间$[-1,1]$上函数 $f(x)=\frac{1}{x}$在点 $x=0$ 的某邻域内无界，因而 $f(x)=\frac{1}{x}$在$[-1,1]$不可积，不能用牛顿—莱布尼茨公式计算$\int_{-1}^1\frac{1}{x}\mathrm{d}x$.

6.3 定积分的计算

6.3.1 定积分的换元积分法

【定理 6.3】 设函数 $f(x)$在区间$[a,b]$上连续，作变换 $x=\varphi(t)$，如果满足以下条件.

(1) $x=\varphi(t)$在区间$[\alpha,\beta]$上有连续导数 $\varphi'(x)$.

(2) 当 t 在区间$[\alpha,\beta]$上变化时，$x=\varphi(t)$的值从 $\varphi(\alpha)=a$ 单调变到$\varphi(\beta)=b$. 则

$$\int_a^b f(x)\mathrm{d}x=\int_\alpha^\beta f[\varphi(t)]\varphi'(t)\mathrm{d}t \tag{6.9}$$

证明：因为 $f(x)$ 在区间 $[a,b]$ 上连续，所以 $f(x)$ 在 $[a,b]$ 上可积.

设 $f(x)$ 的一个原函数为 $F(x)$，由牛顿—莱布尼茨公式，有

$$\int_a^b f(x)\mathrm{d}x = F(x)\Big|_a^b = F(b) - F(a)$$

由条件(1)和(2)可知，函数 $f[\varphi(t)]\cdot\varphi'(t)$ 在区间 $[\alpha,\beta]$ 上可积，其原函数为 $F[\varphi(t)]$. 这是因为

$$(F[\varphi(t)])' = F'[\varphi(t)]\cdot\varphi'(t) = f[\varphi(t)]\cdot\varphi'(t)$$

因此，有

$$\begin{aligned}\int_\alpha^\beta f[\varphi(t)]\varphi'(t)\mathrm{d}t &= F[\varphi(t)]\Big|_\alpha^\beta = F[\varphi(\beta)] - F[\varphi(\alpha)]\\ &= F(b) - F(a)\end{aligned}$$

于是，有

$$\int_a^b f(x)\mathrm{d}x = \int_\alpha^\beta f[\varphi(t)]\varphi'(t)\mathrm{d}t$$

例 6.9　计算 $\int_0^{\frac{\pi}{2}}\cos^3 x\sin x\mathrm{d}x$.

解：方法 1　设 $t=\cos x$，则 $\mathrm{d}t=-\sin x\mathrm{d}x$. 当 $x=0$ 时，$t=1$；当 $x=\frac{\pi}{2}$ 时，$t=0$. 所以原积分为

$$\int_0^{\frac{\pi}{2}}\cos^3 x\cdot\sin x\mathrm{d}x = -\int_1^0 t^3\mathrm{d}t = \int_0^1 t^3\mathrm{d}t = \frac{1}{4}t^4\Big|_0^1 = \frac{1}{4}$$

方法 2

$$\begin{aligned}\int_0^{\frac{\pi}{2}}\cos^3 x\sin x\mathrm{d}x &= -\int_0^{\frac{\pi}{2}}\cos^3 x\mathrm{d}\cos x\\ &= -\frac{1}{4}\cos^4 x\Big|_0^{\frac{\pi}{2}} = \frac{1}{4}\end{aligned}$$

例 6.10　计算 $\int_0^{\ln 3}\mathrm{e}^x(1+\mathrm{e}^x)^2\mathrm{d}x$.

解：
$$\begin{aligned}\int_0^{\ln 3}\mathrm{e}^x(1+\mathrm{e}^x)^2\mathrm{d}x &= \int_0^{\ln 3}(1+\mathrm{e}^x)^2\mathrm{d}(1+\mathrm{e}^x) = \frac{1}{3}(1+\mathrm{e}^x)^3\Big|_0^{\ln 3}\\ &= \frac{1}{3}[(1+\mathrm{e}^{\ln 3})^3 - (1+\mathrm{e}^0)^3] = \frac{56}{3}\end{aligned}$$

例 6.11　计算 $\int_2^4\frac{\mathrm{d}x}{x\sqrt{x-1}}$.

解：设 $t=\sqrt{x-1}$，则 $x=1+t^2$，$\mathrm{d}x=2t\mathrm{d}t$. 当 $x=2$ 时，$t=1$；当 $x=4$ 时，$t=\sqrt{3}$. 所以

$$\begin{aligned}\int_2^4\frac{\mathrm{d}x}{x\sqrt{x-1}} &= \int_1^{\sqrt{3}}\frac{2t\mathrm{d}t}{(1+t^2)t} = 2\int_1^{\sqrt{3}}\frac{1}{(1+t^2)}\mathrm{d}t\\ &= 2\arctan t\Big|_1^{\sqrt{3}} = 2\times\left(\frac{\pi}{3}-\frac{\pi}{4}\right) = \frac{\pi}{6}\end{aligned}$$

例 6.12　计算 $\int_0^{\ln 5}\frac{\mathrm{e}^x}{\mathrm{e}^x+3}\sqrt{\mathrm{e}^x-1}\mathrm{d}x$.

解：设 $t=\sqrt{e^x-1}$，则 $x=\ln(1+t^2)$，$dx=\frac{2t}{1+t^2}$. 当 $x=0$ 时，$t=0$；当 $x=\ln5$ 时，$t=2$. 所以

$$\begin{aligned}\int_0^{\ln5}\frac{e^x}{e^x+3}\sqrt{e^x-1}\,dx &= \int_0^2\frac{1+t^2}{4+t^2}\cdot t\cdot\frac{2t}{1+t^2}dt = 2\int_0^2\frac{t^2}{4+t^2}dt \\ &=2\int_0^2\left(1-\frac{4}{4+t^2}\right)dt = 2\left(t-\frac{1}{2}\arctan\frac{t}{2}\right)\Big|_0^2 \\ &=4-\frac{\pi}{4}\end{aligned}$$

例 6.13 设函数 $f(x)$ 在区间 $[-a,a]$ 上连续（$a>0$），则

(1) 当 $f(x)$ 为偶函数时，$\int_{-a}^a f(x)dx = 2\int_0^a f(x)dx$.

(2) 当 $f(x)$ 为奇函数时，$\int_{-a}^a f(x)dx = 0$.

证明：(1) 由定积分的可加性，有

$$\int_{-a}^a f(x)dx = \int_{-a}^0 f(x)dx + \int_0^a f(x)dx \tag{6.10}$$

对于等号右端的第一项，令 $x=-t$，则 $dx=-dt$. 且当 $x=-a$ 时，$t=a$；当 $x=0$ 时，$t=0$. 于是

$$\int_{-a}^0 f(x)dx = -\int_a^0 f(-t)dt = \int_0^a f(t)dt$$

所以，(6.10)式可转化为

$$\begin{aligned}\int_{-a}^0 f(x)dx &= \int_0^a f(t)dt + \int_0^a f(x)dx \\ &=2\int_0^a f(x)dx\end{aligned}$$

(2) 类似于(1)的证明，本例的结果可以作为定理使用.

例 6.14 计算 $\int_{-2}^2\frac{x+|x|}{2+x^2}dx$.

解：
$$\begin{aligned}\int_{-2}^2\frac{x+|x|}{2+x^2}dx &= \int_{-2}^2\frac{x}{2+x^2}dx + \int_{-2}^2\frac{|x|}{2+x^2}dx \\ &= 0+2\int_0^2\frac{x}{2+x^2}dx \\ &= \int_0^2\frac{1}{2+x^2}d(2+x^2) \\ &= \ln(2+x^2)\Big|_0^2 \\ &= \ln3\end{aligned}$$

例 6.15 计算 $\int_{-2}^2 x^2\sqrt{4-x^2}\,dx$.

解：在区间 $[-2,2]$ 上，被积函数为偶函数. 所以

$$\int_{-2}^2 x^2\sqrt{4-x^2}\,dx = 2\int_0^2 x^2\sqrt{4-x^2}\,dx$$

令 $x=2\sin t$，$dx=2\cos t\,dt$，$\sqrt{4-x^2}=2\cos t$. 当 $x=0$ 时，$t=0$；当 $x=2$ 时，$t=\frac{\pi}{2}$. 于是

$$\int_{-2}^{2} x^2\sqrt{4-x^2}\,\mathrm{d}x = 2\int_0^{\frac{\pi}{2}} 16\sin^2 t\cos^2 t\,\mathrm{d}t = 8\int_0^{\frac{\pi}{2}} \sin^2 2t\,\mathrm{d}t$$

$$=4\int_0^{\frac{\pi}{2}}(1-\cos 4t)\,\mathrm{d}t = 4\left(t-\frac{1}{4}\sin 4t\right)\Big|_0^{\frac{\pi}{2}} = 2\pi$$

6.3.2　定积分的分部积分法

设函数 $u=u(x)$ 与 $v=v(x)$ 在区间 $[a,b]$ 上有连续导数 $u'(x)$ 和 $v'(x)$，则

$$(uv)' = u'v + uv'$$

在上式两端取区间 $[a,b]$ 上的定积分，有

$$\int_a^b (uv)'\,\mathrm{d}x = \int_a^b u'v\,\mathrm{d}x + \int_a^b uv'\,\mathrm{d}x$$

即

$$(uv)\Big|_a^b = \int_a^b v\,\mathrm{d}u + \int_a^b u\,\mathrm{d}v$$

移项得

$$\int_a^b u\,\mathrm{d}v = (uv)\Big|_a^b - \int_a^b v\,\mathrm{d}u \tag{6.11}$$

(6.11)式称为定积分的分部积分公式.

例 6.16　计算 $\int_1^2 x\ln x\,\mathrm{d}x$.

解：设 $u=\ln x$，$\mathrm{d}v=x\mathrm{d}x$，则 $\mathrm{d}u=\frac{1}{x}\mathrm{d}x$，$v=\frac{1}{2}x^2$. 可得

$$\int_1^2 x\ln x\,\mathrm{d}x = \frac{1}{2}x^2\ln x\Big|_1^2 - \int_1^2 \frac{1}{2}x^2\cdot\frac{1}{x}\,\mathrm{d}x$$

$$=2\ln 2 - \frac{1}{4}x^2\Big|_1^2 = 2\ln 2 - \frac{3}{4}$$

例 6.17　计算 $\int_{-2}^{2}(|x|+x)\mathrm{e}^{-|x|}\,\mathrm{d}x$.

解：由于 $|x|\mathrm{e}^{-|x|}$ 为偶函数，$x\mathrm{e}^{-|x|}$ 为奇函数，所以

$$\int_{-2}^{2}(|x|+x)\mathrm{e}^{-|x|}\,\mathrm{d}x = \int_{-2}^{2}|x|\,\mathrm{e}^{-|x|}\,\mathrm{d}x + \int_{-2}^{2}x\mathrm{e}^{-|x|}\,\mathrm{d}x$$

$$=2\int_0^2 x\mathrm{e}^{-x}\,\mathrm{d}x + 0 = -2\int_0^2 x\,\mathrm{d}\mathrm{e}^{-x}$$

$$=-2\left(x\mathrm{e}^{-x}\Big|_0^2 - \int_0^2 \mathrm{e}^{-x}\,\mathrm{d}x\right)$$

$$=-4\mathrm{e}^{-2} - 2\mathrm{e}^{-x}\Big|_0^2 = 2 - \frac{6}{\mathrm{e}^2}$$

例 6.18　计算 $\int_0^{\pi^2}\cos^2\sqrt{x}\,\mathrm{d}x$.

解：设 $t=\sqrt{x}$，则 $x=t^2$，$\mathrm{d}x=2t\mathrm{d}t$. 当 $x=0$ 时，$t=0$；当 $x=\pi^2$ 时，$t=\pi$. 于是

$$\int_0^{\pi^2}\cos^2\sqrt{x}\,\mathrm{d}x = \int_0^{\pi} 2t\cos^2 t\,\mathrm{d}t = \int_0^{\pi} t(1+\cos 2t)\,\mathrm{d}t$$

$$=\int_0^{\pi} t\mathrm{d}t+\int_0^{\pi} t\cos 2t\mathrm{d}t=\frac{1}{2}t^2\Big|_0^{\pi}+\frac{1}{2}\int_0^{\pi} t\mathrm{d}(\sin 2t)$$

$$=\frac{1}{2}\pi^2+\frac{1}{2}\left(t\sin 2t\Big|_0^{\pi}-\int_0^{\pi}\sin 2t\mathrm{d}t\right)$$

$$=\frac{1}{2}\pi^2+\frac{1}{4}\cos 2t\Big|_0^{\pi}=\frac{1}{2}\pi^2$$

例 6.19 计算$\int_0^1 x\arcsin x\mathrm{d}x$.

解：先用定积分的分部积分法，再用定积分的换元法.

$$\int_0^1 x\arcsin x\mathrm{d}x=\frac{1}{2}\int_0^1 \arcsin x\mathrm{d}x^2=\frac{1}{2}x^2\arcsin x\Big|_0^1-\frac{1}{2}\int_0^1\frac{x^2}{\sqrt{1-x^2}}\mathrm{d}x$$

$$=\frac{\pi}{4}-\frac{1}{2}\int_0^{\frac{\pi}{2}}\frac{\sin^2 t}{\sqrt{1-\sin^2 t}}\cos t\mathrm{d}t=\frac{\pi}{4}-\frac{1}{2}\int_0^{\frac{\pi}{2}}\sin^2 t\mathrm{d}t$$

$$=\frac{\pi}{4}-\frac{1}{2}\int_0^{\frac{\pi}{2}}\frac{1-\cos 2t}{2}\mathrm{d}t=\frac{\pi}{4}-\frac{1}{4}\left(t-\frac{1}{2}\sin 2t\right)\Big|_0^{\frac{\pi}{2}}$$

$$=\frac{\pi}{4}-\frac{1}{4}\left(\frac{\pi}{2}-0\right)=\frac{\pi}{8}$$

6.4 无限区间上的广义积分

我们将定积分的概念推广到无限区间，这类积分称为无限区间上的广义积分.

【定义 6.2】 设函数 $f(x)$在区间$[a,+\infty)$上连续，如果$\lim\limits_{b\to+\infty}\int_a^b f(x)\mathrm{d}x(a<b)$存在，则称此极限值为 $f(x)$在区间$[a,+\infty)$上的广义积分. 记作

$$\int_a^{+\infty} f(x)\mathrm{d}x=\lim_{b\to+\infty}\int_a^b f(x)\mathrm{d}x \tag{6.12}$$

这时也称广义积分$\int_a^{+\infty} f(x)\mathrm{d}x$存在或收敛；如果上述极限不存在，就称广义积分$\int_a^{+\infty} f(x)\mathrm{d}x$发散.

类似地，可以定义函数 $f(x)$在$(-\infty,b]$和$(-\infty,+\infty)$上的广义积分，

$$\int_{-\infty}^b f(x)\mathrm{d}x=\lim_{a\to-\infty}\int_a^b f(x)\mathrm{d}x,\quad a<b \tag{6.13}$$

$$\int_{-\infty}^{+\infty} f(x)\mathrm{d}x=\lim_{a\to-\infty}\int_a^c f(x)\mathrm{d}x+\lim_{b\to+\infty}\int_c^b f(x)\mathrm{d}x \tag{6.14}$$

式中 $c\in(-\infty,+\infty)$.

在(6.13)式中，如果等式右端极限存在，则称广义积分收敛$\int_{-\infty}^b f(x)\mathrm{d}x$；否则就称广义积分$\int_{-\infty}^b f(x)\mathrm{d}x$发散.

在(6.14)式中，如果等式右端的两个极限都存在，则称广义积分 $\int_{-\infty}^{+\infty} f(x)\mathrm{d}x$ 收敛，否则称广义积分 $\int_{-\infty}^{+\infty} f(x)\mathrm{d}x$ 发散.

上述三种广义积分都称为无限区间上的广义积分.

例 6.20　计算广义积分 $\int_0^{+\infty} \mathrm{e}^{-2x}\mathrm{d}x$.

解：
$$\int_0^{+\infty} \mathrm{e}^{-2x}\mathrm{d}x = \lim_{b\to+\infty}\int_0^b \mathrm{e}^{-2x}\mathrm{d}x = \lim_{b\to+\infty}\left(-\frac{1}{2}\mathrm{e}^{-2x}\right)\Big|_0^b$$
$$= \lim_{b\to+\infty}\left(-\frac{1}{2}\mathrm{e}^{-2b}+\frac{1}{2}\right)=\frac{1}{2}$$

为方便，在计算过程中可以省去极限符号. 例如，例 6.20 的计算过程可以写成

$$\int_0^{+\infty} \mathrm{e}^{-2x}\mathrm{d}x = -\frac{1}{2}\mathrm{e}^{-2x}\Big|_0^{+\infty} = \lim_{b\to+\infty}\left(-\frac{1}{2}\mathrm{e}^{-2b}\right)+\frac{1}{2}=\frac{1}{2}$$

即约定

$$F(x)\Big|_a^{+\infty} = \lim_{b\to+\infty}F(b)-F(a)$$

例 6.21　计算广义积分 $\int_{-\infty}^{+\infty} \frac{1}{1+x^2}\mathrm{d}x$.

解：
$$\int_{-\infty}^{+\infty}\frac{1}{1+x^2}\mathrm{d}x = \int_{-\infty}^{0}\frac{1}{1+x^2}\mathrm{d}x + \int_0^{+\infty}\frac{1}{1+x^2}\mathrm{d}x$$

因为

$$\int_{-\infty}^{0}\frac{1}{1+x^2}\mathrm{d}x = \arctan x\Big|_{-\infty}^{0} = 0-\lim_{a\to-\infty}\arctan a = \frac{\pi}{2}$$

而

$$\int_0^{+\infty}\frac{1}{1+x^2}\mathrm{d}x = \arctan x\Big|_0^{+\infty} = \lim_{b\to+\infty}\arctan b - 0 = \frac{\pi}{2}$$

所以

$$\int_{-\infty}^{+\infty}\frac{1}{1+x^2}\mathrm{d}x = \frac{\pi}{2}+\frac{\pi}{2}=\pi$$

例 6.22　计算广义积分 $\int_0^{+\infty} x\mathrm{e}^{-x}\mathrm{d}x$.

解：
$$\int_0^{+\infty} x\mathrm{e}^{-x}\mathrm{d}x = -\int_0^{+\infty} x\mathrm{d}\mathrm{e}^{-x} = -x\mathrm{e}^{-x}\Big|_0^{+\infty} + \int_0^{+\infty}\mathrm{e}^{-x}\mathrm{d}x$$
$$= \lim_{b\to+\infty}(-b\mathrm{e}^{-b}) - \mathrm{e}^{-x}\Big|_0^{+\infty}$$
$$= -\lim_{b\to+\infty}\frac{b}{\mathrm{e}^b} - \lim_{b\to+\infty}\mathrm{e}^{-b}+1$$
$$= -\lim_{b\to+\infty}\frac{1}{\mathrm{e}^b}+1 = 1$$

6.5 定积分的应用——求平面图形的面积

如图 6.6 所示，设函数 $f(x)$、$g(x)$在区间$[a,b]$上连续，并且在$[a,b]$上有

$$0 \leqslant g(x) \leqslant f(x), \quad x \in [a,b]$$

则曲线 $f(x)$、$g(x)$与直线 $x=a$、$x=b$ 所围成的图形面积 S 应该是两个曲边梯形面积的差.

$$\begin{aligned} S &= \text{曲边梯形 } AabB \text{ 的面积} - \text{曲边梯形 } A'abB' \text{ 的面积} \\ &= \int_a^b f(x)\mathrm{d}x - \int_a^b g(x)\mathrm{d}x \end{aligned}$$

即

$$S = \int_a^b [f(x) - g(x)]\mathrm{d}x$$

这一公式也适用于曲线 $f(x)$、$g(x)$不都在 x 轴上方的情形. 如果将 x 轴向下平移，使两条曲线都位于新 x 轴上方，在新坐标系中，曲线方程为 $y=f(x)+c$ 和 $y=g(x)+c$，如图 6.7 所示，那么该图形的面积为

$$\begin{aligned} S &= \int_a^b \{[f(x)+c] - [g(x)+c]\}\mathrm{d}x \\ &= \int_a^b [f(x) - g(x)]\mathrm{d}x \end{aligned}$$

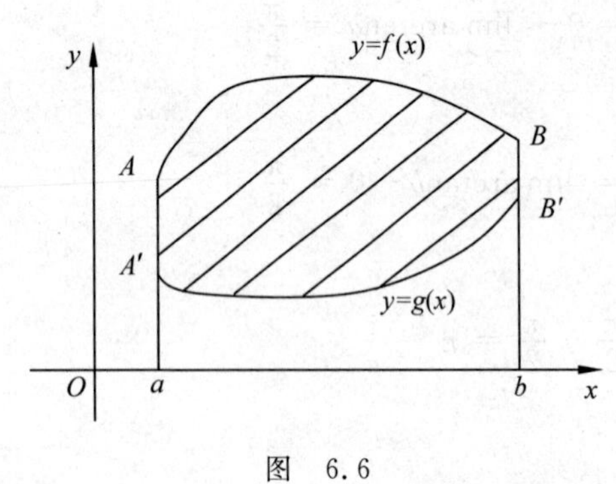

图 6.6

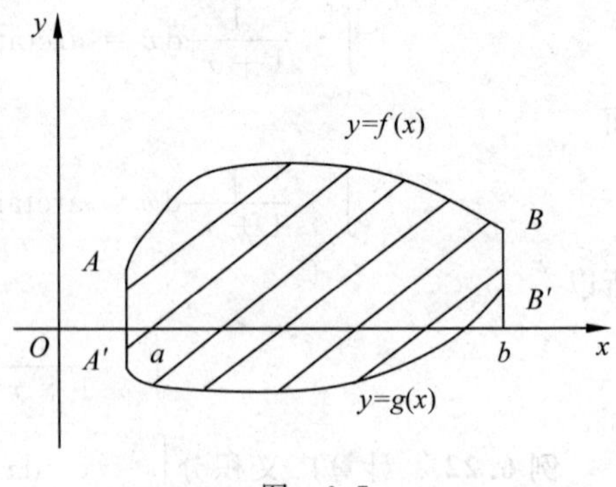

图 6.7

特别地，当 $f(x) \leqslant 0 (x \in [a,b])$时，由曲线 $y=f(x)$、x 轴与直线 $x=a$、$x=b$ 所围成的曲边梯形如图 6.8 所示，其面积为

$$S = \int_a^b [0 - f(x)]\mathrm{d}x = -\int_a^b f(x)\mathrm{d}x$$

一般地，由曲线 $y=f(x)$、$y=g(x)$与直线 $x=a$、$x=b$ 围成的平面图形如图 6.9 所示，其面积为

$$S = \int_a^b |f(x) - g(x)|\mathrm{d}x \tag{6.15}$$

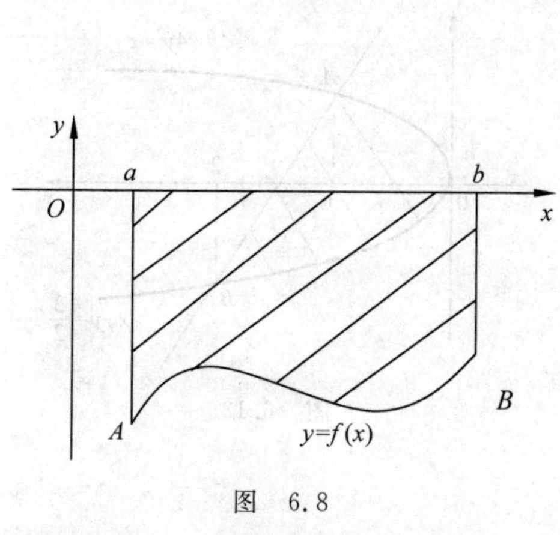

图　6.8

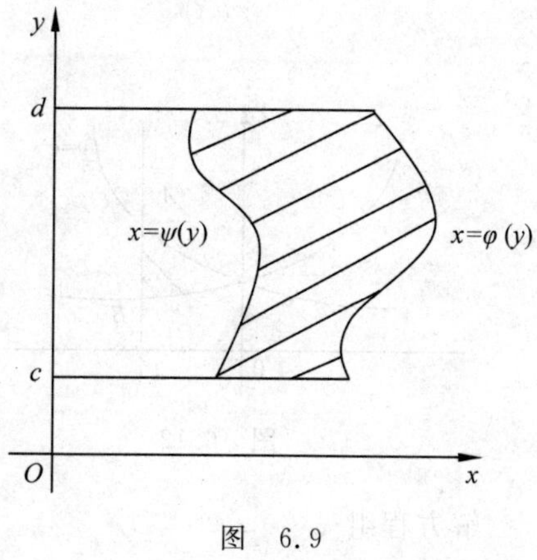

图　6.9

类似的分析可以得到：由连续曲线 $x=\varphi(y)$、$x=\psi(y)(\varphi(y)\geqslant\psi(y))$ 与直线 $y=c$、$y=d$ 所围成的平面图形如图 6.10 和图 6.11 所示，其面积为

$$S=\int_c^d|\varphi(y)-\psi(y)|\,\mathrm{d}y \tag{6.16}$$

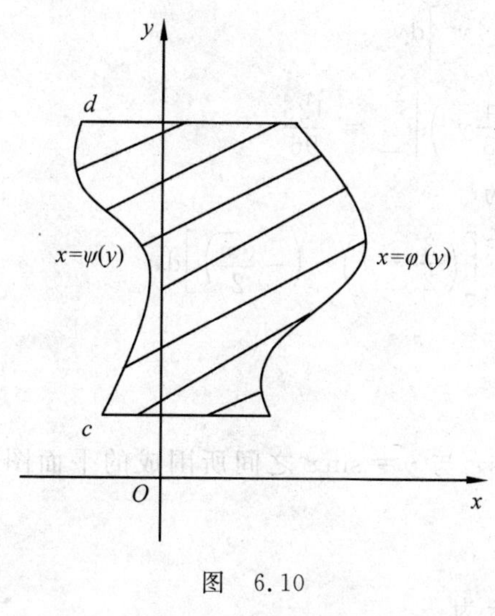

图　6.10

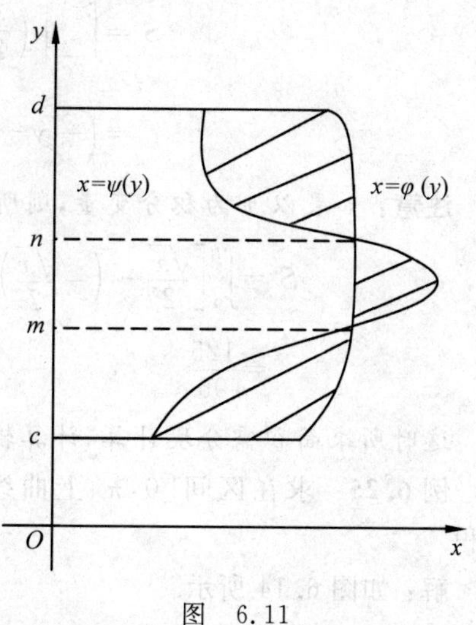

图　6.11

例 6.23　求曲线 $y=\mathrm{e}^x$、$y=\mathrm{e}^{-x}$ 与直线 $x=1$ 所围成的平面图形的面积.

解：如图 6.12 所示，曲线 $y=\mathrm{e}^x$、$y=\mathrm{e}^{-x}$ 与直线 $x=1$ 的交点分别为 $A(1,\mathrm{e})$、$B(1,\mathrm{e}^{-1})$，则所求面积

$$S=\int_0^1[\mathrm{e}^x-\mathrm{e}^{-x}]\mathrm{d}x=(\mathrm{e}^x+\mathrm{e}^{-x})\Big|_0^1=\mathrm{e}+\mathrm{e}^{-1}-2$$

例 6.24　求由曲线 $4y^2=x$ 与直线 $x+y=\dfrac{3}{2}$ 所围成的平面图形的面积.

解：如图 6.13 所示，先确定两条曲线交点的坐标.

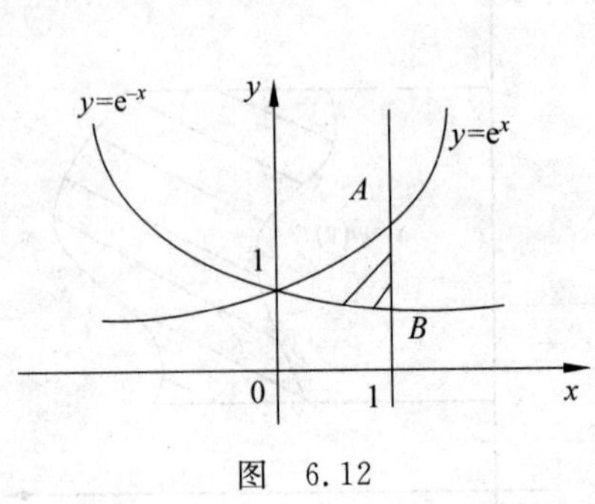

图 6.12

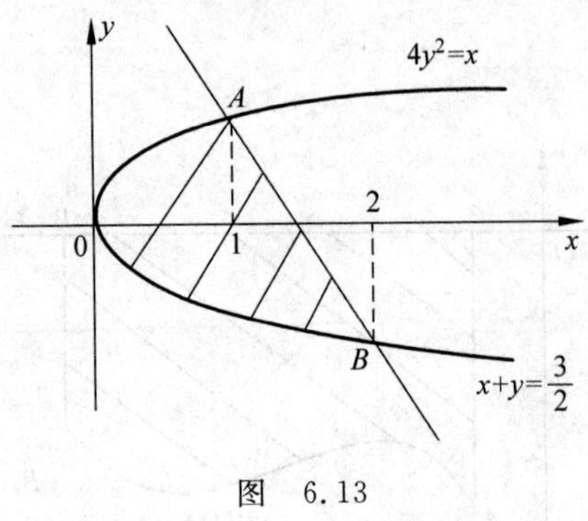

图 6.13

解方程组

$$\begin{cases}4y^2=x\\ x+y=\dfrac{3}{2}\end{cases}$$

得交点 $A\left(1,\dfrac{1}{2}\right)$ 和 $B\left(\dfrac{9}{4},-\dfrac{3}{4}\right)$，则所求面积为

$$S=\int_{-\frac{3}{4}}^{\frac{1}{2}}\left[\left(\frac{3}{2}-y\right)-4y^2\right]\mathrm{d}y$$

$$=\left(\frac{3}{2}y-\frac{1}{2}y^2-\frac{4}{3}y^3\right)\Bigg|_{-\frac{3}{4}}^{\frac{1}{2}}=\frac{125}{96}$$

注意：如果以 x 为积分变量，则所求面积为

$$S=\int_0^1\left[\frac{\sqrt{x}}{2}-\left(-\frac{\sqrt{x}}{2}\right)\right]\mathrm{d}x+\int_1^{\frac{9}{4}}\left[\left(\frac{3}{2}-x\right)-\left(-\frac{\sqrt{x}}{2}\right)\right]\mathrm{d}x$$

$$=\frac{125}{96}$$

这时所求面积需分块计算，计算较烦琐.

例 6.25 求在区间 $[0,\pi]$ 上曲线 $y=\cos x$ 与 $y=\sin x$ 之间所围成的平面图形的面积.

解：如图 6.14 所示.

曲线 $y=\cos x$ 与 $y=\sin x$ 的交点坐标为 $\left(\dfrac{\pi}{4},\dfrac{\sqrt{2}}{2}\right)$. 因此，所求面积为

$$S=\int_0^{\frac{\pi}{4}}(\cos x-\sin x)\mathrm{d}x+\int_{\frac{\pi}{4}}^{\pi}(\sin x-\cos x)\mathrm{d}x$$

$$=(\sin x+\cos x)\Bigg|_0^{\frac{\pi}{4}}+(-\cos x-\sin x)\Bigg|_{\frac{\pi}{4}}^{\pi}$$

$$=2\sqrt{2}$$

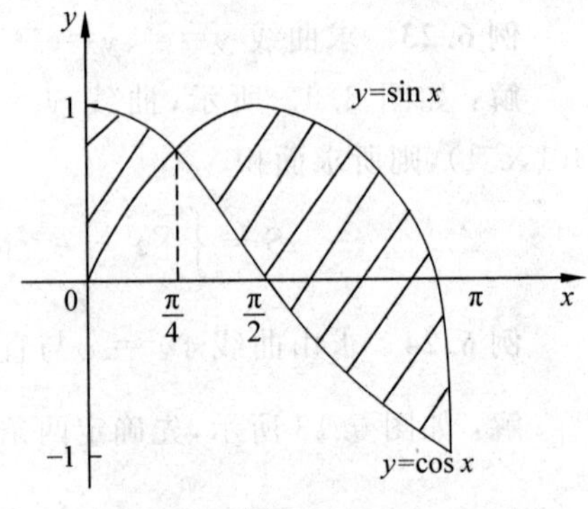

图 6.14

由例 6.25 可总结出求若干条曲线围成的平面图形面积的步骤如下.

(1) 画草图：在平面直角坐标系中，画出有关曲线，确定各曲线所围成的平面区域.

(2) 求各曲线交点的坐标：求解每两条曲线方程所构成的方程组，得到各交点的坐标.

(3) 求面积：利用式(6.15)或式(6.16)，适当地选择积分变量，确定积分的上限和下限，列式计算出平面图形的面积.

6.6　利用 MATLAB 计算函数的积分

在 MATLAB 符号工具中，求积分的指令是 int，其 MATLAB 命令格式如下：

```
>>syms x
>>y=f(x);
>>int(y,x)            %求 y 的不定积分
>>int(y,x,a,b)        %求 y 在[a,b]上的定积分
```

其中，当积分上下限或被积函数中还含有除 x 以外的其他字母时，必须在第一句中的 x 之后列出，且用逗号或空格分隔.

如果想让不定积分的计算结果更接近数学表达式，可修改第三句为：

```
>>I= int(y,x),pretty(I)
```

定积分的计算结果是一个符号，要转换为数值需再输入 double (ans)，或修改第四句为：

```
>>J=int (y,x,a,b),double (J)
```

例 6.26　$y=\frac{x^2}{\sqrt{1+x^2}}$，写出计算$\int y\mathrm{d}x$ 和$\int_0^1 y\mathrm{d}x$ 的 MATLAB 计算程序.

解：MATLAB 程序如下：

```
>>syms x
>>y=(x^3)/sqrt(1+x^2);
>>int(y,x)
ans=
    1/3*x^2*(1+x^2)^(1/2)-2/3*(1+x^2)^(1/2)
    >>int(y,x,0,1)
    >>ans=
    1/3*2^(1/2)+2/3
    >>double(ans)
    ans=
    0.1953
```

例 6.27　$y=\frac{2x}{1+x^2}$，写出计算$\int_0^1 y\mathrm{d}x$ 的 MATLAB 计算程序.

解：MATLAB 程序如下：

```
>>syms x
>>y=(2*x)/(1+x^2);
>>J=int(y,x,0,1), double(J)
J=log(2),ans=0.6931
```

例 6.28　$y=\ln(1+x^2)$，写出计算$\int_a^b y\mathrm{d}x$ 的 MATLAB 计算程序.

解：MATLAB 程序如下：

```
>>syms x a b
>>y=log(1+x^2);
>>int(y,x,a,b)
ans=b*log(1+b^2)-2*b+2*atan(b)-a*log(1+x^2)+2*a-2*atan(a).
```

人物介绍：数学家拉格朗日

约瑟夫·拉格朗日(Joseph-Louis Lagrange，1736—1813 年)全名为约瑟夫·路易斯·拉格朗日，法国著名数学家、物理学家. 他在数学、力学和天文学三个学科领域中都有历史性的贡献，其中尤以数学方面的成就最为突出，堪称法国最杰出的数学大师.

拉格朗日把大量时间花在代数方程和超越方程的求解方法上，并做出了巨大的贡献，推动了数学的发展. 他把前人解三、四次代数方程的各种解法总结为一套标准方法，即把方程转化为低一次的方程(称辅助方程或预解式)以求解.

拉格朗日在数学、力学和天文学三个学科中都有重大的历史性贡献，但他主要是数学家，研究力学和天文学的目的是表明数学分析的威力. 近百余年来，数学领域的许多新成就都可以直接或间接地溯源于拉格朗日的工作，所以他在数学史上被认为是对分析数学的发展产生全面影响的数学家之一.

拉格朗日的著作非常多，全部著作、论文、学术报告记录、学术通信超过 500 篇. 他去世后，法兰西研究院集中了他留在学院内的全部著作，编辑出版了十四卷《拉格朗日文集》. 其数学方面的代表作主要是《各阶数值方程的解法论述及代数方程式的几点说明》《解析函数论……》《函数计算教程》等.

习　题

1. 不计算定积分,比较下列各组定积分的大小.

(1) $\int_0^1 x\mathrm{d}x,\int_0^1 x^3\mathrm{d}x$　　(2) $\int_0^{\frac{\pi}{2}} \sin x\mathrm{d}x,\int_0^{\frac{\pi}{2}} \sin^2 x\mathrm{d}x$

(3) $\int_0^1 \mathrm{e}^x\mathrm{d}x,\int_0^1 \mathrm{e}^{2x}\mathrm{d}x$　　(4) $\int_{\mathrm{e}}^4 \ln x\mathrm{d}x,\int_{\mathrm{e}}^4 \ln^2 x\mathrm{d}x$

2. 不计算定积分,估计下列定积分的值.

(1) $\int_0^1 (1+x^2)\mathrm{d}x$　　(2) $\int_{\frac{\pi}{2}}^{\pi} (1+\sin^2 x)\mathrm{d}x$

3. 计算下列各函数的导数.

(1) $\Phi(x)=\int_0^x \frac{1}{1+t^2}\mathrm{d}t$　　(2) $\Phi(x)=\int_x^{-2} \mathrm{e}^{2t}\sin t\mathrm{d}t$

(3) $\Phi(x)=\int_1^{x^2} t\mathrm{e}^{\sqrt{t}}\mathrm{d}t$　　(4) $\Phi(x)=\int_{\cos x}^{\sin x} (1-t^2)\mathrm{d}t$

4. 求下列极限.

(1) $\lim\limits_{x\to 0}\frac{\int_0^x \sin t\mathrm{d}t}{x^2}$　　(2) $\lim\limits_{x\to 0}\frac{\int_0^{x^2} \arctan\sqrt{t}\mathrm{d}t}{x^2}$

(3) $\lim\limits_{x\to\frac{\pi}{2}}\frac{\int_{\frac{\pi}{2}}^x \sin^2 t\mathrm{d}t}{x-\frac{\pi}{2}}$　　(4) $\lim\limits_{x\to+\infty}\frac{\int_0^{x^2} \sqrt{1+t^4}\mathrm{d}t}{x^6}$

5. 利用公式计算下列积分.

(1) $\int_0^1 \sqrt{x}\mathrm{d}x$　　(2) $\int_0^{\frac{\pi}{4}} (\sin t+\cos t)\mathrm{d}t$

(3) $\int_1^2 \left(x+\frac{1}{x}\right)\mathrm{d}x$　　(4) $\int_0^{\pi} \cos^2\frac{\pi}{2}\mathrm{d}x$

(5) $\int_0^{\pi} |\cos x|\mathrm{d}x$　　(6) $\int_0^{\frac{\pi}{2}} \left|\frac{1}{2}-\sin x\right|\mathrm{d}x$

(7) $\int_0^{2\pi} \sqrt{1-\cos 2x}\mathrm{d}x$　　(8) $\int_{-1}^1 (2x+|x|+1)^2\mathrm{d}x$

6. 设 $f(x)$ 为连续函数,且 $f(x)=\frac{1}{1+x^2}+x^2\int_0^1 f(x)\mathrm{d}x$,求$\int_0^1 f(x)\mathrm{d}x$.

7. 用凑微分法计算下列积分.

(1) $\int_0^1 x\mathrm{e}^{x^2}\mathrm{d}x$　　(2) $\int_0^1 \frac{x\mathrm{d}x}{1+x^2}$

(3) $\int_0^{\frac{\pi}{2}} \sin x\cos^2 x\mathrm{d}x$　　(4) $\int_{-1}^0 \frac{1}{\sqrt{1-x}}\mathrm{d}x$

(5) $\int_0^{\ln 2} \frac{\mathrm{e}^x}{1+\mathrm{e}^{2x}}\mathrm{d}x$　　(6) $\int_1^{\sqrt{3}} \frac{1}{\sqrt{4-x^2}}\mathrm{d}x$

(7) $\int_1^{e} \frac{1+\ln x}{x}dx$　　(8) $\int_1^{e^2} \frac{dx}{x\sqrt{1+\ln x}}$

(9) $\int_0^5 \frac{x^3}{x^2+1}dx$　　(10) $\int_0^1 \frac{dx}{1+e^x}$

(11) $\int_0^2 \frac{x^3}{4+x^2}dx$　　(12) $\int_\pi^{2\pi} \frac{x+\cos x}{x^2+2\sin x}dx$

8. 利用换元法计算下列积分.

(1) $\int_0^4 \frac{1}{1+\sqrt{x}}dx$　　(2) $\int_0^3 \frac{x}{1+\sqrt{x+1}}dx$

(3) $\int_0^2 x^2\sqrt{4-x^2}dx$　　(4) $\int_0^1 \frac{x\sqrt{1-x^2}}{2-x^2}dx$

(5) $\int_0^1 (1+x^2)^{-\frac{3}{2}}dx$　　(6) $\int_1^2 \frac{\sqrt{x^2-1}}{x}dx$

(7) $\int_0^{\ln 2} \sqrt{e^x-1}dx$　　(8) $\int_0^1 \frac{1}{1+e^x}dx$

(9) $\int_0^3 \frac{dx}{\sqrt{x}(1+x)}$　　(10) $\int_1^2 \frac{\sqrt{x-1}}{x}dx$

(11) $\int_0^{\frac{\pi}{4}} \tan x\cdot\ln\cos x dx$　　(12) $\int_{-2}^2 (x-3)\sqrt{4-x^2}dx$

9. 利用分部法计算下列积分.

(1) $\int_0^1 xe^{-x}dx$　　(2) $\int_0^{\sqrt{\ln 2}} x^3e^{x^2}dx$

(3) $\int_1^e x^2\ln x dx$　　(4) $\int_{\frac{1}{e}}^e |\ln x|dx$

(5) $\int_0^{\frac{\pi}{2}} x\sin x dx$　　(6) $\int_0^1 x\arctan x dx$

(7) $\int_0^{\frac{1}{2}} \arcsin x dx$　　(8) $\int_0^{\frac{\pi}{2}} e^x\sin x dx$

(9) $\int_0^{\ln 2} \sqrt{1-e^{-2x}}dx$　　(10) $\int_{\frac{1}{2}}^1 e^{\sqrt{2x-1}}dx$

(11) $\int_0^1 \frac{\ln(1+x)}{(2-x)^2}dx$　　(12) $\int_0^{\frac{\pi}{4}} \frac{x}{1+\cos 2x}dx$

10. 判断下列广义积分的敛散性. 若该积分收敛,求其值.

(1) $\int_0^{+\infty} e^{-x}dx$　　(2) $\int_e^{+\infty} \frac{1}{x\ln^2 x}dx$

(3) $\int_1^{+\infty} \frac{dx}{\sqrt{x}}$　　(4) $\int_{-\infty}^{+\infty} \frac{1}{1+x+x^2}dx$

(5) $\int_0^{+\infty} x^2e^{-x}dx$　　(6) $\int_0^{+\infty} e^{-\sqrt{x}}dx$

(7) $\int_0^{+\infty} (1+x)^a dx$　　(8) $\int_0^{+\infty} \cos x dx$

11. 求下列各题中平面图形的面积.

(1) 抛物线 $y=x^2$ 与直线 $y=2x$ 所围成的平面图形.

(2) 抛物线 $y^2=2x$ 与直线 $y=x-4$ 所围成的平面图形.

(3) 由曲线 $y=1-e^x$、$y=1-e^{-x}$ 和 $x=1$ 围成的平面图形.

(4) 曲线 $y=x^2$ 与 $y=\sqrt[3]{x}$ 所围成的平面图形.

(5) 在区间 $\left[0,\frac{\pi}{2}\right]$ 上,曲线 $y=\sin x$ 与直线 $x=\frac{\pi}{2}$、$y=0$ 所围成的平面图形.

(6) 曲线 $y=x^2$ 与直线 $y=x$、$y=2x$ 所围成的平面图形.

(7) 曲线 $y=\frac{1}{x}$ 与直线 $y=x$、$y=2$ 所围成的平面图形.

(8) 曲线 $y=e^x$ 和该曲线的过原点的切线及 y 轴所围成的平面图形.

12. 利用 MATLAB 计算下列函数的积分.

(1) $\int e^x \sin^2 x dx$　(2) $\int (\sqrt{x}+x)\ln x dx$　(3) $\int \frac{1+\sin x}{1+\cos x}e^x dx$

(4) $\int_0^1 (3x-5)\arccos x dx$　(5) $\int_0^{\frac{\pi}{2}} \sqrt{1-\sin 2x} dx$

习题答案

第 7 章

常微分方程

教学说明

- 内容概述：本章是在学习了导数与微分知识的基础上，需要求出实际生产和生活中的各种变量的函数关系．变量之间的某种关系往往隐藏在导数或微分中，所以需要列出含有未知函数导数或微分的方程，并解出方程才能求得未知函数．解决这一问题的方法和途径就是微分方程理论．
- 主要构成：微分的基本概念、微分方程的解、可分离变量的微分方程、齐次微分方程、一阶线性微分方程、二阶线性微分方程解的结构、二阶常系数线性微分方程等．
- 本章重点：微分方程的概念以及微分方程的解法．
- 本章难点：微分方程的解法．

7.1　常微分方程的基本概念和解

微分方程研究的对象是函数关系，但在实际问题中，往往很难直接得到所研究的变量之间的关系，却比较容易建立起这些变量之间与它们的导数或微分之间的联系，从而得到一个关于未知函数的导数或微分的方程，即微分方程．通过求解这种方程，同样可以找到指定未知量之间的函数关系．因此，微分方程是数学实践中理论联系实际，并应用于实际的重要途径和桥梁，是各个学科进行科学研究的强有力工具．

在科学研究和生活实践中，经常要寻求表示客观事物的变量之间的关系，在大量实际问题中，往往得到的是微分方程．微分方程是描述客观事物的数量关系的一种重要的数学模型．

7.1.1　常微分方程的概念

例 7.1　设曲线 $y=f(x)$ 上任一点 (x,y) 的切线斜率为 $(0,-1)$，且曲线过点 $(0,1)$．求曲线的方程．

解：由导数的几何意义，有

$$\frac{\mathrm{d}y}{\mathrm{d}x}=3x^2 \tag{7.1}$$

两边积分，得

$$y = x^3 + C \tag{7.2}$$

曲线还满足 $y\Big|_{x=0} = -1$，代入可得 $C=-1$，故所求曲线的方程为

$$y = x^3 - 1 \tag{7.3}$$

例 7.1 中建立的方程含有未知函数的导数，称为微分方程. 未知函数是一元函数的微分方程，称为常微分方程. 微分方程中出现的未知函数导数的最高阶数，称为该微分方程的阶.

例如方程$\frac{\mathrm{d}y}{\mathrm{d}x}=3x^2$ 与 $2y'+3xy+x^2=0$ 是一阶微分方程，方程$\frac{\mathrm{d}^2 s}{\mathrm{d}t^2}=\frac{1}{2}$与 $y''=2y'+1=0$ 是二阶微分方程，而 $x^2y'''+(y')^6=x^5$ 是三阶微分方程. 二阶及二阶以上的方程统称为高阶微分方程.

7.1.2　常微分方程的解

如果将某个函数代入微分方程后能使方程成为恒等式，则称这个函数为该微分方程的解. 微分方程的解可以是显函数，也可以是隐函数. 如果微分方程的解中含有任意常数，且独立的任意常数的个数与微分方程的阶数相同，这样的解称为微分方程的通解. 不含任意常数的解，称为微分方程的特解. 如 $y=x^3+C$（C 为任意常数）是微分方程$\frac{\mathrm{d}y}{\mathrm{d}x}=3x^2$ 的通解，而 $y=x^3-1$ 是微分方程$\frac{\mathrm{d}y}{\mathrm{d}x}=3x^2$ 的特解.

注意：含有几个任意常数的表达式，如果不能合并而使任意常数的个数减少，则称表达式中的几个任意常数相互独立. 如 $y=C_1x+C_2x+1$（C_1 与 C_2 是任意常数）与 $y=Cx-1$（C 是任意常数）所表示的函数族是相同的，因此 $y=C_1x+C_2x+1$ 中 C_1、C_2 不是相互独立的；而 $y=C_1\cos x+C_2\sin x$ 中的任意常数 C_1、C_2 是不能合并的，即 C_1、C_2 是相互独立的.

通常，由微分方程的通解附加一定的条件就可确定其特解，我们用未知函数及其各阶导数在某个特定点的值作为确定通解中任意常数的条件，称为初始条件. 一阶微分方程的初始条件为 $y(x_0)=y_0$，其中，x_0、y_0 是两个已知数. 二阶微分方程的初始条件为

$$\begin{cases} y(x_0) = y_0 \\ y'(x_0) = y_0' \end{cases}$$

其中，x_0、y_0、y_0' 是 3 个已知数.

微分方程特解的图形是一条曲线，称为微分方程的积分曲线；通解的图形是一族积分曲线.

如例 7.1 中式(7.2)是以常数 C 为参数的曲线方程族，如图 7.1 所示. 而特解式(7.3)是表示过点$(0,-1)$的一条抛物线.

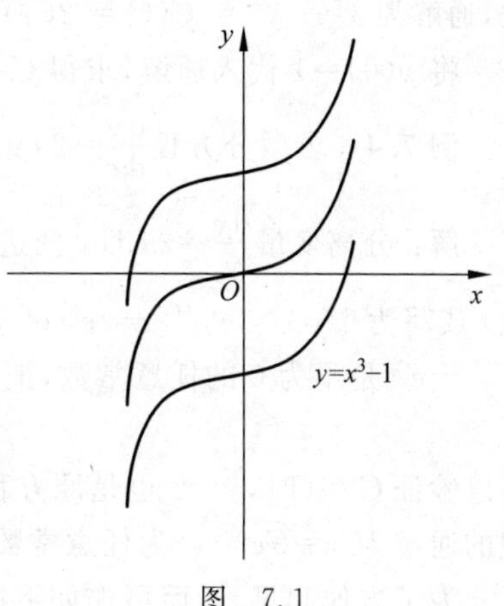

图　7.1

例 7.2　验证 $y=C_1\sin x+C_2\cos x$ 是微分方程

$y''+y=0$ 的通解.

解：因为 $y'=C_1\cos x-C_2\sin x$，$y''=-C_1\sin x-C_2\cos x$，把 y 和 y' 代入微分方程左端，得 $y''+y=-C_1\sin x-C_2\cos x+C_1\sin x+C_2\cos x=0$.

另外，$y=C_1\sin x+C_2\cos x$ 中有两个独立的任意常数，方程 $y''+y=0$ 是二阶的，所以 $y=C_1\sin x+C_2\cos x$ 是该微分方程的通解.

知识提炼：有关微分方程概念的问题.

(1) 所有微分方程是否都存在通解?

(2) 微分方程的通解是否包含它所有的解?

(3) 在解代数方程的过程中，往往要将方程变形，容易丢根；在解微分方程时，有时也要变形，是否也会发生丢解的问题?

(4) 求不定积分时，任意常数 C 放到最后一步加. 解微分方程时，能否也在最后一步加?

7.2 可分离变量的微分方程和齐次微分方程

7.2.1 可分离变量的微分方程

形如

$$\frac{\mathrm{d}y}{\mathrm{d}x}=f(x)g(x) \tag{7.4}$$

的微分方程称为可分离变量的微分方程.

对于可分离变量的微分方程，可采用“分离变量”“两边积分”的方法来求解.

此方程当 $g(y)\neq 0$ 时，可分离变量为 $\frac{\mathrm{d}y}{g(y)}=f(x)\mathrm{d}x$，再两边积分就可以求出通解.

例 7.3 求微分方程 $\frac{\mathrm{d}y}{\mathrm{d}x}=-\frac{x}{y}$ 的通解及满足 $y(0)=1$ 的特解.

解：分离变量得 $y\mathrm{d}y=-x\mathrm{d}x$，两边积分 $\int y\mathrm{d}y=\int -x\mathrm{d}x$，得 $\frac{1}{2}y^2=-\frac{1}{2}x^2+C_1$，因此，通解为 $x^2+y^2=C(C=2C_1)$.

将 $y(0)=1$ 代入通解，求得 $C=1$，于是所求的特解为 $x^2+y^2=1$.

例 7.4 求微分方程 $\frac{\mathrm{d}y}{\mathrm{d}x}=2xy$ 的通解.

解：分离变量 $\frac{\mathrm{d}y}{y}=2x\mathrm{d}x$，两边积分 $\int\frac{\mathrm{d}y}{y}=\int 2x\mathrm{d}x$，得 $\ln|y|=x^2+C_1$（C_1 为任意常数）或写为 $|y|=\mathrm{e}^{x^2+C_1}=\mathrm{e}^{C_1}\mathrm{e}^{x^2}$，即 $y=\pm\mathrm{e}^{C_1}\cdot\mathrm{e}^{x^2}$.

$\pm\mathrm{e}^{C_1}$ 是不为 0 的任意常数，把它记作 C，得到方程的通解：

$$y=C\mathrm{e}^{x^2} \tag{7.5}$$

可以验证 $C=0$ 时，$y=0$ 也是原方程的解，因此式(7.5)中的 C 可设为任意常数，所以原方程的通解为 $y=C\mathrm{e}^{x^2}$（C 为任意常数）.

为了方便起见，以后可作如下简化处理.

解：分离变量得$\frac{\mathrm{d}y}{y}=2x\mathrm{d}x$，两边积分$\int\frac{\mathrm{d}y}{y}=\int 2x\mathrm{d}x$，得 $\ln y=\sin x+\ln C$.

因此，通解为 $y=Ce^{x^2}$（C 为任意常数）.

例 7.5　求微分方程 $y'-(\cos x)y=0$ 满足初始条件 $y\Big|_{x=0}=1$ 的特解.

解：原方程分离变量后得$\frac{\mathrm{d}y}{y}=\cos x\mathrm{d}x$，两边积分$\int\frac{\mathrm{d}y}{y}=\int\cos x\mathrm{d}x$，得 $\ln y=\sin x+\ln C$，因此，通解为 $y=Ce^{\sin x}$（C 为任意常数）.

代入初始条件 $y(0)=1$，得 $C=1$，故特解为 $y=e^{\sin x}$.

知识提炼：变量可分离的方程有什么特征？一般用什么方法求解？

7.2.2　可分离变量的齐次微分方程

形如

$$\frac{\mathrm{d}y}{\mathrm{d}x}=f\left(\frac{y}{x}\right) \tag{7.6}$$

的微分方程称为齐次微分方程. 在解齐次微分方程时，可通过适当的变换将其转化为可分离变量的方程来求解. 令$\frac{y}{x}=u$，即 $y=ux$，$\frac{\mathrm{d}y}{\mathrm{d}x}=u+x\frac{\mathrm{d}u}{\mathrm{d}x}$.

代入方程(7.6)，得到关于未知函数为 u、自变量为 x 的微分方程，有

$$u+x\frac{\mathrm{d}u}{\mathrm{d}x}=f(u)\quad 或\quad x\frac{\mathrm{d}u}{\mathrm{d}x}=f(u)-u$$

分离变量后，得

$$\frac{\mathrm{d}u}{f(u)-u}=\frac{\mathrm{d}x}{x}$$

对上式两边积分后，再用$\frac{y}{x}$来代替 u，即可得解.

例 7.6　求微分方程$\frac{\mathrm{d}y}{\mathrm{d}x}=\frac{y}{x}+\tan\frac{y}{x}$的通解.

解：令$\frac{y}{x}=u$，则 $y=ux$，$\frac{\mathrm{d}y}{\mathrm{d}x}=u+x\frac{\mathrm{d}u}{\mathrm{d}x}$，代入方程得 $x\frac{\mathrm{d}u}{\mathrm{d}x}=\tan u$，分离变量得

$$\cot u\mathrm{d}u=\frac{\mathrm{d}x}{x}$$

积分得

$$\ln(\sin u)=\ln x+\ln C,\quad \sin u=Cx$$

代入原变量，即得通解

$$\sin\frac{y}{x}=Cx$$

例 7.7　求微分方程$\frac{\mathrm{d}y}{\mathrm{d}x}=\frac{y}{x}\left(1+\ln\frac{y}{x}\right)$的通解.

解：令$\frac{y}{x}=u$，则 $y=ux$，$\frac{\mathrm{d}y}{\mathrm{d}x}=u+u\frac{\mathrm{d}u}{\mathrm{d}x}$，代入方程得 $u+x\frac{\mathrm{d}u}{\mathrm{d}x}=u(1+\ln u)$. 分离变量

得$\frac{\mathrm{d}u}{u\ln u}=\frac{1}{x}\mathrm{d}x$,两边积分得 $\ln\ln u=\ln x+\ln C$,即 $\ln u=Cx$,$u=\mathrm{e}^{Cx}$.

代回 $u=\frac{y}{x}$,可得原方程的通解为 $y=x\mathrm{e}^{Cx}$.

知识提炼:$y'=F(x,y)$,问 $F(x,y)$ 是什么形式时,该方程可转化为齐次方程?

7.3 一阶线性微分方程

形如

$$y'+p(x)y=q(x) \tag{7.7}$$

的方程[$p(x)$、$q(x)$是 x 的已知函数],称为一阶线性微分方程,$q(x)$称为自由项. 如果 $q(x)=0$ 时,方程(7.7)变为

$$y'+p(x)y=0 \tag{7.8}$$

方程(7.8)称为一阶线性齐次微分方程,如果 $q(x)\neq 0$,方程(7.7)称为一阶线性非齐次微分方程,并称方程(7.8)为对应于线性非齐次微分方程(7.7)的线性齐次微分方程.

7.3.1 一阶线性齐次微分方程的通解

显然,一阶线性齐次微分方程 $y'+p(x)y=0$ 是可分离变量的微分方程,分离变量,得$\frac{\mathrm{d}y}{y}=-p(x)\mathrm{d}x$, 两端积分有 $\ln y=-\int p(x)\mathrm{d}x+\ln C$, 故

$$y=C\mathrm{e}^{-\int p(x)\mathrm{d}x},\quad C\text{ 为任意常数} \tag{7.9}$$

式(7.9)是线性齐次方程(7.8)的通解. 为书写方便,约定以后不定积分符号只表示被积函数的一个原函数,如符号$\int p(x)\mathrm{d}x$ 是 $p(x)$ 的一个原函数.

7.3.2 一阶线性非齐次微分方程的通解

设 $y=y(x)$是式(7.7)的解,那么$\frac{\mathrm{d}y}{y}=-p(x)\mathrm{d}x+\frac{q(x)}{y}\mathrm{d}x$,由于 y 是 x 的函数,$\frac{q(x)}{y}$是 x 的函数, 两边积分得 $\ln y=-\int p(x)\mathrm{d}x+\int\frac{q(x)}{y}\mathrm{d}x$,因此 $y=\mathrm{e}^{\int\frac{q(x)}{y}\mathrm{d}x}\mathrm{e}^{-\int p(x)\mathrm{d}x}$.

因为 $y=\mathrm{e}^{\int\frac{q(x)}{y}\mathrm{d}x}$ 也是 x 的函数, 用 $C(x)$表示,得

$$y=C(x)\mathrm{e}^{-\int p(x)\mathrm{d}x} \tag{7.10}$$

因此,可以设想方程(7.7)的解具有式(7.10)的形式,其中 $C(x)$是待定的函数.

由于式(7.10)是方程(7.7)的解,代入方程(7.7),得

$$C'(x)\mathrm{e}^{-\int p(x)\mathrm{d}x}-p(x)C(x)\mathrm{e}^{-\int p(x)\mathrm{d}x}+p(x)C(x)\mathrm{e}^{-\int p(x)\mathrm{d}x}=q(x)$$

即 $C'(x)=q(x)\mathrm{e}^{\int p(x)\mathrm{d}x}$,两边积分,得 $C(x)=\int q(x)\mathrm{e}^{\int p(x)\mathrm{d}x}+C$,因此,一阶线性非齐次微分方程(7.7)的通解为

$$y=\mathrm{e}^{-\int p(x)\mathrm{d}x}\left[\int q(x)\mathrm{e}^{\int p(x)\mathrm{d}x}+C\right] \tag{7.11}$$

式(7.11)称为一阶线性非齐次方程(7.7)的通解公式.

这种把对应的线性齐次微分方程通解中的常数 C 变为待定的函数 $C(x)$,然后代入非齐次方程求出 $C(x)$,从而得到一阶线性非齐次方程的通解的方法叫作常数变易法. 在求解此类方程时可用上面的方法进行,也可以直接应用式(7.11)求解.

将式(7.11)改写成两项之和:

$$y=C\mathrm{e}^{-\int p(x)\mathrm{d}x}+\mathrm{e}^{-\int p(x)\mathrm{d}x}\int q(x)\mathrm{e}^{\int p(x)\mathrm{d}x}$$

不难看出,上式右端第一项是对应的线性齐次方程(7.8)的通解,第二项是线性非齐次方程(7.7)的一个特解(在方程(7.7)的通解(7.11)中取 $C=0$,便得到这个特解).

由此可见,一阶线性非齐次方程的通解等于对应的齐次方程的通解与线性非齐次方程的一个特解之和. 这是一阶线性非齐次方程通解的结构.

例 7.8　求微分方程 $y'-\frac{1}{x+1}y=\mathrm{e}^x(1+x)$ 的通解.

解:先求对应的线性齐次微分方程 $y'-\frac{1}{x+1}y=0$ 的通解. 分离变量得 $\frac{\mathrm{d}y}{y}=\frac{1}{x+1}\mathrm{d}x$. 两边积分,得 $y=\ln(x+1)+\ln C$,故 $y=C(1+x)$.

令 $y=C(x)(1+x)$ 为所求方程的解,则有

$$y'=C'(x)(1+x)+C(x)$$

把 y、y' 代入原方程,整理得 $C'(x)=\mathrm{e}^x$,于是 $C(x)=\mathrm{e}^x+C$.

原方程的通解为 $y=(1+x)(\mathrm{e}^x+C)$.

例 7.9　求微分方程 $y'-\frac{y}{x}=\ln x$ 的通解.

解:先求对应的线性齐次微分方程 $y'-\frac{y}{x}=0$ 的通解,分离变量得 $\frac{\mathrm{d}y}{y}=\frac{\mathrm{d}x}{x}$,两边积分,得 $\ln y=\ln x+\ln C$,故 $y=Cx$.

令 $y=C(x)x$ 为所求方程的解,则有

$$y'=C'(x)x+C(x)$$

把 y、y' 代入原方程整理,得 $C'(x)=\frac{\ln x}{x}$,于是 $C(x)=\frac{1}{2}(\ln x)^2+C$.

原方程的通解为 $y=\frac{x}{2}(\ln x)^2+Cx$.

例 7.10　求方程 $y'+2xy+2x^3=0$ 的通解,并求满足初始条件 $y(0)=2$ 的特解.

解:原方程变形为 $\frac{\mathrm{d}y}{\mathrm{d}x}+2xy=-2x^3$. 此方程为一阶线性非齐次微分方程,其中

$$p(x)=2x,\quad q(x)=-2x^3$$

$$y=\mathrm{e}^{-\int p(x)\mathrm{d}x}\left[\int q(x)\mathrm{e}^{\int p(x)\mathrm{d}x}\mathrm{d}x+C\right]=\mathrm{e}^{-x^2}(-x^2\mathrm{e}^{x^2}+\mathrm{e}^{x^2}+C)=-x^2+1+C\mathrm{e}^{-x^2}$$

得原方程的通解为 $y=-x^2+1+C\mathrm{e}^{-x^2}$.

将 $y(0)=2$ 代入上式，得 $C=1$，即满足初始条件的特解为 $y=-x^2+1+e^{-x^2}$.

例 7.11 求微分方程 $y'-\frac{1}{2}y=\frac{1}{2}e^x$ 的通解.

解：方法 1（常数变易法） 对应的线性齐次微分方程为 $y'-\frac{1}{2}y=0$. 用分离变量法得通解 $y=Ce^{\frac{x}{2}}$.

设所求线性非齐次方程的解为 $y=C(x)e^{\frac{x}{2}}$，代入原方程整理得 $C'(x)=\frac{1}{2}e^{\frac{x}{2}}$.

于是有 $C(x)=\int\frac{1}{2}e^{\frac{x}{2}}\,dx=e^{\frac{x}{2}}+C$.

因此，原方程的通解为 $y=e^{\frac{x}{2}}\left(e^{\frac{x}{2}}+C\right)=Ce^{\frac{x}{2}}+e^x$.

方法 2（公式法） 方程 $y'-\frac{1}{2}y=\frac{1}{2}e^x$ 为一阶线性非齐次微分方程，则 $p(x)=-\frac{1}{2}$，$q(x)=\frac{1}{2}e^x$，代入公式得原方程的通解为 $y=Ce^{\frac{x}{2}}+e^x$.

知识提炼：有关一阶微分方程的问题如下.

(1) 一阶线性微分方程具有什么特征？

(2) 是否存在一个一阶微分方程，它既是线性方程，又是齐次方程，还是变量可分离型方程呢？

7.4 二阶线性微分方程解的结构

形如

$$y''+p(x)y'+q(x)y=f(x) \tag{7.12}$$

的微分方程[$p(x)$、$q(x)$、$f(x)$都是自变量 x 的已知函数]，称为二阶线性微分方程.

如果 $f(x)=0$，方程(7.12)变为

$$y''+p(x)y'+q(x)y=0 \tag{7.13}$$

称为二阶线性齐次微分方程；如果 $f(x)\neq0$，称方程(7.12)为二阶线性非齐次微分方程，并称方程(7.13)为对应于线性非齐次方程(7.12)的线性齐次方程. 如果系数 $p(x)$、$q(x)$ 都是常数，称方程(7.12)、(7.13)为二阶常系数线性微分方程.

7.4.1 二阶线性齐次微分方程解的结构

【定理 7.1】 如果 y_1、y_2 是二阶线性齐次微分方程(7.13)的两个解，则 $y=C_1y_1+C_2y_2$ 也是方程(7.13)的解，其中 C_1、C_2 为任意常数.

定理 7.1 可以通过将 $y=C_1y_1+C_2y_2$ 代入式(7.13)进行验证，读者可自己练习.

那么它是不是方程(7.13)的通解呢？如果 y_1 与 y_2 之比为常数，称 y_1、y_2 线性相关，这时有

$$y = C_1 y_1 + C_2 y_2 = (C_1 k + C_2) y_2 = C y_2$$

其中，$k=\frac{y_1}{y_2}$. 实际上这时只含有一个任意常数，因此不是方程(7.13)的通解. 只有当 y_1 与 y_2 之比不为常数时，称它们为线性无关，这时两个任意常数 C_1 和 C_2 不能合并成一个任意常数，$y=C_1y_1+C_2y_2$ 才是方程(7.13)的通解.

【定理 7.2】 如果 y_1 和 y_2 是二阶线性齐次微分方程(7.13)的两个线性无关的特解，则

$$y = C_1 y_1 + C_2 y_2$$

是该方程的通解，其中 C_1、C_2 为任意常数.

由定理 7.2 可见，对于二阶线性齐次方程，只要求得它的两个线性无关的特解，就可以求得它的通解. 例如，容易验证 $y_1=\mathrm{e}^x$ 和 $y_2=\mathrm{e}^{2x}$ 是微分方程 $y''-3y'+2y=0$ 的两个线性无关的特解，因此 $y=C_1\mathrm{e}^x+C_2\mathrm{e}^{2x}$ 是该方程的通解.

7.4.2　二阶线性非齐次微分方程解的结构

7.4.1 小节讨论了一阶线性非齐次微分方程的通解，它等于对应的齐次方程的通解与线性非齐次方程的一个特解之和，关于二阶线性非齐次微分方程的通解也有类似的结论.

【定理 7.3】 如果 y^* 是二阶线性非齐次微分方程(7.12)的一个特解，Y 是其对应的齐次方程(7.13)的通解，则 $y=Y+y^*$ 是非齐次微分方程(7.12)的通解.

证明：因为 y^* 与 Y 分别是方程(7.12)和方程(7.13)的解，所以有

$$(y^*)'' + p(x)(y^*)' + q(x)y^* = f(x)$$
$$Y'' + p(x)Y' + q(x)Y = 0$$

又因为 $y'=Y'+Y^{*\prime}$，$y''=Y''+y^{*\prime\prime}$，所以有

$$\begin{aligned}y'' + p(x)y' + q(x)y &= (Y'' + y^{*\prime\prime}) + p(x)(Y' + y^{*\prime}) + q(x)(Y + y^*)\\ &= [Y'' + p(x)Y' + q(x)Y] + [y^{*\prime\prime} + p(x)y^{*\prime} + q(x)y^*]\\ &= f(x)\end{aligned}$$

由此可知，$y=Y+y^*$ 是方程 $y''+p(x)y'+q(x)y=f(x)$ 的解. 又由于 Y 是其对应的齐次方程的通解，它含有两个相互独立的任意常数，所有 $y=Y+y^*$ 是二阶线性非齐次方程

$$y'' + p(x)y' + q(x)y = f(x)$$

的通解.

例如，容易验证 $y=-\frac{1}{2}\mathrm{e}^{-x}$ 是二阶线性非齐次方程 $y''+y'-2y=\mathrm{e}^{-x}$ 的一个特解. 而 $y=C_1\mathrm{e}^x+C_2\mathrm{e}^{-2x}$ 是对应的二阶线性齐次方程 $y''+y'-2y=0$ 的通解，因此 $y=C_1\mathrm{e}^x+C_2\mathrm{e}^{-2x}-\frac{1}{2}\mathrm{e}^{-x}$ 是二阶线性非齐次方程 $y''+y'-2y=\mathrm{e}^{-x}$ 的通解.

定理 7.3 给出了二阶线性非齐次方程的通解结构，因此求二阶线性非齐次微分方程的一个特解成了求它的通解的关键之一. 下面给出的两个定理，对于求二阶线性非齐次方程的某些特解会有所帮助.

【定理 7.4】 若二阶线性非齐次方程为

$$y'' + p(x)y' + q(x)y = f_1(x) + f_2(x) \tag{7.14}$$

且 y_1^* 与 y_2^* 分别是 $y''+p(x)y'+q(x)y=f_1(x)$ 和 $y''+p(x)y'+q(x)y=f_2(x)$ 的特解，则 $y_1^*+y_2^*$ 是方程(7.14)的特解.

定理 7.4 可用定理 7.3 的证明方法进行类似的证明.

7.5 二阶常系数线性微分方程

在学习了二阶线性微分方程的基础上，本节将重点讨论工程实践中常用的二阶常系数线性微分方程的解法.

7.5.1 二阶常系数线性齐次微分方程的解法

形如

$$y''+py'+qy=0 \tag{7.15}$$

的微分方程(p 和 q 是常数)，称为二阶常系数线性齐次微分方程.

由定理 7.2 可知，只要找出方程(7.15)的两个线性无关的特解 y_1 与 y_2，即可得方程(7.15)的通解为 $y=C_1y_1+C_2y_2$.

现在用代数的方法来找方程(7.15)的两个特解.

根据求导经验，我们知道指数函数 $y=e^{\lambda x}$ 的一阶、二阶导数 $y'=\lambda e^{\lambda x}$ 和 $y''=\lambda^2e^{\lambda x}$ 仍是同类型的指数函数，如果选取适当的常数 λ，则有可能使 $y=e^{\lambda x}$ 满足方程(7.15)，因此将 $y=e^{\lambda x}$ 代入方程(7.15)进行尝试，得恒等式

$$e^{\lambda x}(\lambda^2+p\lambda+q)=0$$

因为 $e^{\lambda x}\neq 0$，所以有

$$\lambda^2+p\lambda+q=0 \tag{7.16}$$

由此可见，只要 λ 是代数方程(7.16)的一个根，则 $y=e^{\lambda x}$ 就是方程(7.15)的一个特解. 代数方程(7.16)称为微分方程(7.15)的特征方程. 特征方程是一个一元二次方程，其方程的根有 3 种情况，下面根据特征方程根的 3 种不同情况分别讨论齐次微分方程(7.15)的通解.

(1) 当 $p^2-4q>0$ 时，特征方程有两个不相等的实数根 λ_1 和 λ_2，于是得到 $y_1=e^{\lambda_1x}$、$y_2=e^{\lambda_2x}$ 都是线性齐次方程(7.15)的特解，因为 $\dfrac{y_1}{y_2}=e^{(\lambda_1-\lambda_2)x}\neq C$，所以它们线性无关，这时方程(7.15)的通解为 $y=C_1e^{\lambda_1x}+C_2e^{\lambda_2x}$.

(2) 当 $p^2-4q=0$ 时，特征方程有两个相等的实数根：$\lambda_1=\lambda_2=\lambda$；显然 $y_1=e^{\lambda x}$ 是方程(7.15)的一个特解. 另外一个解 y_2，可以按照与 y_1 线性无关的方式去计算，例如，设 $y_2=u(x)y_1[u(x)\neq C]$ 是方程(7.15)的另一个解，$u(x)$ 待定. 将 y_2 代入方程(7.15)中，可以得到

$$e^{\lambda x}[u''(x)+(2\lambda+p)u'(x)+(\lambda^2+p\lambda+q)u(x)]=0$$

由于 $e^{\lambda x}\neq 0$ 及 λ 是特征方程(7.16)的二重特征根，即

$$\lambda^2+p\lambda+q=0$$

$$2\lambda=-p$$

则可取 $u(x)=x$，即可得齐次方程(7.15)的另一个解 $y_2=xe^{\lambda x}$，且与 y_1 线性无关，因此，此时方程(7.15)的通解为

$$y=C_1e^{\lambda_1 x}+C_2xe^{\lambda_2 x}$$

(3) 当 $p^2-4q<0$ 时，特征方程有一对共轭的复数根为 $\lambda=a\pm bi(b\neq 0)$，这时

$$\bar{y}_1=e^{(a+bi)x} \quad 和 \quad \bar{y}_2=e^{(a-bi)x}$$

是方程(7.15)的特解，并且比值 $e^{2bix}\neq$常数，因此，它们是线性无关的，故方程(7.15)的通解为

$$y=\bar{y}_1+C_2\bar{y}_2=C_1e^{(a+bi)x}+C_2e^{(a-bi)x}$$

为了要把通解表示为实函数的形式，我们应用欧拉公式 $e^{i\theta}=\cos\theta+i\sin\theta$ 得

$$\bar{y}_1=e^{(a+bi)x}=e^{ax}(\cos bx+i\sin bx)$$

$$\bar{y}_2=e^{(a-bi)x}=e^{ax}(\cos bx-i\sin bx)$$

分别乘以适当的常数后相加，得

$$y_1=\frac{1}{2}(\bar{y}_1+\bar{y}_2)=e^{ax}\cos bx$$

$$y_2=\frac{1}{2i}(\bar{y}_1-\bar{y}_2)=e^{ax}\sin bx$$

由定理7.1可知，它们仍是微分方程(7.15)的特解，而且 y_1 和 y_2 线性无关(比值 $\cot bx\neq$常数)，故方程(7.15)的通解写成实函数形式为

$$y=e^{ax}(C_1\cos bx+C_2\sin bx)$$

综上所述，求二阶线性常系数齐次微分方程 $y''+py'+qy=0$ 的通解的步骤如下：

(1) 写出方程 $y''+py'+qy=0$ 的特征方程 $\lambda^2+p\lambda+q=0$.

(2) 求特征方程的根 λ_1 和 λ_2.

(3) 根据特征方程根的3种不同情况，求得微分方程 $y''+py'+qy=0$ 的通解，见表7.1.

表 7.1

方程的根	方程的通解
两个不相等实根 λ_1、λ_2	$y=C_1e^{\lambda_1 x}+C_2xe^{\lambda_2 x}$
两个相等实根 $\lambda_1=\lambda_2=\lambda$	$y=(C_1+C_2x)e^{\lambda x}$
一对共轭复数根 λ_1、λ_2 为 $a\pm bi$	$y=e^{\lambda x}(C_1\cos bx+C_2\sin bx)$

例 7.12 求方程 $y''-3y'+2y=0$ 的通解.

解：其特征方程为 $\lambda^2-3\lambda+2=0$，即 $(\lambda-1)(\lambda-2)=0$，得到特征方程的根为 $\lambda_1=1$，$\lambda_2=2$，于是，通解为 $y=C_1e^x+C_2xe^{2x}$.

例 7.13 求方程 $y''-2y'+y=0$ 的通解.

解：其特征方程为 $\lambda^2-2\lambda+1=0$，即 $(\lambda-1)^2=0$，得两个相等的实根 $\lambda_1=\lambda_2=1$，因此，原方程的通解为 $y=C_1e^x+C_2xe^x$.

例 7.14 求微分方程 $y''-2y'+2y=0$ 满足初始条件 $y\big|_{x=0}=1$ 和 $y'\big|_{x=0}=0$ 的

特解.

解：其特征方程为 $\lambda^2-2\lambda+2=0$，有一对共轭复数根 $\lambda=1\pm i$，则得通解为

$$y=e^x(C_1\cos x+C_2\sin x)$$

于是

$$y'=e^x(C_1\cos x+C_2\sin x)+e^x(-C_1\sin x+C_2\cos x)$$

把初始条件代入上面两式，求得 $C_1=1, C_2=-1$. 故满足初始条件的特解为

$$y=e^x(\cos x-\sin x)$$

7.5.2 二阶常系数线性非齐次微分方程的解法

形如

$$y''+py'+qy=f(x) \tag{7.17}$$

的微分方程（p 和 q 是常数）称为二阶常系数线性非齐次微分方程. $f(x)$为 x 的不恒为零的已知函数，称为方程的自由项.

由定理 7.3 知道，方程(7.17)的通解 y 是它的一个特解 y^* 与对应的线性齐次方程的通解 Y 之和，而齐次方程的通解已经讨论过了，下面讨论求方程(7.17)的一个特解 y^* 的方法. 这里只介绍当 $f(x)=p_m(x)e^{\mu x}$ 时求特解 y^* 的方法，即求 $y''+py'+qy=p_m(x)e^{\mu x}$ 的一个特解. 其中 μ 为确定的常数，$p_m(x)$是关于 x 的 m 次多项式，即

$$p_m(x)=a_0x^m+a_1x^{m-1}+a_2x^{m-2}+\cdots+a_m$$

我们知道，$p_m(x)e^{\mu x}$ 的导数仍然是多项式与指数函数的乘积，因此，推测方程的特解也是多项式与 $e^{\mu x}$ 的乘积，故设

$$y^*=Q(x)e^{\mu x} \tag{7.18}$$

其中，$Q(x)$为多项式，把

$$y^*=Q(x)e^{\mu x},\quad (y^*)'=[\mu Q(x)+Q'(x)]e^{\mu x}$$

$$(y^*)''=[\mu^2Q(x)+2\mu Q'(x)+Q''(x)]e^{\mu x}$$

代入方程(7.17)，整理得

$$Q''(x)+(2\mu+p)Q'(x)+(\mu^2+p\mu+q)Q(x)=P_m(x) \tag{7.19}$$

根据 μ 的取值情况分别求出 $Q(x)$.

(1) 如果 μ 不是特征方程(7.16)的根，即 $\mu^2+p\mu+q\neq0$，要使式(7.19)两端相等，$Q(x)$应取与 $p_m(x)$次数相同的系数待定的多项式，即

$$Q_m(x)=b_0x^m+b_1x^{m-1}+b_2x^{m-2}+\cdots+b_m$$

这时特解形式为

$$y^*=Q_m(x)e^{\mu x}$$

其中，$b_0,b_1,b_2,\cdots,b_m$ 为待定系数. 将 $Q_m(x)$代入式(7.19)中的 $Q(x)$，比较等式两边的系数，可以求出 $Q_m(x)$的 $m+1$ 个常数 $b_0,b_1,b_2,\cdots,b_m$，即可得特解.

(2) 如果 μ 恰好是特征方程(7.19)的单根，即 $\mu^2+p\mu+q=0$，而 $2\mu+p\neq0$，则式(7.19)成为

$$Q''(x)+(2\mu+p)Q'(x)=P_m(x) \tag{7.20}$$

要使该式两端相等，$Q(x)$应是 $m+1$ 次多项式，可令 $Q(x)=xQ_m(x)$，其特解形式为

$$y^* = xQ_m(x)\mathrm{e}^{\mu x}$$

与式(7.15)类似，只要把 $y^*=xQ_m(x)\mathrm{e}^{\mu x}$ 代入原方程，也可以把 $Q(x)=xQ_m(x)$ 直接代入式(7.20)，即可确定 $m+1$ 个常数 $b_0,b_1,b_2,\cdots,b_m$。

(3) 如果 μ 恰好是特征方程(7.16)的二重根，即 $\mu^2+p\mu+q=0$，且 $2\mu+p=0$，这时式(7.19)成为

$$Q''(x) = P_m(x) \tag{7.21}$$

显然，$Q(x)$应为 $m+2$ 次多项式，可令 $Q(x)=x^2Q_m(x)$，其特解形式为

$$y^* = x^2Q_m(x)\mathrm{e}^{\mu x}$$

即可用同样的方法求出 $b_0,b_1,b_2,\cdots,b_m$。

归纳起来，非齐次方程(7.17)的自由项 $f(x)=p_m(x)\mathrm{e}^{\mu x}$ 时，其特解形式为

$$y^* = x^kQ_m(x)\mathrm{e}^{\mu x}$$

其中，$Q_m(x)$是 m 次的系数待定的多项式。

$$k=\begin{cases}0, & \mu\text{ 不是特征方程的根}\\1, & \mu\text{ 是特征方程的单根}\\2, & \mu\text{ 是特征方程的重根}\end{cases}$$

例 7.15　求微分方程 $y''+4y'+3y=x-2$ 的一个特解。

解：这是二阶常系数线性非齐次微分方程，其自由项 $f(x)=x-2$，$m=1$。而 $\mu=0$ 不是特征方程的根，设其特解为 $y^*=b_0x+b_1$，则 $y^{*\prime}=b_0$，$y^{*\prime\prime}=0$，代入原方程整理得

$$3b_0x+(4b_0+3b_1)=x-2$$

比较等号两端 x 同次幂的系数，得

$$\begin{cases}b_0=\dfrac{1}{3}\\[2mm] b_1=-\dfrac{10}{9}\end{cases}$$

因此得特解为

$$y^*=\frac{1}{3}x-\frac{10}{9}$$

例 7.16　求微分方程 $y''-5y'+6y=(2x+1)\mathrm{e}^{2x}$的一个特解。

解：自由项 $f(x)=(2x+1)\mathrm{e}^{2x}$，$m=1$，而 $\mu=2$ 是特征方程 $\lambda^2-5\lambda+6=0$ 的单根，故设特解 $y^*=x(b_0x+b_1)\mathrm{e}^{2x}$，得

$$y^{*\prime}=[2b_0x^2+2(b_1+b_0)x+b_1]\mathrm{e}^{2x}$$

$$y^{*\prime\prime}=[4b_0x^2+(4b_1+8b_0)x+2b_0+4b_1]\mathrm{e}^{2x}$$

代入原方程整理得 $-2b_0x+2b_0-b_1=2x+1$。比较等号两边 x 的同次幂系数，得 $b_0=-1$，$b_1=-3$，于是原方程的特解为 $y^*=-(x^2+3x)\mathrm{e}^{2x}$。

例 7.17　求 $y''+6y'+9y=5x\mathrm{e}^{-3x}$的通解。

解：先求出对应的齐次方程的通解，特征方程为 $\lambda^2+6\lambda+9=0$，特征根为 $r_1=r_2=-3$，齐次方程通解为 $Y=(C_1+C_2x)\mathrm{e}^{-3x}$。

再求非齐次方程的一个特解，自由项 $f(x)=5x\mathrm{e}^{-3x}$，$P_m(x)=5x$，$m=1$，而 $\mu=-3$ 恰

好是特征方程的二重根，所以设特解 $y^*=x^2(b_0x+b_1)\mathrm{e}^{-3x}$，得

$$y^{*\prime}=\mathrm{e}^{-3x}[-3b_0x^3+(3b_0-3b_1)x^2+2b_1x]$$

$$y^{*\prime\prime}=\mathrm{e}^{-3x}[9b_0x^3+(-18b_0+9b_1)x^2+(6b_0-12b_1)x+2b_1]$$

代入原方程整理得 $6b_0x+2b_1=5x$. 比较等号两边 x 同次幂的系数，得 $b_0=\dfrac{5}{6}$，$b_1=0$. 于是原方程的特解为 $y^*=\dfrac{5}{6}x^3\mathrm{e}^{-3x}$. 因此非齐次方程的通解为 $y=\left(C_1+C_2x+\dfrac{5}{6}x^3\right)\mathrm{e}^{-3x}$.

人物介绍：数学家柯西

柯西(Cauchy，Augustin Louis，1789—1857 年)，法国巴黎人，法国数学家、物理学家、天文学家. 柯西在数学领域有很高的建树和造诣，很多数学的定理和公式都以他的名字来命名，如柯西不等式、柯西积分公式.

19 世纪初期，微积分已发展成一个庞大的分支，内容丰富，应用非常广泛. 与此同时，它理论基础不严格的薄弱之处也暴露得越来越明显，为解决新问题并澄清微积分概念，数学家们展开了数学分析严谨化的工作，在分析基础的奠基工作中，做出卓越贡献的首推伟大的数学家柯西.

柯西在数学上的最大贡献是在微积分中引进了极限概念，并以极限为基础建立了逻辑清晰的分析体系，这是微积分发展史上的精华，也是柯西对人类科学发展所做出的巨大贡献. 1821 年柯西提出了极限定义的方法，把极限过程用不等式进行刻画，后经魏尔斯特拉斯改进，成为现在所说的柯西极限定义或叫 $\varepsilon-\delta$ 定义. 当今所有微积分的教科书(至少是在本质上)都还沿用着柯西等人关于极限、连续、导数、收敛等概念的定义. 他对微积分的解释被后人普遍采用. 柯西对定积分做了最系统的开创性工作，他把定积分定义为和的“极限”. 在定积分运算之前，强调必须确立积分的存在性. 他利用中值定理首先严格证明了微积分基本定理. 通过柯西以及后来魏尔斯特拉斯的艰苦工作，使数学分析的基本概念得到严格的论述，从而结束了微积分 200 年来思想上的混乱局面，把微积分及其推广从对几何概念、运动和直观了解的完全依赖中解放出来，并使微积分发展成现代数学最基础、最庞大的数学学科.

柯西在其他方面的研究成果也很丰富，复变函数的微积分理论就是由他创立的，在代数、理论物理、光学、弹性理论方面也有突出贡献. 柯西的数学成就不仅辉煌，而且数量惊人.

柯西是一个多产的数学家，其论著有 800 多篇，其在数学上的代表作主要有《分析教程》《无穷小分析教程概论》《微积分在几何上的应用》等.

习　题

1. 指出下列微分方程的阶数.

(1) $y''+8y=\cos x$　　(2) $(y')^2+y=0$

(3) $y'y''-(y')^4=x^2+1$　　(4) $(x^2-y^2)\mathrm{d}x+(x^2+y^2)\mathrm{d}y=0$

2. 验证函数 $y=C\mathrm{e}^{-x}+x-1$（C 为任意常数）是微分方程 $y'+y=x$ 的通解，并求满足初始条件 $y\big|_{x=0}=2$ 的特解.

3. 求下列微分方程的通解.

(1) $y'-\mathrm{e}^y\sin x=0$　　(2) $y^2\mathrm{d}x+(x^2-xy)\mathrm{d}y=0$

(3) $(xy^2+x)\mathrm{d}x+(y-x^2)\mathrm{d}y=0$　　(4) $(2x^2-y^2)+3xy\dfrac{\mathrm{d}y}{\mathrm{d}x}=0$

(5) $xy'=y(1+\ln y-\ln x)$　　(6) $\dfrac{\mathrm{d}y}{\mathrm{d}x}=\dfrac{x+y}{x-y}$

4. 求下列方程满足初始条件的特解.

(1) $(1+\mathrm{e}^x)yy'=\mathrm{e}^x, y\big|_{x=0}=1$　　(2) $1+y^2-xyy'=0, y\big|_{x=1}=0$

(3) $y'=\mathrm{e}^{2x-y}, y\big|_{x=0}=0$　　(4) $(1+x^2)\mathrm{d}y-\arctan x\mathrm{d}x=0, y\big|_{x=0}=1$

5. 求下列一阶微分方程的通解.

(1) $y'+y\cos x=\cos x$　　(2) $(\cos x)y'+(\sin x)y=1$

(3) $(1+x^2)\mathrm{d}y=(1+2xy+x^2)\mathrm{d}x$　　(4) $y'-2xy=\mathrm{e}^{x^2}\cos x$

(5) $xy'+2y=\mathrm{e}^{-x^2}$　　(6) $(1+x^2)y'-2xy=(1+x^2)^2$

6. 求下列微分方程满足初始条件的特解.

(1) $y'+y=\mathrm{e}^x, y\big|_{x=0}=2$

(2) $xy'-y=2, y\big|_{x=1}=3$

(3) $x^2\mathrm{d}y+(2xy-x+1)\mathrm{d}x=0, y\big|_{x=0}=1$

(4) $\sin y\cos x\mathrm{d}y=\cos y\sin x\mathrm{d}x, y\big|_{x=0}=\dfrac{\pi}{4}$

7. 求微分方程 $xy'+y=\mathrm{e}^x$ 满足初始条件 $y(1)=\mathrm{e}$ 的特解.

8. 求下列二阶微分方程的通解.

(1) $y''-y'-2y=0$　　(2) $y''+3y'=0$

(3) $y''+4y'+29y=0$　　(4) $y''-6y'+9y=0$

9. 求下列二阶齐次微分方程的特解.

(1) $y''-4y'+3y=0, y(0)=6, y'(0)=10$

(2) $4y''+4y'+y=0, y(0)=2, y'(0)=0$

10. 求下列非齐次微分方程的一个特解.

(1) $y''-5y'+6y=6x^2-10x+2$　　(2) $y''-4y=\mathrm{e}^{2x}$

(3) $2y''+y'-y=2\mathrm{e}^x$　　(4) $y''-6y'+9y=\mathrm{e}^{3x}(x+1)$

11. 求下列二阶非齐次微分方程的通解.

(1) $y''-2y'-3y=3x+1$　　(2) $y''+y'-2y=9\mathrm{e}^x$

(3) $y''+3y'+2y=x$　　(4) $y''+y=2x^2-3$

12. 求微分方程 $y''-y=4x\mathrm{e}^x$ 的通解及满足初始条件 $y\Big|_{x=0}=0, y'\Big|_{x=0}=1$ 的特解.

13. 设过曲线上任意一点的切线的斜率都等于该点与坐标原点所连直线斜率的 3 倍,求此曲线方程.

14. 设某商品的需求弹性 $E_d=-k$(k 为常数,$k>0$),求该商品的需求函数 $D=f(p)$,其中 p 为该商品的价格.

15. 已知某产品的利润 L 是广告支出的函数,且满足

$$\frac{\mathrm{d}L}{\mathrm{d}x}=b-a(L+x),\quad a>0, b>0, a、b \text{ 为常数}$$

当 $x=0$ 时,$L(0)=L_0$,求利润函数 $L(x)$.

习题答案

第 8 章

无穷级数

教学说明

- 内容概述：无穷级数是高等数学课程的重要组成部分，它是以极限为基础，在生产实践和科学实验推动下形成和发展起来的，是研究函数的性质及进行数值计算的重要工具.
- 主要构成：本章首先讨论常数项级数，介绍无穷级数的一些基本概念和基本内容，然后讨论函数项级数，着重讨论如何将函数展开成幂级数和三角级数的问题，最后介绍工程中常用的傅里叶级数.
- 本章重点：无穷级数的概念和性质.
- 本章难点：用无穷级数将函数展开.

8.1　常数项级数的概念与收敛级数的性质

8.1.1　常数项级数的概念

一般地，给定一个数列

$$u_1, u_2, u_3, \cdots, u_n, \cdots$$

将数列构成的表达式

$$u_1 + u_2 + u_3 + \cdots + u_n + \cdots$$

叫作(常数项)无穷级数，简称(常数项)级数，记为 $\sum_{n=1}^{\infty} u_n$，即

$$\sum_{n=1}^{\infty} u_n = u_1 + u_2 + u_3 + \cdots + u_n + \cdots$$

其中，第 n 项 u_n 叫作级数的一般项.

级数 $\sum_{n=1}^{\infty} u_n$ 的前 n 项和

$$s_n = \sum_{i=1}^{n} u_i = u_1 + u_2 + u_3 + \cdots + u_n$$

称为级数 $\sum_{n=1}^{\infty} u_n$ 的部分和. 当 n 依次取 1,2,3,…时，它们构成一个新的数列，即

$$s_1 = u_1, s_2 = u_1 + u_2, s_3 = u_1 + u_2 + u_3, \cdots, s_n = u_1 + u_2 + \cdots + u_n, \cdots$$

知识提炼：无穷级数概念的结构.

根据这个数列有没有极限,我们引进无穷级数的收敛与发散的概念.

【定义 8.1】 如果级数 $\sum_{n=1}^{\infty} u_n$ 的部分和数列 $\{s_n\}$ 有极限 s,即 $\lim_{n\to\infty} s_n = s$,则称无穷级数 $\sum_{n=1}^{\infty} u_n$ 收敛,这时极限 s 叫作该级数的和,并写成

$$s = \sum_{n=1}^{\infty} u_n = u_1 + u_2 + u_3 + \cdots + u_n + \cdots$$

如果 $\{s_n\}$ 没有极限,则称无穷级数 $\sum_{n=1}^{\infty} u_n$ 发散.

当级数 $\sum_{n=1}^{\infty} u_n$ 收敛时,其部分和 s_n 是级数 $\sum_{n=1}^{\infty} u_n$ 的和 s 的近似值,它们之间的差值

$$r_n = s - s_n = u_{n+1} + u_{n+2} + \cdots$$

叫作级数 $\sum_{n=1}^{\infty} u_n$ 的余项.

例 8.1 讨论等比级数(几何级数) $\sum_{n=0}^{\infty} aq^n (a \neq 0)$ 的敛散性.

解:如果 $q\neq1$,则部分和为

$$s_n = a + aq + aq^2 + \cdots + aq^{n-1} = \frac{a - aq^n}{1-q} = \frac{a}{1-q} - \frac{aq^n}{1-q}$$

(1) 当 $|q|<1$ 时,因为 $\lim_{n\to\infty} s_n = \frac{a}{1-q}$,所以此时级数 $\sum_{n=0}^{\infty} aq^n$ 收敛,其和为 $\frac{a}{1-q}$.

(2) 当 $|q|>1$ 时,因为 $\lim_{n\to\infty} s_n = \infty$,所以此时级数 $\sum_{n=0}^{\infty} aq^n$ 发散.

(3) 如果 $|q|=1$,则当 $q=1$ 时,$s_n = na \to \infty$,因此级数 $\sum_{n=0}^{\infty} aq^n$ 发散. 当 $q=-1$ 时,级数 $\sum_{n=0}^{\infty} aq^n$ 为

$$a - a + a - a + \cdots$$

因为 s_n 随着 n 为奇数或偶数而等于 a 或零,所以 s_n 的极限不存在,从而此时级数 $\sum_{n=0}^{\infty} aq^n$ 发散.

综上所述,如果 $|q|<1$,则级数 $\sum_{n=0}^{\infty} aq^n$ 收敛,其和为 $\frac{a}{1-q}$;如果 $|q|\geqslant 1$,则级数 $\sum_{n=0}^{\infty} aq^n$ 发散.

例 8.2 判别无穷级数 $\sum_{n=1}^{\infty} \ln\left(1+\frac{1}{n}\right)$ 的收敛性.

解:由于

$$u_n = \ln\left(1+\frac{1}{n}\right) = \ln(n+1) - \ln n$$

因此

$$s_n = (\ln 2 - \ln 1) + (\ln 3 - \ln 2) + (\ln 4 - \ln 3) + \cdots + [\ln(n+1) - \ln n] = \ln(n+1)$$

而 $\lim\limits_{n\to\infty}s_n=\infty$，故该级数发散.

例 8.3　判别无穷级数 $\sum\limits_{n=1}^{\infty}\dfrac{1}{n(n+1)}$ 的收敛性.

解：因为

$$u_n=\frac{1}{n(n+1)}=\frac{1}{n}-\frac{1}{n+1}$$

所以

$$\begin{aligned}s_n&=\frac{1}{1\cdot 2}+\frac{1}{2\cdot 3}+\frac{1}{3\cdot 4}+\cdots+\frac{1}{n(n+1)}\\&=\left(1-\frac{1}{2}\right)+\left(\frac{1}{2}-\frac{1}{3}\right)+\cdots+\left(\frac{1}{n}-\frac{1}{n+1}\right)=1-\frac{1}{n+1}\end{aligned}$$

从而

$$\lim_{n\to\infty}s_n=\lim_{n\to\infty}\left(1-\frac{1}{n+1}\right)=1$$

所以这个级数收敛，它的和是 1.

同步训练：讨论级数 $\sum\limits_{n=1}^{\infty}\dfrac{1}{2^n}=\dfrac{1}{2}+\dfrac{1}{4}+\dfrac{1}{8}+\cdots+\dfrac{1}{2^n}+\cdots$ 的收敛性.

8.1.2　收敛级数的基本性质

根据无穷级数收敛、发散的概念，可以得到收敛级数的基本性质.

【性质 8.1】　如果级数 $\sum\limits_{n=1}^{\infty}u_n$ 收敛于和 s，则它的各项同乘以一个常数 k 后所得的级数 $\sum\limits_{n=1}^{\infty}ku_n$ 也收敛，且其和为 ks.

证明：设 $\sum\limits_{n=1}^{\infty}u_n$ 与 $\sum\limits_{n=1}^{\infty}ku_n$ 的部分和分别为 s_n 与 σ_n，则

$$\lim_{n\to\infty}\sigma_n=\lim_{n\to\infty}(ku_1+ku_2+\cdots+ku_n)=k\lim_{n\to\infty}(u_1+u_2+\cdots+u_n)=k\lim_{n\to\infty}s_n=ks$$

这表明级数 $\sum\limits_{n=1}^{\infty}ku_n$ 收敛，且和为 ks.

【性质 8.2】　如果级数 $\sum\limits_{n=1}^{\infty}u_n$、$\sum\limits_{n=1}^{\infty}v_n$ 分别收敛于和 s、σ，则级数 $\sum\limits_{n=1}^{\infty}(u_n\pm v_n)$ 也收敛，且其和为 $s\pm\sigma$.

证明：如果 $\sum\limits_{n=1}^{\infty}u_n$、$\sum\limits_{n=1}^{\infty}v_n$、$\sum\limits_{n=1}^{\infty}(u_n\pm v_n)$ 的部分和分别为 s_n、σ_n、τ_n，则

$$\begin{aligned}\lim_{n\to\infty}\tau_n&=\lim_{n\to\infty}[(u_1\pm v_1)+(u_2\pm v_2)+\cdots+(u_n\pm v_n)]\\&=\lim_{n\to\infty}[(u_1+u_2+\cdots+u_n)\pm(v_1+v_2+\cdots+v_n)]\\&=\lim_{n\to\infty}(s_n\pm\sigma_n)=s\pm\sigma\end{aligned}$$

【性质 8.3】　在级数中去掉、加上或改变有限项，不会改变级数的收敛性.

比如,级数$\frac{1}{1\cdot 2}+\frac{1}{2\cdot 3}+\frac{1}{3\cdot 4}+\cdots+\frac{1}{n(n+1)}+\cdots$是收敛的;级数 $10000+\frac{1}{1\cdot 2}+\frac{1}{2\cdot 3}+\frac{1}{3\cdot 4}+\cdots+\frac{1}{n(n+1)}+\cdots$是收敛的;级数$\frac{1}{3\cdot 4}+\frac{1}{4\cdot 5}+\cdots+\frac{1}{n(n+1)}+\cdots$也是收敛的.

【性质 8.4】 如果级数$\sum_{n=1}^{\infty}u_n$收敛,则对级数的项任意加括号后所成的级数仍收敛,且其和不变.

注意:加括号后所成的级数收敛,不能断定去括号后原来的级数也收敛. 例如,级数$(1-1)+(1-1)+\cdots$收敛于零,但级数$1-1+1-1+\cdots$却是发散的.

【推论 8.1】 如果加括号后所成的级数发散,则原来级数也发散.

【性质 8.5】 如果$\sum_{n=1}^{\infty}u_n$收敛,则它的一般项 u_n 趋于零,即$\lim\limits_{n\to 0}u_n=0$.

证明:设级数$\sum_{n=1}^{\infty}u_n$的部分和为 s_n,且$\lim\limits_{n\to\infty}s_n=s$,则

$$\lim_{n\to 0}u_n=\lim_{n\to\infty}(s_n-s_{n-1})=\lim_{n\to\infty}s_n-\lim_{n\to\infty}s_{n-1}=s-s=0$$

注意:级数的一般项趋于零并不是级数收敛的充分条件.

例 8.4 证明调和级数

$$\sum_{n=1}^{\infty}\frac{1}{n}=1+\frac{1}{2}+\frac{1}{3}+\cdots+\frac{1}{n}+\cdots$$

是发散的.

证明:若级数$\sum_{n=1}^{\infty}\frac{1}{n}$收敛且其和为 s,s_n 是它的部分和,显然有$\lim\limits_{n\to\infty}s_n=s$及$\lim\limits_{n\to\infty}s_{2n}=s$,于是$\lim\limits_{n\to\infty}(s_{2n}-s_n)=0$.

但另一方面,

$$s_{2n}-s_n=\frac{1}{n+1}+\frac{1}{n+2}+\cdots+\frac{1}{2n}>\frac{1}{2n}+\frac{1}{2n}+\cdots+\frac{1}{2n}=\frac{1}{2}$$

故$\lim\limits_{n\to\infty}(s_{2n}-s_n)\neq 0$,相互矛盾,说明级数$\sum_{n=1}^{\infty}\frac{1}{n}$必定发散.

同步训练:用另外的方法证明调和级数发散.

8.2 常数项级数的收敛法则

8.2.1 正项级数及其收敛法则

现在讨论各项都是正数或零的级数,这种级数称为正项级数.

设级数

$$u_1+u_2+u_3+\cdots+u_n+\cdots \tag{8.1}$$

是一个正项级数,它的部分和为 s_n. 显然,数列$\{s_n\}$是一个单调增加数列,即

$$s_1 \leqslant s_2 \leqslant \cdots \leqslant s_n \leqslant \cdots$$

如果数列$\{s_n\}$有界，即s_n总不大于某一常数M，根据单调有界的数列必有极限的准则，式(8.1)的级数必收敛于和s，且$s_n \leqslant s \leqslant M$. 反之，如果式(8.1)的级数收敛于和$s$，根据有极限的数列是有界数列的性质可知，数列$\{s_n\}$必有界，因此，有如下重要结论.

【定理8.1】 正项级数$\sum\limits_{n=1}^{\infty} u_n$收敛的充分必要条件是它的部分和数列$\{s_n\}$有界.

【定理8.2】(比较审敛法) 设$\sum\limits_{n=1}^{\infty} u_n$和$\sum\limits_{n=1}^{\infty} v_n$都是正项级数，且$u_n \leqslant v_n (n=1, 2, \cdots)$. 若级数$\sum\limits_{n=1}^{\infty} v_n$收敛，则级数$\sum\limits_{n=1}^{\infty} u_n$收敛；反之，若级数$\sum\limits_{n=1}^{\infty} u_n$发散，则级数$\sum\limits_{n=1}^{\infty} v_n$发散.

证明：设级数$\sum\limits_{n=1}^{\infty} v_n$收敛于和$\sigma$，则级数$\sum\limits_{n=1}^{\infty} u_n$的部分和为

$$s_n = u_1 + u_2 + u_3 + \cdots + u_n \leqslant v_1 + v_2 + \cdots + v_n \leqslant \sigma, \quad n = 1, 2, \cdots$$

即部分和数列$\{s_n\}$有界，由定理8.1可知级数$\sum\limits_{n=1}^{\infty} u_n$收敛.

反之，设级数$\sum\limits_{n=1}^{\infty} u_n$发散，则级数$\sum\limits_{n=1}^{\infty} v_n$必发散. 因为若级数$\sum\limits_{n=1}^{\infty} v_n$收敛，由上已证明的结论，将有级数$\sum\limits_{n=1}^{\infty} u_n$也收敛，与假设矛盾.

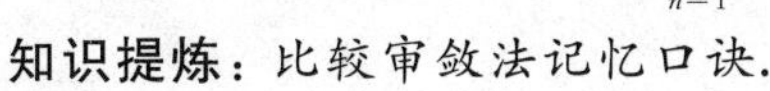

知识提炼：比较审敛法记忆口诀.

【推论8.2】 设$\sum\limits_{n=1}^{\infty} u_n$和$\sum\limits_{n=1}^{\infty} v_n$都是正项级数，如果级数$\sum\limits_{n=1}^{\infty} v_n$收敛，且存在自然数$N$，使当$n \geqslant N$时有$u_n \leqslant k v_n (k>0)$成立，则级数$\sum\limits_{n=1}^{\infty} u_n$收敛；如果级数$\sum\limits_{n=1}^{\infty} v_n$发散，且当$n \geqslant N$时有$u_n \geqslant k v_n (k>0)$成立，则级数$\sum\limits_{n=1}^{\infty} u_n$发散.

例8.5 讨论p-级数

$$\sum_{n=1}^{\infty} \frac{1}{n^p} = 1 + \frac{1}{2^p} + \frac{1}{3^p} + \frac{1}{4^p} + \cdots + \frac{1}{n^p} + \cdots$$

的收敛性，其中常数$p>0$.

解：设$p \leqslant 1$，这时$\frac{1}{n^p} \geqslant \frac{1}{n}$，而调和级数$\sum\limits_{n=1}^{\infty} \frac{1}{n}$发散，由比较审敛法可知，当$p \leqslant 1$时级数$\sum\limits_{n=1}^{\infty} \frac{1}{n^p}$发散.

设$p>1$，此时有

$$\frac{1}{n^p} = \int_{n-1}^{n} \frac{1}{n^p} \mathrm{d}x \leqslant \int_{n-1}^{n} \frac{1}{x^p} \mathrm{d}x = \frac{1}{p-1}\left[\frac{1}{(n-1)^{p-1}} - \frac{1}{n^{p-1}}\right], \quad n = 2, 3, \cdots$$

对于级数$\sum\limits_{n=2}^{\infty}\left[\frac{1}{(n-1)^{p-1}} - \frac{1}{n^{p-1}}\right]$，其部分和为

$$s_n = \left(1 - \frac{1}{2^{p-1}}\right) + \left(\frac{1}{2^{p-1}} - \frac{1}{3^{p-1}}\right) + \cdots + \left[\frac{1}{n^{p-1}} - \frac{1}{(n+1)^{p-1}}\right] = 1 - \frac{1}{(n+1)^{p-1}}$$

因为$\lim\limits_{n\to\infty}s_n=\lim\limits_{n\to\infty}\left[1-\frac{1}{(n+1)^{p-1}}\right]=1$，所以级数$\sum\limits_{n=2}^{\infty}\left[\frac{1}{(n-1)^{p-1}}-\frac{1}{n^{p-1}}\right]$收敛，根据比较审敛法的推论 8.1 可知，级数$\sum\limits_{n=1}^{\infty}\frac{1}{n^p}$在$p>1$时收敛.

综上所述，p- 级数$\sum\limits_{n=1}^{\infty}\frac{1}{n^p}$当$p>1$时收敛，当$p\leqslant 1$时发散.

知识提炼：需要牢固掌握敛散性的两类级数.

例 8.6 证明级数$\sum\limits_{n=1}^{\infty}\frac{1}{\sqrt{n(n+1)}}$是发散的.

证明：因为$\frac{1}{\sqrt{n(n+1)}}>\frac{1}{\sqrt{(n+1)^2}}=\frac{1}{n+1}$，而级数$\sum\limits_{n=1}^{\infty}\frac{1}{n+1}=\frac{1}{2}+\frac{1}{3}+\cdots+\frac{1}{n+1}+\cdots$是发散的，根据比较审敛法可知所给级数也是发散的.

【定理 8.3】（比较审敛法的极限形式）

设$\sum\limits_{n=1}^{\infty}u_n$和$\sum\limits_{n=1}^{\infty}v_n$都是正项级数，如果$\lim\limits_{n\to\infty}\frac{u_n}{v_n}=l(0<l<+\infty)$，则级数$\sum\limits_{n=1}^{\infty}u_n$和级数$\sum\limits_{n=1}^{\infty}v_n$同时收敛或同时发散.

证明：由极限的定义可知，对于$\varepsilon=\frac{1}{2}l$，存在自然数N，当$n>N$时，有不等式$l-\frac{1}{2}l<\frac{u_n}{v_n}<l+\frac{1}{2}l$，即$\frac{1}{2}lv_n<u_n<\frac{3}{2}lv_n$.

再根据比较审敛法的推论 8.1，即可得到所要证明的结论.

例 8.7 判别级数$\sum\limits_{n=1}^{\infty}\sin\frac{1}{n}$的收敛性.

解：因为$\lim\limits_{n\to\infty}\frac{\sin\frac{1}{n}}{\frac{1}{n}}=1$，而级数$\sum\limits_{n=1}^{\infty}\frac{1}{n}$发散，根据比较审敛法的极限形式，级数$\sum\limits_{n=1}^{\infty}\sin\frac{1}{n}$发散.

用比较审敛法审敛时，需要选取一个适当的已知其收敛性的级数$\sum\limits_{n=1}^{\infty}v_n$作为比较的基准. 最常选用做基准级数的是等比级数和p- 级数.

【定理 8.4】（比值审敛法，达朗贝尔判别法） 若正项级数$\sum\limits_{n=1}^{\infty}u_n$的后项与前项之比值的极限等于$\rho$，即

$$\lim_{n\to\infty}\frac{u_{n+1}}{u_n}=\rho$$

则当$\rho<1$时级数收敛；当$\rho>1\left(\text{或}\lim\limits_{n\to\infty}\frac{u_{n+1}}{u_n}=\infty\right)$时级数发散；当$\rho=1$时级数可能收敛也可能发散.

知识提炼：关于比值审敛法的说明.

例 8.8　判别级数 $\sum\limits_{n=1}^{\infty}\dfrac{1}{n!}$ 的收敛性.

解：因为

$$\lim_{n\to\infty}\frac{u_{n+1}}{u_n}=\lim_{n\to\infty}\frac{\dfrac{1}{(n+1)!}}{\dfrac{1}{n!}}=\lim_{n\to\infty}\frac{1}{n+1}=0<1$$

根据比值审敛法可知,所给级数收敛.

例 8.9　判别级数 $\sum\limits_{n=1}^{\infty}\dfrac{n!}{3^n}$ 的收敛性.

解：因为

$$\lim_{n\to\infty}\frac{u_{n+1}}{u_n}=\lim_{n\to\infty}\frac{\dfrac{(n+1)!}{3^{n+1}}}{\dfrac{n!}{3^n}}=\lim_{n\to\infty}\frac{n+1}{3}=+\infty$$

根据比值审敛法可知,所给级数发散.

【定理 8.5】(根值审敛法、柯西判别法)　设 $\sum\limits_{n=1}^{\infty}u_n$ 是正项级数,如果它的一般项 u_n 的 n 次根的极限等于 ρ,即

$$\lim_{n\to\infty}\sqrt[n]{u_n}=\rho$$

则当 $\rho<1$ 时级数收敛;当 $\rho>1$ (或 $\lim\limits_{n\to\infty}\sqrt[n]{u_n}=+\infty$)时级数发散;当 $\rho=1$ 时级数可能收敛也可能发散.

【定理 8.6】(极限审敛法)　设 $\sum\limits_{n=1}^{\infty}u_n$ 为正项级数.

(1) 如果 $\lim\limits_{n\to\infty}nu_n=l>0$(或 $\lim\limits_{n\to\infty}nu_n=+\infty$),则级数 $\sum\limits_{n=1}^{\infty}u_n$ 发散.

(2) 如果 $p>1$,而 $\lim\limits_{n\to\infty}n^p u_n=l(0\leqslant l<+\infty)$,则级数 $\sum\limits_{n=1}^{\infty}u_n$ 收敛.

证明：(1) 在极限形式的比较审敛法中,取 $v_n=\dfrac{1}{n}$,由调和级数 $\sum\limits_{n=1}^{\infty}\dfrac{1}{n}$ 发散可知结论成立.

(2) 在极限形式的比较审敛法中,取 $v_n=\dfrac{1}{n^p}$,当 $p>1$ 时,p- 级数 $\sum\limits_{n=1}^{\infty}\dfrac{1}{n^p}$ 收敛,故结论成立.

例 8.10　判定级数 $\sum\limits_{n=1}^{\infty}\ln\left(1+\dfrac{1}{n^2}\right)$ 的收敛性.

解：因 $\ln\left(1+\dfrac{1}{n^2}\right)\sim\dfrac{1}{n^2}(n\to+\infty)$,故

$$\lim_{n\to\infty} n^2 u_n = \lim_{n\to\infty} n^2 \ln\left(1+\frac{1}{n^2}\right) = \lim_{n\to\infty} n^2 \cdot \frac{1}{n^2} = 1$$

根据极限审敛法可知所给级数收敛.

8.2.2 交错级数及其收敛法则

下列形式的级数

$$(u_1 - u_2) + (u_3 - u_4) + \cdots$$

称为交错级数. 交错级数的一般形式为 $\sum\limits_{n=1}^{\infty} (-1)^{n-1} u_n$，其中 $u_n > 0$.

【定理 8.7】(莱布尼茨定理) 如果交错级数 $\sum\limits_{n=1}^{\infty} (-1)^{n-1} u_n$ 满足条件：

(1) $u_n \geqslant u_{n+1} (n=1,2,3,\cdots)$

(2) $\lim\limits_{n\to\infty} u_n = 0$

则级数收敛，且其和 $s \leqslant u_1$，其余项 r_n 的绝对值 $|r_n| \leqslant u_{n+1}$.

证明：设前 n 项部分和为 s_n，由

$$s_{2n} = (u_1 - u_2) + (u_3 - u_4) + \cdots + (u_{2n-1} - u_{2n})$$

及

$$s_{2n} = u_1 - (u_2 - u_3) + (u_4 - u_5) + \cdots + (u_{2n-2} - u_{2n-1}) - u_{2n}$$

看出数列 $\{s_{2n}\}$ 单调增加且有界 $(s_{2n} \leqslant u_1)$，所以收敛.

设 $s_{2n} \to s (n\to\infty)$，则也有 $s_{2n+1} = s_{2n} + u_{2n+1} \to s (n\to\infty)$，所以 $s_n \to s (n\to\infty)$，从而级数是收敛的，且 $s < u_1$.

因为 $|r_n| \leqslant u_{n+1} - u_{n+2} + \cdots$ 也是收敛的交错级数，所以 $|r_n| \leqslant u_{n+1}$.

8.2.3 绝对收敛与条件收敛

对于一般的级数

$$u_1 + u_2 + \cdots + u_n + \cdots$$

若级数 $\sum\limits_{n=1}^{\infty} |u_n|$ 收敛，则称级数 $\sum\limits_{n=1}^{\infty} u_n$ 绝对收敛；若级数 $\sum\limits_{n=1}^{\infty} u_n$ 收敛，而级数 $\sum\limits_{n=1}^{\infty} |u_n|$ 发散，则称级数 $\sum\limits_{n=1}^{\infty} u_n$ 条件收敛.

级数绝对收敛与级数收敛的关系说明如下.

【定理 8.8】 如果级数 $\sum\limits_{n=1}^{\infty} u_n$ 绝对收敛，则级数 $\sum\limits_{n=1}^{\infty} u_n$ 必定收敛.

证明：令

$$v_n = \frac{1}{2}(u_n + |u_n|), \quad n = 1,2,\cdots$$

显然 $v_n \geqslant 0$ 且 $v_n \leqslant |u_n| (n=1,2,\cdots)$. 因级数 $\sum\limits_{n=1}^{\infty} |u_n|$ 收敛，故由比较审敛法可知级

数$\sum_{n=1}^{\infty} v_n$收敛，从而级数$\sum_{n=1}^{\infty} 2v_n$也收敛．而$u_n=2v_n-|u_n|$，由收敛级数的基本性质可知：

$$\sum_{n=1}^{\infty} u_n = \sum_{n=1}^{\infty} 2v_n - \sum_{n=1}^{\infty} |u_n|$$

所以级数$\sum_{n=1}^{\infty} u_n$收敛．

定理 8.8 表明，对于一般的级数$\sum_{n=1}^{\infty} u_n$，如果用正项级数的审敛法判定级数$\sum_{n=1}^{\infty} |u_n|$收敛，则此级数收敛，这就使得一大类级数的收敛性判定问题转化成为正项级数的收敛性判定问题．

一般来说，如果级数$\sum_{n=1}^{\infty} |u_n|$发散，则不能断定级数$\sum_{n=1}^{\infty} u_n$也发散．但是，如果用比值法或根值法判定级数$\sum_{n=1}^{\infty} |u_n|$发散，则可以断定级数$\sum_{n=1}^{\infty} u_n$必定发散．这是因为，此时$|u_n|$不趋向于零，从而$u_n$也不趋向于零，因此级数$\sum_{n=1}^{\infty} u_n$也是发散的．

例 8.11　判别级数$\sum_{n=1}^{\infty} \frac{\sin na}{n^2}$的收敛性．

解：因为$\left|\frac{\sin na}{n^2}\right| \leqslant \frac{1}{n^2}$，而级数$\sum_{n=1}^{\infty} \frac{1}{n^2}$是收敛的，所以级数$\sum_{n=1}^{\infty} \left|\frac{\sin na}{n^2}\right|$也收敛，从而级数$\sum_{n=1}^{\infty} \frac{\sin na}{n^2}$绝对收敛．

例 8.12　判别级数$\sum_{n=1}^{\infty} \frac{a^n}{n^3}$（$a$ 为常数）的收敛性．

解：因为

$$\frac{|u_{n+1}|}{|u_n|} = \frac{|a|^{n+1} n^3}{|a|^n (n+1)^3} = \left(\frac{n}{n+1}\right)^3 |a| \to |a|, \quad n \to \infty$$

所以，当$a=\pm 1$时，级数$\sum_{n=1}^{\infty} \frac{(\pm 1)^n}{n^3}$均收敛；当$|a| \leqslant 1$时，级数$\sum_{n=1}^{\infty} \frac{a^n}{n^3}$绝对收敛；当$|a|>1$时，级数$\sum_{n=1}^{\infty} \frac{a^n}{n^3}$发散．

8.3 幂 级 数

8.3.1 函数项级数的概念

给定一个定义在区间 I 上的函数列$\{u_n(x)\}$，由这个函数列构成的表达式

$$u_1(x)+u_2(x)+u_3(x)+\cdots+u_n(x)+\cdots$$

称为定义在区间 I 上的（函数项）级数，记为$\sum_{n=1}^{\infty} u_n(x)$．

对于区间 I 内的一个定点 x_0，若常数项级数 $\sum\limits_{n=1}^{\infty}u_n(x_0)$ 收敛，则称点 x_0 是级数 $\sum\limits_{n=1}^{\infty}u_n(x)$ 的收敛点；若常数项级数 $\sum\limits_{n=1}^{\infty}u_n(x_0)$ 发散，则称点 x_0 是级数 $\sum\limits_{n=1}^{\infty}u_n(x)$ 的发散点.

函数项级数 $\sum\limits_{n=1}^{\infty}u_n(x)$ 的所有收敛点的全体称为它的收敛域，所有发散点的全体称为它的发散域.

在收敛域上，函数项级数 $\sum\limits_{n=1}^{\infty}u_n(x)$ 的和是 x 的函数 $s(x)$，$s(x)$ 称为函数项级数 $\sum\limits_{n=1}^{\infty}u_n(x)$ 的和函数，并写成 $s(x)=\sum\limits_{n=1}^{\infty}u_n(x)$. 函数项级数 $\sum u_n(x)$ 的前 n 项的部分和记作 $s_n(x)$，即

$$s_n(x)=u_1(x)+u_2(x)+u_3(x)+\cdots+u_n(x)$$

在收敛域上有 $\lim\limits_{n\to\infty}s_n(x)=s(x)$.

函数项级数 $\sum\limits_{n=1}^{\infty}u_n(x)$ 的和函数 $s(x)$ 与部分和 $s_n(x)$ 的差

$$r_n(x)=s(x)-s_n(x)$$

叫作函数项级数 $\sum\limits_{n=1}^{\infty}u_n(x)$ 的余项，并有 $\lim\limits_{n\to\infty}r_n(x)=0$.

8.3.2　幂级数及其收敛性

函数项级数中简单且常见的一类级数就是各项都是幂函数的函数项级数，这种形式的级数称为幂级数，它的形式是

$$\sum_{n=0}^{\infty}a_nx^n=a_0+a_1x+a_2x^2+\cdots+a_nx^n+\cdots$$

其中，常数 $a_0,a_1,a_2,\cdots,a_n$ 叫作幂级数的系数.

【定理 8.9】(阿贝尔定理)　对于级数 $\sum\limits_{n=0}^{\infty}a_nx^n$，当 $x=x_0(x_0\neq 0)$ 时收敛，则适合不等式 $|x|<|x_0|$ 的一切 x 使幂级数绝对收敛. 反之，如果级数 $\sum\limits_{n=0}^{\infty}a_nx^n$，当 $x=x_0$ 时发散，则适合不等式 $|x|>|x_0|$ 的一切 x 使幂级数发散.

证明：先设 x_0 是幂级数 $\sum\limits_{n=0}^{\infty}a_nx^n$ 的收敛点，即级数 $\sum\limits_{n=0}^{\infty}a_nx^n$ 收敛. 根据级数收敛的必要条件，有 $\lim\limits_{n\to\infty}a_nx_0^n=0$，于是存在一个常数 M，使

$$|a_nx_0^n|\leqslant M,\quad n=1,2,\cdots$$

这样级数 $\sum\limits_{n=0}^{\infty}a_nx^n$ 的一般项的绝对值为

$$|a_nx^n|=\left|a_nx_0^n\cdot\frac{x^n}{x_0^n}\right|=|a_nx_0^n|\cdot\left|\frac{x}{x_0}\right|^n\leqslant M\cdot\left|\frac{x}{x_0}\right|^n$$

因为当$|x|<|x_0|$时，等比级数$\sum_{n=0}^{\infty} M\cdot\left|\frac{x}{x_0}\right|^n$收敛,所以级数$\sum_{n=0}^{\infty}|a_n x^n|$收敛,也就是级数$\sum_{n=0}^{\infty} a_n x^n$绝对收敛.

定理的第二部分可用反证法证明.

倘若幂级数当$x=x_0$时发散,而有一点x_1适合$|x_1|>|x_0|$使级数收敛,则根据本定理的第一部分,级数当$x=x_0$时应收敛,这与所设矛盾,定理得证.

【推论 8.3】　如果级数$\sum_{n=0}^{\infty} a_n x^n$不是仅在点$x=0$一点收敛,也不是在整个数轴上都收敛,则必有一个完全确定的正数R存在,使得:

(1) 当$|x|<R$时,幂级数绝对收敛.

(2) 当$|x|>R$时,幂级数发散.

(3) 当$x=R$与$x=-R$时,幂级数可能收敛也可能发散.

正数R通常叫作幂级数$\sum_{n=0}^{\infty} a_n x^n$的收敛半径,开区间$(-R,R)$叫作幂级数$\sum_{n=0}^{\infty} a_n x^n$的收敛区间. 再由幂级数在$x=\pm R$处的收敛性就可以确定它的收敛域. 幂级数$\sum_{n=0}^{\infty} a_n x^n$的收敛域是$(-R,R)$、$[-R,R)$、$(-R,R]$、$[-R,R]$之一.

若幂级数$\sum_{n=0}^{\infty} a_n x^n$只在$x=0$收敛,则规定收敛半径$R=0$;若幂级数$\sum_{n=0}^{\infty} a_n x^n$对一切$x$都收敛,则规定收敛半径$R=+\infty$,这时收敛域为$(-\infty,+\infty)$.

【定理 8.10】　如果$\lim\limits_{n\to\infty}\left|\frac{a_{n+1}}{a_n}\right|=\rho$,其中$a_n$、$a_{n+1}$是幂级数$\sum_{n=0}^{\infty} a_n x^n$的相邻两项的系数,则幂级数的收敛半径为

$$R=\begin{cases}+\infty, & \rho=0\\ \dfrac{1}{\rho}, & \rho\neq 0\\ 0, & \rho=+\infty\end{cases}$$

证明:

$$\lim_{n\to\infty}\left|\frac{a_{n+1}x^{n+1}}{a_n x^n}\right|=\lim_{n\to\infty}\left|\frac{a_{n+1}}{a_n}\right|\cdot|x|=\rho|x|$$

(1) 如果$0<\rho<+\infty$,则只当$\rho|x|<1$时幂级数收敛,故$R=\frac{1}{\rho}$.

(2) 如果$\rho=0$,则幂级数总是收敛的,故$R=+\infty$.

(3) 如果$\rho=+\infty$,则只当$x=0$时幂级数收敛,故$R=0$.

例 8.13　求幂级数$\sum_{n=1}^{\infty}\frac{x^n}{n^2}$的收敛半径与收敛域.

解:因为

$$\rho=\lim_{n\to\infty}\left|\frac{a_{n+1}}{a_n}\right|=\lim_{n\to\infty}\frac{n^2}{(n+1)^2}=1$$

所以收敛半径为 $R=\frac{1}{\rho}=1$，即收敛区间为 $(-1,1)$。

当 $x=\pm 1$ 时，有 $\left|\frac{(\pm 1)^n}{n^2}\right|=\frac{1}{n^2}$，由于级数 $\sum\limits_{n=1}^{\infty}\frac{1}{n^2}$ 收敛，所以级数 $\sum\limits_{n=1}^{\infty}\frac{x^n}{n^2}$ 在 $x=\pm 1$ 时也收敛，因此收敛域为 $[-1,1]$。

例 8.14 求幂级数

$$\sum_{n=0}^{\infty}\frac{1}{n!}x^n=1+x+\frac{1}{2!}x^2+\frac{1}{3!}x^3+\cdots+\frac{1}{n!}x^n+\cdots$$

的收敛域。

解：因为

$$\rho=\lim_{n\to\infty}\left|\frac{a_{n+1}}{a_n}\right|=\lim_{n\to\infty}\frac{\frac{1}{(n+1)!}}{\frac{1}{n!}}=\lim_{n\to\infty}\frac{n!}{(n+1)!}=0$$

所以收敛半径为 $R=+\infty$，从而收敛域为 $(-\infty,+\infty)$。

例 8.15 求幂级数 $\sum\limits_{n=0}^{\infty}n!x^n$ 的收敛半径。

解：因为

$$\rho=\lim_{n\to\infty}\left|\frac{a_{n+1}}{a_n}\right|=\lim_{n\to\infty}\frac{(n+1)!}{n!}=+\infty$$

所以收敛半径为 $R=0$，即级数仅在 $x=0$ 处收敛。

例 8.16 求幂级数 $\sum\limits_{n=0}^{\infty}\frac{(2n)!}{(n!)^2}x^{2n}$ 的收敛半径。

解：级数缺少奇次幂的项，定理 8.10 不能应用。可根据比值审敛法求收敛半径。

幂级数的一般项记为 $u_n(x)=\frac{(2n)!}{(n!)^2}x^{2n}$。因为

$$\lim_{n\to\infty}\left|\frac{u_{n+1}(x)}{u_n(x)}\right|=4\mid x\mid^2$$

当 $4|x^2|<1\left(即|x|<\frac{1}{2}\right)$ 时级数收敛；当 $4|x^2|>1\left(即|x|>\frac{1}{2}\right)$ 时级数发散，所以收敛半径为 $R=\frac{1}{2}$。

8.3.3 幂级数的运算

设幂级数 $\sum\limits_{n=0}^{\infty}a_nx^n$ 及 $\sum\limits_{n=0}^{\infty}b_nx^n$ 分别在区间 $(-R,R)$ 及 $(-R',R')$ 内收敛，则在 $(-R,R)$ 与 $(-R',R')$ 中较小的区间内有以下情况。

(1) 加法：$\sum\limits_{n=0}^{\infty}a_nx^n+\sum\limits_{n=0}^{\infty}b_nx^n=\sum\limits_{n=0}^{\infty}(a_n+b_n)x^n$

(2) 减法：$\sum\limits_{n=0}^{\infty}a_nx^n-\sum\limits_{n=0}^{\infty}b_nx^n=\sum\limits_{n=0}^{\infty}(a_n-b_n)x^n$

(3) 乘法：$\left(\sum_{n=0}^{\infty}a_nx^n\right)\cdot\left(\sum_{n=0}^{\infty}b_nx^n\right)=a_0b_0+(a_0b_1+a_1b_0)x+(a_0b_2+a_1b_1+a_2b_0)x^2$

$+\cdots+(a_0b_n+a_1b_{n-1}+\cdots+a_nb_0)x^n+\cdots$

(4) 除法：$\dfrac{a_0+a_1x+a_2x^2+\cdots+a_nx^n+\cdots}{b_0+b_1x+b_2x^2+\cdots+b_nx^n+\cdots}=c_0+c_1x+c_2x^2+\cdots+c_nx^n+\cdots$

关于幂级数的和函数有下列重要性质.

【性质 8.6】 幂级数 $\sum_{n=0}^{\infty}a_nx^n$ 的和函数 $s(x)$ 在其收敛域 I 上连续.

【性质 8.7】 幂级数 $\sum_{n=0}^{\infty}a_nx^n$ 的和函数 $s(x)$ 在其收敛域 I 上可积，并且有逐项积分公式为

$$\int_0^x s(x)\mathrm{d}x=\int_0^x\left(\sum_{n=0}^{\infty}a_nx^n\right)\mathrm{d}x=\sum_{n=0}^{\infty}\int_0^x a_nx^n\mathrm{d}x=\sum_{n=0}^{\infty}\frac{a_n}{n+1}x^{n+1},\quad x\in I$$

逐项积分后所得到的幂级数和原级数有相同的收敛半径.

【性质 8.8】 幂级数 $\sum_{n=0}^{\infty}a_nx^n$ 的和函数 $s(x)$ 在其收敛区间 $(-R,R)$ 内可导，并且有逐项求导公式为

$$s'(x)=\left(\sum_{n=0}^{\infty}a_nx^n\right)'=\sum_{n=0}^{\infty}(a_nx^n)'=\sum_{n=1}^{\infty}na_nx^{n-1},\quad |x|<R$$

逐项求导后得到的幂级数和原级数有相同的收敛半径.

例 8.17 求幂级数 $\sum_{n=0}^{\infty}\frac{1}{n+1}x^n$ 的和函数.

解：求得幂级数的收敛域为 $[-1,1)$. 设和函数为 $s(x)$，即

$$s(x)=\sum_{n=0}^{\infty}\frac{1}{n+1}x^n,\quad x\in[-1,1)$$

显然 $s(0)=1$. 在 $xs(x)=\sum_{n=0}^{\infty}\frac{1}{n+1}x^{n+1}$ 两边求导得：

$$[xs(x)]'=\sum_{n=0}^{\infty}\left(\frac{1}{n+1}x^{n+1}\right)'=\sum_{n=0}^{\infty}x^n=\frac{1}{1-x}$$

对上式从 0 到 x 求积分，得

$$xs(x)=\int_0^x\frac{1}{1-x}\mathrm{d}x=-\ln(1-x)$$

于是，当 $x\neq0$ 时，有 $s(x)=-\frac{1}{x}\ln(1-x)$. 从而

$$s(x)=\begin{cases}-\dfrac{1}{x}\ln(1-x), & x\in[-1,0)\cup(0,1)\\ 1, & x=0\end{cases}$$

提示：应用公式 $\int_0^x F'(x)\mathrm{d}x=F(x)-F(0)$，即 $F(x)=F(0)+\int_0^x F'(x)\mathrm{d}x$.

$$\frac{1}{1-x}=1+x+x^2+x^3+\cdots+x^n+\cdots$$

8.4 函数展开成幂级数

8.4.1 泰勒级数及函数的展开

给定函数 $f(x)$，要考虑它是否能在某个区间内"展开成幂级数"，也就是说是否能找到这样一个幂级数，它在某区间内收敛，且其和恰好就是给定的函数 $f(x)$. 如果能找到这样的幂级数，我们就说函数 $f(x)$ 能展开成幂级数，而该级数在收敛区间内就表达了函数 $f(x)$.

如果 $f(x)$ 在点 x_0 的某邻域内具有各阶导数

$$f'(x),f''(x),\cdots,f^{(n)}(x),\cdots$$

则当 $n\to\infty$ 时，$f(x)$ 在点 x_0 的泰勒多项式为

$$p_n(x)=f(x_0)+f'(x_0)(x-x_0)+\frac{f''(x_0)}{2!}(x-x_0)^2+\cdots+\frac{f^{(n)}(x_0)}{n!}(x-x_0)^n$$

成为幂级数

$$f(x_0)+f'(x_0)(x-x_0)+\frac{f''(x_0)}{2!}(x-x_0)^2+\cdots+\frac{f^{(n)}(x_0)}{n!}(x-x_0)^n+\cdots$$

这一幂级数称为函数 $f(x)$ 的泰勒级数.

显然，当 $x=x_0$ 时，$f(x)$ 的泰勒级数收敛于 $f(x_0)$.

需要解决的问题：除了 $x=x_0$ 外，$f(x)$ 的泰勒级数是否收敛？如果收敛，它是否一定收敛于 $f(x)$？

【定理 8.11】 设函数 $f(x)$ 在点 x_0 的某一邻域 $U(x_0)$ 内具有各阶导数，则 $f(x)$ 在该邻域内能展开成泰勒级数的充分必要条件是 $f(x)$ 的泰勒公式中的余项 $R_n(x)$ 当 $n\to\infty$ 时的极限为零，即

$$\lim_{n\to\infty}R_n(x)=0,\quad x\in U(x_0)$$

证明：先证必要性. 设 $f(x)$ 在 $U(x_0)$ 内能展开为泰勒级数，即

$$f(x)=f(x_0)+f'(x_0)(x-x_0)+\frac{f''(x_0)}{2!}(x-x_0)^2+\cdots+\frac{f^{(n)}(x_0)}{n!}(x-x_0)^n+\cdots$$

又设 $s_{n+1}(x)$ 是 $f(x)$ 的泰勒级数的前 $n+1$ 项的和，则在 $U(x_0)$ 内

$$s_{n+1}(x)\to f(x),\quad n\to\infty$$

而 $f(x)$ 的 n 阶泰勒公式可写成 $f(x)=s_{n+1}(x)+R_n(x)$，于是

$$R_n(x)=f(x)-s_{n+1}(x)\to 0,\quad n\to\infty$$

再证充分性. 设 $R_n(x)\to 0(n\to\infty)$ 对一切 $x\in U(x_0)$ 成立.

因为 $f(x)$ 的 n 阶泰勒公式可写成 $f(x)=s_{n+1}(x)+R_n(x)$，于是

$$s_{n+1}(x)=f(x)-R_n(x)\to f(x)$$

即 $f(x)$ 的泰勒级数在 $U(x_0)$ 内收敛，并且收敛于 $f(x)$.

在泰勒级数中取 $x_0=0$，得

$$f(0)+f'(0)x+\frac{f''(0)}{2!}x^2+\cdots+\frac{f^{(n)}(0)}{n!}x^n+\cdots$$

此级数称为 $f(x)$的麦克劳林级数.

要把函数 $f(x)$展开成 x 的幂级数,可以按照下列步骤进行.

(1) 求出 $f(x)$的各阶导数:

$$f'(x),f''(x),f'''(x),\cdots,f^{(n)}(x),\cdots$$

(2) 求函数及其各阶导数在 $x_0=0$ 处的值:

$$f'(0),f''(0),f'''(0),\cdots,f^{(n)}(0),\cdots$$

(3) 写出幂级数:

$$f(0)+f'(0)x+\frac{f''(0)}{2!}x^2+\cdots+\frac{f^{(n)}(0)}{n!}x^n+\cdots$$

并求出收敛半径 R.

(4) 考察在区间$(-R,R)$内时是否为零.

$$\lim_{n\to\infty}R_n(x)=\lim_{n\to\infty}\frac{f^{(n+1)}(\xi)}{(n+1)!}x^{n+1}$$

如果 $R_n(x)\to 0(n\to\infty)$,则 $f(x)$在$(-R,R)$内有展开式

$$f(x)=f(0)+f'(0)x+\frac{f''(0)}{2!}x^2+\cdots+\frac{f^{(n)}(0)}{n!}x^n+\cdots,\quad -R<x<R$$

例 8.18 试将函数 $f(x)=\mathrm{e}^x$ 展开成 x 的幂级数.

解:所给函数的各阶导数为 $f^{(n)}(x)=\mathrm{e}^x(n=1,2,\cdots)$,因此 $f^{(n)}(0)=1(n=1,2,\cdots)$.得到幂级数

$$1+x+\frac{1}{2!}x^2+\cdots+\frac{1}{n!}x^n+\cdots$$

该幂级数的收敛半径 $R=+\infty$.

由于对于任何有限的数 x 和ξ(ξ 介于 0 与 x 之间),有

$$|R_n(x)|=\left|\frac{\mathrm{e}^\xi}{(n+1)!}x^{n+1}\right|<\mathrm{e}^{|x|}\cdot\frac{|x|^{n+1}}{(n+1)!}$$

而$\lim\limits_{n\to\infty}\frac{|x|^{n+1}}{(n+1)!}=0$,所以$\lim\limits_{n\to\infty}|R_n(x)|=0$,从而有展开式

$$\mathrm{e}^x=1+x+\frac{1}{2!}x^2+\cdots+\frac{1}{n!}x^n+\cdots,\quad -\infty<x<+\infty$$

例 8.19 将函数 $f(x)=\sin x$ 展开成 x 的幂级数.

解:因为 $f^{(n)}(x)=\sin\left(x+n\cdot\frac{\pi}{2}\right)(n=1,2,\cdots)$,所以 $f^{(n)}(0)$顺序循环地取 0,1,0,-1,$\cdots(n=0,1,2,3,\cdots)$,于是得级数

$$x-\frac{x^3}{3!}+\frac{x^5}{5!}-\cdots+(-1)^{n-1}\frac{x^{2n-1}}{(2n-1)!}+\cdots$$

它的收敛半径为 $R=+\infty$.

对于任何有限的数 x 和ξ(ξ 介于 0 与 x 之间),有

$$|R_n(x)|=\left|\frac{\sin\left[\xi+\frac{(n+1)\pi}{2}\right]}{(n+1)!}x^{n+1}\right|\leqslant\frac{|x|^{n+1}}{(n+1)!}\to 0,\quad n\to\infty$$

因此得展开式

$$\sin x = x - \frac{x^3}{3!} + \frac{x^5}{5!} - \cdots + (-1)^{n-1}\frac{x^{2n-1}}{(2n-1)!} + \cdots, \quad -\infty < x < +\infty$$

例 8.20 将函数 $f(x)=(1+x)^m$ 展开成 x 的幂级数,其中 m 为任意常数.

解:$f(x)$的各阶导数为

$$f'(x) = m(1+x)^{m-1}$$
$$f''(x) = m(m-1)(1+x)^{m-2}$$
$$\vdots$$
$$f^{(n)}(x) = m(m-1)(m-2)\cdots(m-n+1)(1+x)^{m-n}$$
$$\vdots$$

所以 $f(0)=1, f'(0)=m, f''(0)=m(m-1), \cdots, f^{(n)}(0)=m(m-1)(m-2)\cdots(m-n+1), \cdots$ 且 $R_n(x)\to 0$,于是得幂级数

$$1 + mx + \frac{m(m-1)}{2!}x^2 + \cdots + \frac{m(m-1)\cdots(m-n+1)}{n!}x^n + \cdots$$

例 8.20 是直接按照公式计算幂级数的系数,最后考察余项是否趋于零.这种直接展开的方法计算量较大,而且研究余项即使在初等函数中也不是一件容易的事.下面介绍间接展开的方法,也就是利用一些已知的函数展开式,通过幂级数的运算以及变量代换等,将所给函数展开成幂级数,这样做不但计算简单,而且可以避免研究余项.

例 8.21 将函数 $f(x)=\cos x$ 展开成 x 的幂级数.

解:已知

$$\sin x = x - \frac{x^3}{3!} + \frac{x^5}{5!} - \cdots + (-1)^{n-1}\frac{x^{2n-1}}{(2n-1)!} + \cdots, \quad -\infty < x < +\infty$$

对上式两边求导得

$$\cos x = 1 - \frac{x^2}{2!} + \frac{x^4}{4!} - \cdots + (-1)^n\frac{x^{2n}}{(2n)!} + \cdots, \quad -\infty < x < +\infty$$

例 8.22 将函数 $f(x)=\ln(1+x)$展开成 x 的幂级数.

解:因为 $f'(x)=\frac{1}{1+x}$,而$\frac{1}{1+x}$是收敛的等比级数 $\sum_{n=0}^{\infty}(-1)^n x^n(-1<x<1)$ 的和函数.

$$\frac{1}{1+x} = 1 - x + x^2 - x^3 + \cdots + (-1)^n x^n + \cdots$$

所以将上式从 0 到 x 逐项积分,得

$$f(x) = \ln(1+x) = \int_0^x [\ln(1+x)]'\mathrm{d}x = \int_0^x \frac{1}{1+x}\mathrm{d}x$$
$$= \int_0^x \left[\sum_{n=0}^{\infty}(-1)^n x^n\right]\mathrm{d}x = \sum_{n=0}^{\infty}(-1)^n\frac{x^{n+1}}{n+1}, \quad -1 < x \leqslant 1$$

上述展开式对 $x=1$ 也成立,这是因为上式右端的幂级数当 $x=1$ 时收敛,而 $\ln(1+x)$在 $x=1$ 处有定义且连续.

常用展开式介绍如下:

$$\frac{1}{1-x}=1+x+x^2+\cdots+x^n+\cdots,\quad -1<x<1$$

$$e^x=1+x+\frac{1}{2!}x^2+\cdots+\frac{1}{n!}x^n+\cdots,\quad -\infty<x<+\infty$$

$$\sin x=x-\frac{x^3}{3!}+\frac{x^5}{5!}-\cdots+(-1)^{n-1}\frac{x^{2n-1}}{(2n-1)!}+\cdots,\quad -\infty<x<+\infty$$

$$\cos x=1-\frac{x^2}{2!}+\frac{x^4}{4!}-\cdots+(-1)^n\frac{x^{2n}}{(2n)!}+\cdots,\quad -\infty<x<+\infty$$

$$\ln(1+x)=x-\frac{x^2}{2}+\frac{x^3}{3}-\frac{x^4}{4}+\cdots+(-1)^n\frac{x^{n+1}}{n+1}+\cdots,\quad -1<x\leqslant 1$$

$$(1+x)^m=1+mx+\frac{m(m-1)}{2!}x^2+\cdots+\frac{m(m-1)\cdots(m-n+1)}{n!}x^n+\cdots,\quad -1<x<1$$

8.4.2 幂级数展开式的应用

1. 近似计算

有了函数的幂级数展开式，就可以用它进行近似计算. 在展开式有意义的区间内，函数值可以利用这个级数近似地按要求计算出来.

例 8.23 计算 $\sqrt[5]{245}$ 的近似值(误差不超过 10^{-4}).

解：因为 $\sqrt[5]{245}=\sqrt[5]{3^5+2}=3\times\left(1+\frac{2}{3^5}\right)^{1/5}$，所以在二项展开式中取 $m=\frac{1}{5}, x=\frac{2}{3^5}$，即

$$\sqrt[5]{245}=3\cdot\left[1+\frac{1}{5}\cdot\frac{2}{3^5}-\frac{1}{2!}\cdot\frac{1}{5}\cdot\left(\frac{1}{5}-1\right)\left(\frac{2}{3^5}\right)^2+\cdots\right]$$

这个级数从第二项起是交错级数. 如果取前 n 项和作为 $\sqrt[5]{245}$ 的近似值，则其误差(也叫作截断误差) $|r_n|\leqslant u_{n+1}$，可算得

$$|u_2|=3\times\frac{4\times 2^2}{2\times 5^2\times 3^{10}}=\frac{8}{25\times 3^9}<10^{-4}$$

为了使误差不超过 10^{-4}，只要取其前两项作为其近似值即可. 于是有

$$\sqrt[5]{245}\approx 3\cdot\left(1+\frac{1}{5}\cdot\frac{2}{243}\right)\approx 3.0049$$

例 8.24 利用 $\sin x\approx x-\frac{1}{3!}x^3$ 求 $\sin 9^\circ$ 的近似值，并估计误差.

解：首先，把角度转化成弧度，即

$$9^\circ=\frac{\pi}{180}\times 9(\text{弧度})=\frac{\pi}{20}(\text{弧度})$$

从而

$$\sin\frac{\pi}{20}\approx\frac{\pi}{20}-\frac{1}{3!}\left(\frac{\pi}{20}\right)^3$$

其次，估计这个近似值的精确度. 在 $\sin x$ 的幂级数展开式中令 $x=\frac{\pi}{20}$，得

$$\sin\frac{\pi}{20}=\frac{\pi}{20}-\frac{1}{3!}\left(\frac{\pi}{20}\right)^3+\frac{1}{5!}\left(\frac{\pi}{20}\right)^5-\frac{1}{7!}\left(\frac{\pi}{20}\right)^7+\cdots$$

等式右端是一个收敛的交错级数，且各项的绝对值单调减少．取它的前两项之和作为 $\sin\frac{\pi}{20}$ 的近似值，其误差为

$$|r_2| \leqslant \frac{1}{5!}\left(\frac{\pi}{20}\right)^5 < \frac{1}{120}\cdot(0.2)^5 < \frac{1}{300000}$$

因此取

$$\frac{\pi}{20} \approx 0.157080, \quad \left(\frac{\pi}{20}\right)^3 \approx 0.003876$$

于是得 $\sin 9^\circ \approx 0.15643$，这时误差不超过 10^{-5}．

例 8.25 计算定积分 $\frac{2}{\sqrt{\pi}}\int_0^{\frac{1}{2}} e^{-x^2}\,dx$ 的近似值，要求误差不超过 10^{-4} $\left(\text{取}\frac{1}{\sqrt{\pi}}\approx 0.56419\right)$．

解：将 e^x 的幂级数展开式中的 x 换成 $-x^2$，得到被积函数的幂级数展开式为

$$e^{-x^2} = 1 + \frac{(-x^2)}{1!} + \frac{(-x^2)^2}{2!} + \frac{(-x^2)^3}{3!} + \cdots = \sum_{n=0}^{\infty}(-1)^n\frac{x^{2n}}{n!}, \quad -\infty < x < +\infty$$

于是，根据幂级数在收敛区间内逐项可积，得

$$\begin{aligned}\frac{2}{\sqrt{\pi}}\int_0^{\frac{1}{2}} e^{-x^2}\,dx &= \frac{2}{\sqrt{\pi}}\int_0^{\frac{1}{2}}\left[\sum_{n=0}^{\infty}(-1)^n\frac{x^{2n}}{n!}\right]dx = \frac{2}{\sqrt{\pi}}\sum_{n=0}^{\infty}\frac{(-1)^n}{n!}\int_0^{\frac{1}{2}} x^{2n}\,dx \\ &= \frac{1}{\sqrt{\pi}}\left(1 - \frac{1}{2^2\cdot 3} + \frac{1}{2^4\cdot 5\cdot 2!} - \frac{1}{2^6\cdot 7\cdot 3!} + \cdots\right)\end{aligned}$$

前四项的和作为近似值，其误差为

$$|r_4| \leqslant \frac{1}{\sqrt{\pi}}\frac{1}{2^8\cdot 9\cdot 4!} < \frac{1}{90000}$$

所以

$$\frac{2}{\sqrt{\pi}}\int_0^{\frac{1}{2}} e^{-x^2}\,dx \approx \frac{1}{\sqrt{\pi}}\left(1 - \frac{1}{2^2\cdot 3} + \frac{1}{2^4\cdot 5\cdot 2!} - \frac{1}{2^6\cdot 7\cdot 3!}\right) \approx 0.5295$$

例 8.26 计算积分 $\int_0^{0.5}\frac{1}{1+x^4}\,dx$ 的近似值，要求误差不超过 10^{-4}．

解：因为

$$\frac{1}{1+x} = 1 - x + x^2 - x^3 + \cdots + (-1)^n x^n + \cdots$$

所以

$$\frac{1}{1+x^4} = 1 - x^4 + x^8 - x^{12} + \cdots + (-1)^n x^{4n} + \cdots$$

对上式逐项积分得

$$\begin{aligned}\int_0^{0.5}\frac{1}{1+x^4}\,dx &= \int_0^{0.5}[1 - x^4 + x^8 - x^{12} + \cdots + (-1)^n x^{4n} + \cdots]\,dx \\ &= \left[x - \frac{1}{5}x^5 + \frac{1}{9}x^9 - \frac{1}{13}x^{13} + \cdots + \frac{(-1)^n}{4n+1}x^{4n+1} + \cdots\right]_0^{0.5} \\ &= 0.5 - \frac{1}{5}\cdot(0.5)^5 + \frac{1}{9}\cdot(0.5)^9 - \frac{1}{13}\cdot(0.5)^{13} + \cdots + \frac{(-1)^n}{4n+1}\cdot(0.5)^{4n+1} + \cdots\end{aligned}$$

上面级数为交错级数，所以误差$|r_n|<\frac{1}{4n+1}(0.5)^{4n+1}$，经试算

$$\frac{1}{5}\cdot(0.5)^5\approx 0.00625,\quad \frac{1}{9}\cdot(0.5)^9\approx 0.00022,\quad \frac{1}{13}\cdot(0.5)^{13}\approx 0.000009$$

所以取前三项计算，即

$$\int_0^{0.5}\frac{1}{1+x^4}\mathrm{d}x\approx 0.50000-0.00625+0.00022=0.49397\approx 0.4940$$

2. 欧拉公式

设有复数项级数为

$$(u_1+\mathrm{i}v_1)+(u_2+\mathrm{i}v_2)+\cdots+(u_n+\mathrm{i}v_n)+\cdots \tag{8.2}$$

其中u_n和$v_n(n=1,2,3,\cdots)$为实常数或实函数.如果实部所成的级数

$$u_1+u_2+\cdots+u_n+\cdots \tag{8.3}$$

收敛于和u，并且虚部所成的级数

$$v_1+v_2+\cdots+v_n+\cdots \tag{8.4}$$

收敛于和v，就说级数(8.3)收敛且其和为$u+\mathrm{i}v$.

如果级数(8.2)各项的模所构成的级数

$$\sqrt{u_1^2+v_1^2}+\sqrt{u_2^2+v_2^2}+\cdots+\sqrt{u_n^2+v_n^2}+\cdots$$

收敛，则称级数(8.2)绝对收敛.如果级数(8.3)绝对收敛，由于

$$|u_n|\leqslant\sqrt{u_n^2+v_n^2},\quad |v_n|\leqslant\sqrt{u_n^2+v_n^2},\quad n=1,2,\cdots$$

那么级数(8.3)和级数(8.4)绝对收敛，从而级数(8.2)收敛.

考察复数项级数

$$1+z+\frac{1}{2!}z^2+\cdots+\frac{1}{n!}z^n+\cdots,\quad z=x+\mathrm{i}y \tag{8.5}$$

可以证明级数(8.5)在整个复平面上是绝对收敛的.在x轴上($z=x$)它表示指数函数e^x，在整个复平面上用它来定义复变量指数函数，记作e^z，于是e^z定义为

$$\mathrm{e}^z=1+z+\frac{1}{2!}z^2+\cdots+\frac{1}{n!}z^n+\cdots,\quad |z|<\infty \tag{8.6}$$

当$x=0$时，z为纯虚数$\mathrm{i}y$，式(8.6)成为

$$\begin{aligned}\mathrm{e}^{\mathrm{i}y}&=1+\mathrm{i}y+\frac{1}{2!}(\mathrm{i}y)^2+\frac{1}{3!}(\mathrm{i}y)^3+\cdots+\frac{1}{n!}(\mathrm{i}y)^n+\cdots\\&=1+\mathrm{i}y-\frac{1}{2!}y^2-\mathrm{i}\frac{1}{3!}y^3+\frac{1}{4!}y^4+\mathrm{i}\frac{1}{5!}y^5-\cdots\\&=\left(1-\frac{1}{2!}y^2+\frac{1}{4!}y^4-\cdots\right)+\mathrm{i}\left(y-\frac{1}{3!}y^3+\frac{1}{5!}y^5-\cdots\right)=\cos y+\mathrm{i}\sin y\end{aligned}$$

把y换写为x，上式变为

$$\mathrm{e}^{\mathrm{i}x}=\cos x+\mathrm{i}\sin x \tag{8.7}$$

这就是欧拉公式.

应用式(8.7)，复数z可以表示为指数形式：

$$z=\rho(\cos\theta+\mathrm{i}\sin\theta)=\rho\mathrm{e}^{\mathrm{i}\theta} \tag{8.8}$$

其中，$\rho=|z|$是 z 的模，$\theta=\arg z$ 是 z 的辐角.

在式(8.7)中把 x 换成 $-x$，又有

$$e^{-ix} = \cos x - i\sin x$$

与式(8.7)相加、相减，得

$$\begin{cases} \cos x = \dfrac{e^{ix} + e^{-ix}}{2} \\ \sin x = \dfrac{e^{ix} - e^{-ix}}{2i} \end{cases} \tag{8.9}$$

这两个式子也叫作欧拉公式.式(8.7)或式(8.9)揭示了三角函数与复变量指数函数之间的一种联系.

最后，根据式(8.6)，并利用幂级数的乘法，不难验证

$$e^{z_1+z_2} = e^{z_1}e^{z_2}$$

特殊情况下，取 z_1 为实数 x，z_2 为纯虚数 iy，则有

$$e^{x+iy} = e^x e^{iy} = e^x(\cos y + i\sin y)$$

这就是说，复变量指数函数 e^z 在 $z=x+iy$ 处的值是模为 e^x、辐角为 y 的复数.

8.5 傅里叶级数

8.5.1 三角级数及三角函数系的正交性

正弦函数是一种常见且简单的周期函数.例如描述简谐振动的函数 $y=A\sin(\omega t+\varphi)$ 就是一个以$\dfrac{2\pi}{\omega}$为周期的正弦函数. 其中，y 表示动点的位置，t 表示时间，A 为振幅，ω 为角频率，φ 为初相.

在实际问题中，除了正弦函数外，还会遇到非正弦函数的周期函数，它们反映了较复杂的周期运动，如电子技术中常用的周期为 T 的矩形波就是一个非正弦周期函数的例子.

为了深入研究非正弦周期函数，联系到前面介绍过的用函数的幂级数展开式表示和讨论函数，将周期为 T 的周期函数用一系列以 T 为周期的正弦函数 $A_n\sin(n\omega t+\varphi_n)$组成的级数来表示，记为

$$f(t) = A_0 + \sum_{n=1}^{\infty} A_n\sin(n\omega t + \varphi_n) \tag{8.10}$$

其中，A_0、A_n、$\varphi_n(n=1,2,3,\cdots)$都是常数.

将周期函数按上述方式展开，它的物理意义是很明确的，就是把一个比较复杂的周期运动看作是许多不同频率的简谐振动的叠加.在电工学上，这种展开称为谐波分析.其中常数项 A_0 称为 $f(t)$的直流分量；$A_1\sin(\omega t+\varphi_1)$称为一次谐波；$A_2\sin(\omega t+\varphi_2)$，$A_3\sin(\omega t+\varphi_3)$，…依次称为是二次谐波、三次谐波，等等.

为了以后讨论方便，我们将正弦函数 $A_n\sin(n\omega t+\varphi_n)$按三角公式变形，得

$$A_n\sin(n\omega t + \varphi_n) = A_n\sin\varphi_n\cos n\omega t + A_n\cos\varphi_n\sin n\omega t$$

并且令$\frac{a_0}{2}=A_0, a_n=A_n\sin\varphi_n, b_n=A_n\cos\varphi_n, \omega=\frac{\pi}{l}$,则式(8.10)右端的级数可以改写为

$$\frac{a_0}{2}+\sum_{n=1}^{\infty}\left(a_n\cos\frac{n\pi t}{l}+b_n\sin\frac{n\pi t}{l}\right) \tag{8.11}$$

形如式(8.11)的级数叫作三角级数,其中a_0、a_n、b_n($n=1,2,3,\cdots$)都是常数.

令$\frac{\pi t}{l}=x$,式(8.11)成为

$$\frac{a_0}{2}+\sum_{n=1}^{\infty}(a_n\cos nx+b_n\sin nx) \tag{8.12}$$

这就把以$2l$为周期的三角级数转换为以2π为周期的三角级数.

下面讨论以2π为周期的三角级数.首先介绍三角函数系的正交性.

三角函数系示例如下:

$$1,\cos x,\sin x,\cos 2x,\sin 2x,\cdots,\cos nx,\sin nx,\cdots \tag{8.13}$$

在区间$[-\pi,\pi]$上正交,就是指在三角函数系式(8.13)中任何不同的两个函数的乘积在区间$[-\pi,\pi]$上的积分等于零,即

$$\int_{-\pi}^{\pi}\cos nx\,\mathrm{d}x=0,\quad n=1,2,\cdots$$

$$\int_{-\pi}^{\pi}\sin nx\,\mathrm{d}x=0,\quad n=1,2,\cdots$$

$$\int_{-\pi}^{\pi}\sin kx\cos nx\,\mathrm{d}x=0,\quad k\text{ 和 }n\text{ 为 }1,2,\cdots$$

$$\int_{-\pi}^{\pi}\sin kx\sin nx\,\mathrm{d}x=0,\quad k\text{ 和 }n\text{ 为 }1,2,\cdots,k\neq n$$

$$\int_{-\pi}^{\pi}\cos kx\cos nx\,\mathrm{d}x=0,\quad k\text{ 和 }n\text{ 为 }1,2,\cdots,k\neq n$$

三角函数系中任何两个相同的函数的乘积在区间$[-\pi,\pi]$上的积分不等于零,即

$$\int_{-\pi}^{\pi}1^2\,\mathrm{d}x=2\pi$$

$$\int_{-\pi}^{\pi}\cos^2 nx\,\mathrm{d}x=\pi,\quad n=1,2,\cdots$$

$$\int_{-\pi}^{\pi}\sin^2 nx\,\mathrm{d}x=\pi,\quad n=1,2,\cdots$$

8.5.2 函数展开成傅里叶级数

设$f(x)$是周期为2π的周期函数,且能展开成三角级数:

$$f(x)=\frac{a_0}{2}+\sum_{k=1}^{\infty}(a_k\cos kx+b_k\sin kx) \tag{8.14}$$

那么,系数a_0、a_1、b_1、…与函数$f(x)$之间存在着怎样的关系呢?

假定三角级数可逐项积分,则

$$\int_{-\pi}^{\pi}f(x)\cos nx\,\mathrm{d}x=\int_{-\pi}^{\pi}\frac{a_0}{2}\cos nx\,\mathrm{d}x+\sum_{k=1}^{\infty}\left(a_k\int_{-\pi}^{\pi}\cos kx\cos nx\,\mathrm{d}x+b_k\int_{-\pi}^{\pi}\sin kx\cos nx\,\mathrm{d}x\right)=a_n\pi$$

类似地，$\int_{-\pi}^{\pi} f(x)\sin nx\,\mathrm{d}x = b_n\pi$，由此可得

$$a_0 = \frac{1}{\pi}\int_{-\pi}^{\pi} f(x)\,\mathrm{d}x$$

$$a_n = \frac{1}{\pi}\int_{-\pi}^{\pi} f(x)\cos nx\,\mathrm{d}x,\quad n = 1,2,\cdots$$

$$b_n = \frac{1}{\pi}\int_{-\pi}^{\pi} f(x)\sin nx\,\mathrm{d}x,\quad n = 1,2,\cdots$$

系数 a_0、a_1、b_1、… 叫作函数 $f(x)$的傅里叶系数.

由于当 $n=0$ 时，a_n 的表达式正好给出 a_0，因此，已得结果可合并为

$$\begin{cases} a_n = \dfrac{1}{\pi}\displaystyle\int_{-\pi}^{\pi} f(x)\cos nx\,\mathrm{d}x, & n = 1,2,\cdots \\ b_n = \dfrac{1}{\pi}\displaystyle\int_{-\pi}^{\pi} f(x)\sin nx\,\mathrm{d}x, & n = 1,2,\cdots \end{cases} \tag{8.15}$$

将傅里叶系数代入式(8.14)右端，所得的三角级数 $\frac{a_0}{2}+\sum_{n=1}^{\infty}(a_n\cos nx+b_n\sin nx)$ 叫作函数 $f(x)$的傅里叶级数.

一个定义在$(-\infty,+\infty)$上周期为 2π 的函数 $f(x)$，如果它在一个周期上可积，则一定可以作出 $f(x)$的傅里叶级数. 然而，函数 $f(x)$的傅里叶级数是否一定收敛？如果它收敛，是否一定收敛于函数？一般来说，这两个问题的答案都不是肯定的.

【定理 8.12】(收敛定理，狄里克利充分条件) 设 $f(x)$是周期为 2π 的周期函数，如果它满足在一个周期内连续或只有有限个第一类间断点，在一个周期内至多只有有限个极值点，则 $f(x)$的傅里叶级数收敛，并且当 x 是 $f(x)$的连续点时，级数收敛于 $f(x)$；当 x 是 $f(x)$的间断点时，级数收敛于$\frac{1}{2}[f(x^-)+f(x^+)]$.

由定理可知，函数展开成傅里叶级数的条件比展开成幂级数的条件低得多，若记

$$C = \left\{x \,\middle|\, f(x) = \frac{1}{2}[f(x^-)+f(x^+)]\right\}$$

则 $f(x)$的傅里叶级数展开式可表示为

$$f(x) = \frac{a_0}{2}+\sum_{n=1}^{\infty}(a_n\cos nx+b_n\sin nx),\quad x\in C \tag{8.16}$$

例 8.27 设 $f(x)$是周期为 2π 的周期函数，它在$[-\pi,\pi)$上的表达式为

$$f(x) = \begin{cases} -1, & -\pi \leqslant x < 0 \\ 1, & 0 \leqslant x < \pi \end{cases}$$

将 $f(x)$展开成傅里叶级数.

解：所给函数满足收敛定理的条件，它在点 $x=k\pi(k=0,\pm1,\pm2,\cdots)$处不连续，在其他点处连续，从而由收敛定理知道 $f(x)$的傅里叶级数收敛. 并且当 $x=k\pi$ 时收敛于 $\frac{1}{2}[f(x-0)+f(x+0)]=\frac{1}{2}(-1+1)=0$；当 $x\neq k\pi$ 时级数收敛于 $f(x)$.

傅里叶系数计算如下：

$$a_n = \frac{1}{\pi}\int_{-\pi}^{\pi} f(x)\cos nx\,dx = \frac{1}{\pi}\int_{-\pi}^{0}(-1)\cos nx\,dx + \frac{1}{\pi}\int_{0}^{\pi} 1\cdot\cos nx\,dx = 0,\quad n = 1,2,\cdots$$

$$\begin{aligned} b_n &= \frac{1}{\pi}\int_{-\pi}^{\pi} f(x)\sin nx\,dx = \frac{1}{\pi}\int_{-\pi}^{0}(-1)\sin nx\,dx + \frac{1}{\pi}\int_{0}^{\pi} 1\cdot\sin nx\,dx \\ &= \frac{1}{\pi}\left[\frac{\cos nx}{n}\right]_{-\pi}^{0} + \frac{1}{\pi}\left[-\frac{\cos nx}{n}\right]_{0}^{\pi} = \frac{1}{n\pi}[1-\cos n\pi - \cos n\pi + 1] \\ &= \frac{2}{n\pi}[1-(-1)^n] = \begin{cases} \dfrac{4}{n\pi}, & n = 1,3,5,\cdots \\ 0, & n = 2,4,6,\cdots \end{cases} \end{aligned}$$

于是 $f(x)$ 的傅里叶级数展开式为

$$f(x) = \frac{4}{\pi}\left[\sin x + \frac{1}{3}\sin 3x + \cdots + \frac{1}{2k-1}\sin(2k-1)x + \cdots\right],$$

$$-\infty < x < +\infty;\ x \neq 0, \pm\pi, \pm 2\pi, \cdots$$

例 8.28　设 $f(x)$ 是周期为 2π 的周期函数，它在 $(-\pi,\pi]$ 上的表达式为

$$f(x) = \begin{cases} x, & 0 \leqslant x \leqslant \pi \\ 0, & -\pi < x < 0 \end{cases}$$

将 $f(x)$ 展开成傅里叶级数.

解：所给函数满足收敛定理的条件，它在点 $x=(2k+1)\pi$ $(k=0,\pm1,\pm2,\cdots)$ 处不连续，因此，$f(x)$ 的傅里叶级数在 $x=(2k+1)\pi$ 处收敛于

$$\frac{1}{2}[f(x-0)+f(-x+0)] = \frac{1}{2}(\pi+0) = \frac{\pi}{2}$$

在连续点 $x[x\neq(2k+1)\pi]$ 处级数收敛于 $f(x)$.

傅里叶系数计算如下：

$$\begin{aligned} a_0 &= \frac{1}{\pi}\int_{-\pi}^{\pi} f(x)\,dx = \frac{1}{\pi}\int_{0}^{\pi} x\,dx = \frac{\pi}{2} \\ a_n &= \frac{1}{\pi}\int_{-\pi}^{\pi} f(x)\cos nx\,dx = \frac{1}{\pi}\int_{0}^{\pi} x\cos nx\,dx = \frac{1}{\pi}\left[\frac{x\sin nx}{n} + \frac{\cos nx}{n^2}\right]_{0}^{\pi} \\ &= \frac{1}{n^2\pi}(\cos n\pi - 1) = \begin{cases} -\dfrac{2}{n^2\pi}, & n = 1,3,5,\cdots \\ 0, & n = 2,4,6,\cdots \end{cases} \\ b_n &= \frac{1}{\pi}\int_{-\pi}^{\pi} f(x)\sin nx\,dx = \frac{1}{\pi}\int_{0}^{\pi} x\sin nx\,dx = \frac{1}{\pi}\left[-\frac{x\cos nx}{n} + \frac{\sin nx}{n^2}\right]_{0}^{\pi} \\ &= -\frac{\cos n\pi}{n} = \frac{(-1)^{n+1}}{n},\quad n = 1,2,\cdots \end{aligned}$$

$f(x)$ 的傅里叶级数展开式为

$$f(x) = \frac{\pi}{4} - \left(\frac{2}{\pi}\cos x - \sin x\right) - \frac{1}{2}\sin 2x - \left(\frac{2}{3^2\pi}\cos 3x - \frac{1}{3}\sin 3x\right) - \cdots,$$

$$-\infty < x < +\infty;\ x \neq \pm\pi, \pm 3\pi, \cdots$$

设 $f(x)$ 只在 $[-\pi,\pi]$ 上有定义，可以在 $[-\pi,\pi)$ 或 $(-\pi,\pi]$ 外补充函数 $f(x)$ 的定义，使它拓广成周期为 2π 的周期函数 $F(x)$，在 $(-\pi,\pi)$ 内，$F(x)=f(x)$. 按这种方式拓广函数的定义域的过程称为周期延拓.

例 8.29 将函数

$$f(x)=\begin{cases}-x, & -\pi\leqslant x<0\\ x, & 0\leqslant x\leqslant\pi\end{cases}$$

展开成傅里叶级数.

解：所给函数在区间$[-\pi,\pi]$上满足收敛定理的条件，并且拓广为周期函数时，它在每一点 x 处都连续，因此拓广的周期函数的傅里叶级数在$[-\pi,\pi]$上收敛于 $f(x)$.

傅里叶系数为：

$$a_0=\frac{1}{\pi}\int_{-\pi}^{\pi}f(x)\mathrm{d}x=\frac{1}{\pi}\int_{-\pi}^{0}(-x)\mathrm{d}x+\frac{1}{\pi}\int_{0}^{\pi}x\mathrm{d}x=\pi$$

$$a_n=\frac{1}{\pi}\int_{-\pi}^{\pi}f(x)\cos nx\,\mathrm{d}x=\frac{1}{\pi}\int_{-\pi}^{0}(-x)\cos nx\,\mathrm{d}x+\frac{1}{\pi}\int_{0}^{\pi}x\cos nx\,\mathrm{d}x$$

$$=\frac{2}{n^2\pi}(\cos n\pi-1)=\begin{cases}-\dfrac{4}{n^2\pi}, & n=1,3,5,\cdots\\ 0, & n=2,4,6,\cdots\end{cases}$$

$$b_n=\frac{1}{\pi}\int_{-\pi}^{\pi}f(x)\sin nx\,\mathrm{d}x=\frac{1}{\pi}\int_{-\pi}^{0}(-x)\sin nx\,\mathrm{d}x+\frac{1}{\pi}\int_{0}^{\pi}x\sin nx\,\mathrm{d}x=0,\quad n=1,2,\cdots$$

于是 $f(x)$的傅里叶级数展开式为

$$f(x)=\frac{\pi}{2}-\frac{4}{\pi}\left(\cos x+\frac{1}{3^2}\cos 3x+\frac{1}{5^2}\cos 5x+\cdots\right),\quad -\pi\leqslant x\leqslant\pi$$

8.5.3 正弦级数和余弦级数

对于周期为 2π 的函数 $f(x)$，它的傅里叶系数计算公式为

$$a_n=\frac{1}{\pi}\int_{-\pi}^{\pi}f(x)\cos nx\,\mathrm{d}x,\quad n=1,2,\cdots$$

$$b_n=\frac{1}{\pi}\int_{-\pi}^{\pi}f(x)\sin nx\,\mathrm{d}x,\quad n=1,2,\cdots$$

由于奇函数在对称区间上的积分为零，偶函数在对称区间上的积分等于半区间上积分的两倍，因此，当 $f(x)$为奇函数时，$f(x)\cos nx$ 是奇函数，$f(x)\sin nx$ 是偶函数，故傅里叶系数为

$$a_n=0,\quad n=0,1,2,\cdots$$

$$b_n=\frac{2}{\pi}\int_{0}^{\pi}f(x)\sin nx\,\mathrm{d}x,\quad n=1,2,\cdots$$

因此，奇函数的傅里叶级数是只含有正弦项的正弦级数 $\sum\limits_{n=1}^{\infty}b_n\sin nx$.

当 $f(x)$为偶函数时，$f(x)\cos nx$ 是偶函数，$f(x)\sin nx$ 是奇函数，故傅里叶系数为

$$a_n=\frac{2}{\pi}\int_{0}^{\pi}f(x)\cos nx\,\mathrm{d}x,\quad n=0,1,2,\cdots$$

$$b_n=0,\quad n=1,2,\cdots$$

因此，偶函数的傅里叶级数是只含有余弦项的余弦级数 $\dfrac{a_0}{2}+\sum\limits_{n=1}^{\infty}a_n\cos nx$.

例 8.30 设 $f(x)$是周期为 2π 的周期函数,它在$[-\pi,\pi)$上的表达式为 $f(x)=x$,将 $f(x)$展开成傅里叶级数.

解:首先,所给函数满足收敛定理的条件,它在点 $x=(2k+1)\pi(k=0,\pm1,\pm2,\cdots)$处不连续,因此 $f(x)$的傅里叶级数在函数的连续点 $x\neq(2k+1)\pi$ 处收敛于 $f(x)$,在点 $x=(2k+1)\pi(k=0,\pm1,\pm2,\cdots)$处收敛于

$$\frac{1}{2}[f(\pi-0)+f(-\pi-0)]=\frac{1}{2}[\pi+(-\pi)]=0$$

其次,若忽略不计 $x=(2k+1)\pi(k=0,\pm1,\pm2,\cdots)$,则 $f(x)$是周期为 2π 的奇函数.于是 $a_n=0(n=0,1,2,\cdots)$,而

$$\begin{aligned}b_n&=\frac{2}{\pi}\int_0^\pi f(x)\sin nx\,dx=\frac{2}{\pi}\int_0^\pi x\sin nx\,dx\\&=\frac{2}{\pi}\left[-\frac{x\cos nx}{n}+\frac{\sin nx}{n^2}\right]_0^\pi=-\frac{2}{n}\cos n\pi=\frac{2}{n}(-1)^{n+1},\quad n=1,2,\cdots\end{aligned}$$

$f(x)$的傅里叶级数展开式为

$$f(x)=2\sin x-\frac{1}{2}\sin 2x+\frac{1}{3}\sin 3x-\cdots+(-1)^{n+1}\frac{1}{n}\sin nx+\cdots,$$
$$-\infty<x<+\infty;x\neq\pm\pi,\pm3\pi,\cdots$$

设函数 $f(x)$定义在区间$[0,\pi]$上并且满足收敛定理的条件,在开区间$(-\pi,0)$内补充函数 $f(x)$的定义,得到定义在$(-\pi,\pi]$上的函数 $F(x)$,使它在$(-\pi,\pi)$上成为奇函数(偶函数). 按这种方式拓广函数定义域的过程称为奇延拓(偶延拓). 限定在$(0,\pi]$区间内,有 $F(x)=f(x)$.

例 8.31 将函数 $f(x)=x+1(0\leqslant x\leqslant\pi)$分别展开成正弦级数和余弦级数.

解:先求正弦级数,为此对函数 $f(x)$进行奇延拓.

$$\begin{aligned}b_n&=\frac{2}{\pi}\int_0^\pi f(x)\sin nx\,dx=\frac{2}{\pi}\int_0^\pi(x+1)\sin nx\,dx=\frac{2}{\pi}\left[-\frac{x\cos nx}{n}+\frac{\sin nx}{n^2}-\frac{\cos nx}{n}\right]_0^\pi\\&=\frac{2}{n\pi}(1-\pi\cos n\pi-\cos n\pi)=\begin{cases}\dfrac{2}{\pi}\cdot\dfrac{\pi+2}{n}, & n=1,3,5,\cdots\\-\dfrac{2}{n}, & n=2,4,6,\cdots\end{cases}\end{aligned}$$

函数的正弦级数展开式为

$$x+1=\frac{2}{\pi}\left[(\pi+2)\sin x-\frac{\pi}{2}\sin 2x+\frac{1}{3}(\pi+2)\sin 3x-\frac{\pi}{4}\sin 4x+\cdots\right],\quad 0<x<\pi$$

在端点 $x=0$ 及 $x=\pi$ 处,级数的和显然为零,它不代表原来函数 $f(x)$的值.

再求余弦级数,对 $f(x)$进行偶延拓.

$$\begin{aligned}a_n&=\frac{2}{\pi}\int_0^\pi f(x)\cos nx\,dx=\frac{2}{\pi}\int_0^\pi(x+1)\cos nx\,dx=\frac{2}{\pi}\left[-\frac{x\sin nx}{n}+\frac{\cos nx}{n^2}-\frac{\sin nx}{n}\right]_0^\pi\\&=\frac{2}{n^2\pi}(\cos n\pi-1)=\begin{cases}0, & n=2,4,6,\cdots\\-\dfrac{4}{n^2\pi}, & n=1,3,5,\cdots\end{cases}\end{aligned}$$

$$a_0=\frac{2}{\pi}\int_0^\pi(x+1)dx=\frac{2}{\pi}\left[\frac{x^2}{2}+x\right]_0^\pi=\pi+2$$

函数的余弦级数展开式为

$$x+1=\frac{\pi}{2}+1-\frac{4}{\pi}\left(\cos x+\frac{1}{3^2}\cos 3x+\frac{1}{5^2}\cos 5x+\cdots\right),\quad 0\leqslant x\leqslant \pi$$

8.5.4 周期为 $2l$ 的周期函数的傅里叶级数

我们所讨论的周期函数都是以 2π 为周期的. 但是实际问题中所遇到的周期函数,它的周期不一定是 2π,怎样把周期为 $2l$ 的周期函数 $f(x)$展开成三角级数呢?

问题:我们希望能把周期为 $2l$ 的周期函数 $f(x)$展开成三角级数,为此先把周期为 $2l$ 的周期函数 $f(x)$变换为周期为 2π 的周期函数.

令 $x=\frac{l}{\pi}t$ 及 $f(x)=f\left(\frac{l}{\pi}t\right)=F(t)$,则 $F(t)$是以 2π 为周期的函数. 这是因为

$$F(t+2\pi)=f\left[\frac{l}{\pi}(t+2\pi)\right]=f\left(\frac{l}{\pi}t+2l\right)=f\left(\frac{l}{\pi}t\right)=F(t)$$

于是当 $F(t)$满足收敛定理的条件时,$F(t)$可展开成傅里叶级数

$$F(t)=\frac{a_0}{2}+\sum_{n=1}^{\infty}(a_n\cos nt+b_n\sin nt)$$

其中

$$a_n=\frac{1}{\pi}\int_{-\pi}^{\pi}F(t)\cos nt\,\mathrm{d}t,\quad n=0,1,2,\cdots$$

$$b_n=\frac{1}{\pi}\int_{-\pi}^{\pi}F(t)\sin nt\,\mathrm{d}t,\quad n=1,2,\cdots$$

从而有如下定理.

【定理 8.13】 设周期为 $2l$ 的周期函数 $f(x)$满足收敛定理的条件,则它的傅里叶级数展开式为

$$f(x)=\frac{a_0}{2}+\sum_{n=1}^{\infty}\left(a_n\cos\frac{n\pi x}{l}+b_n\sin\frac{n\pi x}{l}\right)$$

其中系数 a_n 和 b_n 为

$$a_n=\frac{1}{l}\int_{-l}^{l}f(x)\cos\frac{n\pi x}{l}\mathrm{d}x,\quad n=0,1,2,\cdots$$

$$b_n=\frac{1}{l}\int_{-l}^{l}f(x)\sin\frac{n\pi x}{l}\mathrm{d}x,\quad n=1,2,\cdots$$

当 $f(x)$为奇函数时,$f(x)=\sum\limits_{n=1}^{\infty}b_n\sin\frac{n\pi x}{l}$,其中 $b_n=\frac{2}{l}\int_0^l f(x)\sin\frac{n\pi x}{l}\mathrm{d}x(n=1,2,\cdots)$;

当 $f(x)$ 为偶函数时,$f(x)=\frac{a_0}{2}+\sum\limits_{n=1}^{\infty}a_n\cos\frac{n\pi x}{l}$,其中 $a_n=\frac{2}{l}\int_0^l f(x)\cos\frac{n\pi x}{l}\mathrm{d}x$ $(n=0,1,2,\cdots)$.

例 8.32 设 $f(x)$是周期为 4 的周期函数,它在$[-2,2)$上的表达式为

$$f(x)=\begin{cases}0, & -2\leqslant x<0\\ k, & 0\leqslant x<2,\text{常数 } k\neq 0\end{cases}$$

将 $f(x)$展开成傅里叶级数.

解：这里 $l=2$.

$$a_n=\frac{1}{2}\int_0^2 k\cos\frac{n\pi x}{2}\mathrm{d}x=\left[\frac{k}{n\pi}\sin\frac{n\pi x}{2}\right]_0^2=0,\quad n\neq 0$$

$$a_0=\frac{1}{2}\int_{-2}^0 0\mathrm{d}x+\frac{1}{2}\int_0^2 k\mathrm{d}x=k$$

$$b_n=\frac{1}{2}\int_0^2 k\sin\frac{n\pi x}{2}\mathrm{d}x=\left[-\frac{k}{n\pi}\cos\frac{n\pi x}{2}\right]_0^2=\frac{k}{n\pi}(1-\cos n\pi)=\begin{cases}\dfrac{2k}{n\pi}, & n=1,3,5,\cdots\\ 0, & n=2,4,6,\cdots\end{cases}$$

于是

$$f(x)=\frac{k}{2}+\frac{2k}{\pi}\left(\sin\frac{\pi x}{2}+\frac{1}{3}\sin\frac{3\pi x}{2}+\frac{1}{5}\sin\frac{5\pi x}{2}+\cdots\right),$$
$$-\infty<x<+\infty;x\neq 0,\pm 2,\pm 4,\cdots$$

例 8.33 将函数 $f(x)=x-1(0\leqslant x\leqslant 2)$展成周期为 4 的余弦函数.

解：对 $f(x)$进行偶延拓，则

$$b_n=0,\quad n=1,2,\cdots$$

$$a_0=\frac{2}{2}\int_0^2(x-1)\mathrm{d}x=0$$

$$\begin{aligned}a_n&=\frac{2}{2}\int_0^2(x-1)\cos\frac{n\pi}{2}x\mathrm{d}x\\&=\left[(x-1)\cdot\frac{2}{n\pi}\sin\frac{n\pi}{2}x+\frac{4}{n^2\pi^2}\cos\frac{n\pi}{2}x\right]_0^2\\&=\begin{cases}0, & n=2k;k=1,2,\cdots\\ -\dfrac{8}{(2k-1)^2\pi^2}, & n=2k-1;k=1,2,\cdots\end{cases}\end{aligned}$$

故

$$f(x)=-\frac{8}{\pi^2}\sum_{n=1}^{\infty}\frac{1}{(2k-1)^2}\cos\frac{(2k-1)\pi}{2}x,\quad x\in[0,2]$$

8.6 级数的应用

8.6.1 级数在经济上的应用

1. 乘子效应

设想某国通过一项削减 100 亿美元个人所得税的法案，假设每个人将花费这笔额外收入的 93%，并把其余的存起来. 试估计削减税收对经济活动的总效应.

因为削减税收后人们的收入增加了，其增加额 0.93×100 亿美元将被用于消费. 对某些人来说，在消费领域挣到的这些钱变成了额外的收入，其中的 93%又被用于消费，因此又增加了$0.93^2\times 100$ 亿美元的消费. 新增加消费的这些钱的赚取者又将花费其中的 93%，即又增加了$0.93^3\times 100$ 亿美元的消费……如此下去，削减税收后所产生的新的消费的总和由下列无穷级数给出：

$$0.93 \times 100 + 0.93^2 \times 100 + 0.93^3 \times 100 + \cdots + 0.93^n \times 100 + \cdots$$

这是一个首项为 0.93×100、公比为 0.93 的几何级数,此级数收敛,它的和为:

$$\frac{0.93 \times 100}{1-0.93} = \frac{93}{0.07} \approx 1328.6(\text{亿美元})$$

即削减 100 亿美元的税收将产生的附加的消费大约为 1328.6 亿美元.

此例描述了乘子效应(the multiplier effect).每人将花费 1 美元额外收入的比例称作"边际消费倾向"(the marginal to consume),记为 MPC.在本例中,$MPC=0.93$,正如我们上面所讨论的,削减税收后所产生的附加消费的总和为:

$$\text{附加消费的总和} = 100 \times \frac{0.93}{1-0.93} = \text{削减税额} \times \frac{MPC}{1-MPC}$$

削减税额$\times \frac{MPC}{1-MPC}$就是它的实际效应.

2. 投资费用问题

设初始投资为 p,年利率为 r,t 年重复一次投资.这样第一次更新费用的现值为 pe^{-rt},第二次更新费用的现值为 pe^{-2rt},以此类推,投资费用 D 为下列等比数列之和.

$$D = p + pe^{-rt} + pe^{-2rt} + \cdots + pe^{-nrt} + \cdots = \frac{p}{1-e^{-rt}} = \frac{pe^{rt}}{e^{rt}-1}$$

例 8.34 建钢桥的费用为 380000 元,每隔 10 年需要油漆一次,每次费用为 40000 元,桥的期望寿命为 40 年;建造一座木桥的费用为 200000 元,每隔 2 年需要油漆一次,每次的费用为 20000 元,其期望寿命为 15 年.若年利率为 10%,问建造哪一种桥较为经济?

解:根据题意,桥的费用包括两部分,即建桥费用和油漆费用.

建钢桥时,$p=380000$,$r=0.1$,$t=40$,$rt=0.1\times 40=4$.

建钢桥费用为

$$D_1 = p + pe^{-4} + pe^{-2\times 4} + \cdots + pe^{-n\times 4} + \cdots = \frac{p}{1-e^{-4}} = \frac{pe^4}{e^4-1}$$

其中 $e^4 \approx 54.598$,则

$$D_1 = \frac{380000 \times 54.598}{54.598-1} \approx 387090.8$$

油漆钢桥费用为

$$D_2 = \frac{40000 \times e^{0.1\times 10}}{e^{0.1\times 10}-1} \approx 63278.8$$

故建钢桥的总费用的现值为

$$D = D_1 + D_2 = 450369.6$$

类似地,建木桥的费用为

$$D_3 = \frac{200000 \times e^{0.1\times 15}}{e^{0.1\times 15}-1} \approx \frac{200000 \times 4.482}{4.482-1} \approx 257440$$

油漆木桥费用为

$$D_4 = \frac{20000 \times e^{0.1\times 2}}{e^{0.1\times 2}-1} \approx \frac{20000 \times 1.2214}{1.2214-1} \approx 110243.8$$

建木桥的总费用的现值为

$$D = D_3 + D_4 = 367683.8$$

现假设价格每年以备份率 i 涨价，年利率为 r，若某种服务或项目的现在费用为 p_0 时，则 t 年后的费用为 $A_t = p_0 e^{it}$，其现值为

$$p_t = A_t e^{-rt} = p_0 e^{-(r-i)t}$$

因此，在通货膨胀的情况下，计算总费用 D 的等比级数为

$$\begin{aligned} D &= p + p e^{-(r-i)t} + p e^{-2(r-i)t} + \cdots + p e^{-n(r-i)t} + \cdots \\ &= \frac{p}{1 - e^{-(r-i)t}} = \frac{p e^{(r-i)t}}{e^{(r-i)t} - 1} \end{aligned}$$

8.6.2　级数在工程上的应用

在土建工程中，常常遇到关于椭圆周长的计算问题.

例 8.35　设有椭圆 $\frac{x^2}{a^2} + \frac{y^2}{b^2} = 1$，求它的周长.

解：把椭圆方程写成参数形式：

$$\begin{cases} x = a\cos\theta \\ y = b\sin\theta \end{cases},\quad 0 \leqslant \theta \leqslant 2\pi$$

记椭圆的离心率为 c，即 $c = \frac{1}{a}\sqrt{a^2 - b^2}$，则椭圆的弧微分为

$$\begin{aligned} ds &= \sqrt{(dx)^2 + (dy)^2} = \sqrt{a^2 \sin^2\theta + b^2 \cos^2\theta}\, d\theta \\ &= \sqrt{a^2 - (a^2 - b^2)\cos^2\theta}\, d\theta = a\sqrt{1 - c^2\cos^2\theta}\, d\theta \end{aligned}$$

所以椭圆的周长为

$$s = 4\int_0^{\frac{\pi}{2}} ds = 4a\int_0^{\frac{\pi}{2}} \sqrt{1 - c^2\cos^2\theta}\, d\theta$$

由于 $\int \sqrt{1 - c^2\cos^2\theta}\, d\theta$ 不是初等函数，不能直接积分，所以我们用函数的幂级数展开式推导椭圆周长的近似公式.易得

$$\sqrt{1+x} = 1 + \frac{1}{2}x - \frac{1}{8}x^2 + \frac{3}{48}x^3 - \cdots,\quad -1 \leqslant x \leqslant 1$$

又因为 $0 \leqslant c < 1$，所以 $0 \leqslant c\cos\theta < 1\left(0 \leqslant \theta \leqslant \frac{\pi}{2}\right)$，由上式得：

$$\frac{1}{a}\sqrt{a^2 - b^2} \approx 1 - \frac{1}{2}c^2\cos^2\theta$$

于是

$$s = 4a\int_0^{\frac{\pi}{2}} \left(1 - \frac{1}{2}c^2\cos^2\theta\right) d\theta = 4a\int_0^{\frac{\pi}{2}} \left(1 - \frac{1}{2}c^2\,\frac{1 + \cos 2\theta}{2}\right) d\theta = 2\pi a\left(1 - \frac{c^2}{4}\right)$$

所以椭圆周长的近似公式为

$$s \approx 2\pi a\left(1 - \frac{c^2}{4}\right)$$

利用上述方法还可以推出椭圆周长的幂级数展开式，并由此得出更精确的近似计算公式：

$$s \approx 2\pi a\left(1-\frac{1}{4}c^2-\frac{3}{64}c^4\right)$$

人物介绍：数学家欧拉

莱昂哈德·欧拉(Leonhard Euler,1707—1783年),瑞士数学家、自然科学家.他不但为数学界做出了贡献,更把整个数学推至物理的领域.他是数学史上公认的四名最伟大的数学家之一.

欧拉渊博的知识,无穷无尽的创作精力和空前丰富的著作,都是令人惊叹不已的. 他从19岁开始发表论文,直到76岁,半个多世纪写下了浩如烟海的书籍和论文. 从初等几何的欧拉线,多面体的欧拉定理,立体解析几何的欧拉变换公式,四次方程的欧拉解法,到数论中的欧拉函数,微分方程的欧拉方程,级数论的欧拉常数,变分学的欧拉方程,复变函数的欧拉公式等,几乎每一个数学领域都可以看到欧拉的名字. 他一生写下886种书籍论文,平均每年写出800多页,彼得堡科学院为了整理他的著作,足足忙碌了47年.

欧拉还创造了一批数学符号,如 $f(x)$、$\sum$、i、e 等,使得数学更容易表述、推广.并且,欧拉把数学应用到数学以外的很多领域. 为了表达对欧拉的纪念,国际天文联会将一颗小行星命名为欧拉2002.

欧拉是数学史上最多产的数学家,其代表作主要有《无穷小分析引论》《微分学原理》《积分学原理》等.

习　　题

1. 判断下列级数的敛散性.

(1) $0.001+\sqrt{0.001}+\sqrt[3]{0.001}+\cdots+\sqrt[n]{0.001}+\cdots$

(2) $\frac{4}{5}-\frac{4^2}{5^2}+\frac{4^3}{5^3}-\cdots+(-1)^n\frac{4^n}{5^n}+\cdots$

(3) $\frac{1}{2}+\frac{3}{4}+\frac{5}{6}+\frac{7}{8}+\cdots$

(4) $\frac{1}{2}+\frac{2}{3}+\frac{3}{4}+\frac{4}{5}+\cdots$

(5) $\left(\frac{1}{2}+\frac{1}{3}\right)+\left(\frac{1}{4}+\frac{1}{9}\right)+\left(\frac{1}{8}+\frac{1}{27}\right)+\cdots$

2. 用比较判别法确定下列级数的敛散性.

(1) $1+\frac{1}{3}+\frac{1}{5}+\frac{1}{7}+\cdots$

(2) $\frac{1}{2}+\frac{1}{5}+\frac{1}{10}+\frac{1}{17}+\cdots+\frac{1}{n^2+1}+\cdots$

(3) $\sum_{n=1}^{\infty}\frac{2^{n-1}}{3\cdot 5\cdot 7\cdot\cdots\cdot(2n-1)}$

(4) $\sum_{n=1}^{\infty}\frac{1}{\ln(n+1)}$

(5) $\frac{2}{1\cdot 3}+\frac{2^2}{3\cdot 3^2}+\frac{2^3}{5\cdot 3^3}+\frac{2^4}{7\cdot 3^4}+\cdots$

(6) $\sum_{n=1}^{\infty}\left(\frac{n}{2n+1}\right)^n$

(7) $\sum_{n=1}^{\infty}\frac{1}{n\sqrt{n+1}}$

3. 用比值判别法(达朗贝尔法则)研究下列各级数的敛散性.

(1) $\frac{1}{2}+\frac{3}{2^2}+\frac{5}{2^3}+\frac{7}{2^4}+\cdots$

(2) $1+\frac{1}{2!}+\frac{2}{3!}+\frac{3}{4!}+\cdots$

(3) $\sum_{n=1}^{\infty}\frac{1}{(2n+1)!}$

(4) $\sum_{n=1}^{\infty}\frac{1}{2^{2n-1}2n-1}$

(5) $\frac{2}{1000}+\frac{2^2}{2000}+\frac{2^3}{3000}+\frac{2^4}{4000}+\cdots$

(6) $1+\frac{5}{2!}+\frac{5^2}{3!}+\frac{5^3}{4!}+\cdots$

(7) $\sum_{n=1}^{\infty}\frac{(n!)^2}{(2n)!}$

(8) $\frac{2}{1\cdot 2}+\frac{2^2}{2\cdot 3}+\frac{2^3}{3\cdot 4}+\frac{2^4}{4\cdot 5}+\cdots$

(9) $\sum_{n=1}^{\infty}2^n\sin\frac{\pi}{3^n}$

4. 讨论下列交错级数的敛散性.

(1) $1-\frac{1}{\sqrt{2}}+\frac{1}{\sqrt{3}}-\frac{1}{\sqrt{4}}+\cdots$

(2) $1-\frac{1}{2!}+\frac{1}{3!}-\frac{1}{4!}+\cdots$

(3) $1-\frac{2}{3}+\frac{3}{5}-\frac{4}{7}+\cdots$

5. 判定下列级数哪些是绝对收敛,哪些是条件收敛.

(1) $1-\frac{1}{3^2}+\frac{1}{5^2}-\frac{1}{7^2}+\frac{1}{9^2}-\cdots$

(2) $\frac{1}{2}-\frac{1}{2\cdot 2^2}+\frac{1}{3\cdot 2^3}-\frac{1}{4\cdot 2^4}+\cdots$

(3) $\sum_{n=1}^{\infty}\frac{(-1)^{n+1}}{\ln(n+1)}$

(4) $\sum_{n=1}^{\infty}\frac{\sin na}{(n+1)^2}$

(5) $\frac{1}{2}-\frac{3}{10}+\frac{1}{2^2}-\frac{3}{10^2}+\frac{1}{2^3}-\frac{3}{10^3}+\cdots$

6. 求下列幂级数的收敛区间.

(1) $x-\frac{x^2}{2}+\frac{x^3}{3}-\frac{x^4}{4}+\cdots$

(2) $1+\frac{x}{2!}+\frac{x^2}{4!}+\frac{x^3}{6!}+\cdots$

(3) $\sum_{n=1}^{\infty}\frac{x^n}{(2n-1)(2n)}$

(4) $\frac{1}{2}+\frac{x}{2^2}+\frac{x^2}{2^3}+\frac{x^3}{2^4}+\cdots$

(5) $\sum_{n=1}^{\infty}\frac{x^{n-1}}{3^{n-1}n}$

(6) $1-\frac{x}{5\sqrt{2}}+\frac{x^2}{5^2\sqrt{3}}-\frac{x^3}{5^3\sqrt{4}}+\cdots$

(7) $1+\frac{2x}{\sqrt{5\cdot 5}}+\frac{4x^2}{\sqrt{9\cdot 5^2}}-\frac{8x^3}{\sqrt{13\cdot 5^3}}+\frac{16x^4}{\sqrt{17\cdot 5^4}}+\cdots$

(8) $\sum_{n=1}^{\infty}\frac{\ln(n+1)}{n+1}x^{n+1}$

(9) $\sum_{n=1}^{\infty}(\lg x)^n$

(10) $\sum_{n=1}^{\infty}\left[\frac{(-1)^n}{2^n}x^n+3^n x^n\right]$

(11) $\sum_{n=1}^{\infty}\left[\sqrt{n+1}-\sqrt{n}\right]2^n x^{2n}$

(12) $\sum_{n=1}^{\infty}\frac{(x-2)^n}{n^2}$

(13) $\sum_{n=1}^{\infty}2^n(x+3)^{2n}$

(14) $\sum_{n=1}^{\infty}(-1)^{n-1}\frac{(2x-3)^n}{2n-1}$

7. 求下列级数的收敛区间,并求和函数.

(1) $x-\frac{x^3}{3}+\frac{x^5}{5}-\frac{x^7}{7}+\cdots$

(2) $2x+4x^3+6x^5+8x^7+\cdots$

(3) $\sum_{n=1}^{\infty}n(n+1)x^n$

8. 利用直接展开法将下列函数展开成 x 的幂级数.

(1) $f(x)=a^x(a>0)$

(2) $f(x)=\sin\frac{x}{2}$

9. 利用已知展开式展开下列函数为 x 的幂级数,并确定收敛区间.

(1) $f(x)=\mathrm{e}^{-x^2}$　　(2) $f(x)=\cos^2 x$

(3) $f(x)=\frac{1}{\sqrt{1-x^2}}$　　(4) $f(x)=x^3\mathrm{e}^{-x}$

(5) $f(x)=\frac{1}{3-x}$　　(6) $f(x)=\frac{x}{x^2-2x-3}$

10. 利用已知展开式展开下列函数为 $x-2$ 的幂级数,并确定收敛区间.

(1) $f(x)=\frac{1}{4-x}$　　(2) $f(x)=\ln x$

11. 用级数展开法近似计算下列各值(计算前三项).

(1) $\sqrt{\mathrm{e}}$　(2) $\sqrt[5]{1.2}$　(3) $\sqrt[5]{240}$　(4) $\sin 18^\circ$

12. 计算下列积分的近似值(计算前三项).

(1) $\int_{\mathrm{e}}^{\frac{1}{2}}\mathrm{e}^{x^2}\,\mathrm{d}x$　(2) $\int_{0.1}^{1}\frac{\mathrm{e}^x}{x}\mathrm{d}x$　(3) $\int_{0}^{0.1}\cos\sqrt{t}\,\mathrm{d}t$

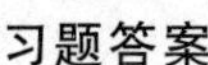
习题答案

参 考 文 献

[1] 芬尼，韦尔，等. 托马斯微积分[M]. 叶其孝，王耀东，唐兢，译. 10 版. 北京：高等教育出版社，2003.
[2] 同济大学应用数学系. 高等数学[M]. 北京：高等教育出版社，2014.
[3] 周世达. 微积分[M]. 北京：中国人民大学出版社，2013.
[4] 赵树嫄. 微积分[M]. 北京：中国人民大学出版社，2015.
[5] 盛详耀. 高等数学辅导[M]. 北京：高等教育出版社，2002.
[6] 王新华. 应用数学基础[M]. 北京：清华大学出版社，2010.
[7] 熊庆如. MATLAB 基础与应用[M]. 北京：机械工业出版社，2014.
[8] 王潘玲. 应用高等数学[M]. 杭州：浙江科学技术出版社，2002.
[9] 徐刚，孟凡伟. 高等数学[M]. 西安：西北工业大学出版社，2013.
[10] 董海茵，赵银善，樊小琳. 高等数学[M]. 长春：吉林大学出版社，2017.
[11] 顾静相. 经济数学基础[M]. 北京：高等教育出版社，2015.